U0237915

教育部人文社会科学研究规划基金项目：
"多元文化数学课程的理论与实践研究"
（课题编号:10YJA880179）成果

数学教育现代进展丛书　　主编　范良火

# 多元文化数学与
# 多元文化数学教育

张维忠　唐恒钧◎著

华东师范大学出版社

·上海·

图书在版编目(CIP)数据

多元文化数学与多元文化数学教育/张维忠,唐恒钧
著.—上海:华东师范大学出版社,2023
(数学教育现代进展丛书)
ISBN 978-7-5760-4098-2

Ⅰ.①多… Ⅱ.①张…②唐… Ⅲ.①数学教学-教学研究 Ⅳ.①O1-4

中国国家版本馆 CIP 数据核字(2023)第 207552 号

本书由浙江师范大学出版基金资助出版


DUOYUANWENHUA SHUXUE YU DUOYUANWENHUA SHUXUEJIAOYU
多元文化数学与多元文化数学教育

著　　者　张维忠　唐恒钧
责任编辑　孔令志　万源琳
特约审读　汤　琪
责任校对　江小华
装帧设计　卢晓红

出版发行　华东师范大学出版社
社　　址　上海市中山北路 3663 号　邮编 200062
网　　址　www.ecnupress.com.cn
电　　话　021-60821666　行政传真 021-62572105
客服电话　021-62865537　门市(邮购)电话 021-62869887
地　　址　上海市中山北路 3663 号华东师范大学校内先锋路口
网　　店　http://hdsdcbs.tmall.com

印　刷　者　浙江临安曙光印务有限公司
开　　本　787 毫米×1092 毫米　1/16
印　　张　23.5
字　　数　389 千字
版　　次　2023 年 12 月第一版
印　　次　2023 年 12 月第一次
印　　数　3100
书　　号　ISBN 978-7-5760-4098-2
定　　价　78.00 元

出版人　王　焰


(如发现本版图书有印订质量问题,请寄回本社客服中心调换或电话 021-62865537 联系)

# 总　序

　　自 20 世纪 70 年代末我国实施改革开放政策以来,我国在经济、社会和教育等各方面迅速发展的同时,在数学教育教学方面的改革与发展也取得了举世瞩目的成绩,数学教育质量在整体上得到了显著的提高。其中特别引人注意的是,以上海数学教育为代表的我国数学教育的实践和宝贵经验,突出地反映在数学课程、教材和教学方法、数学教师专业发展等方面,已经走出国门(如见①),受到包括英美等西方发达国家在内的世界各国前所未有的重视和认可。

　　与此相适应的是,我国数学教育的研究和学术理论的发展与创新也同样取得了长足的进步,研究领域不断扩大、研究问题不断深入、研究方法和水平不断提高(如见②)。整体上,华人数学教育学者及其研究成果在国际数学教育界的影响也日益增强,而代表当今国际数学教育界最高水准的第十四届国际数学教育大会则于 2021 年 7 月 12 日至 18 日在上海华东师范大学成功举行,这从很多方面看,都很好地说明了我国数学教育实践和研究在国际上的影响力。

　　任何一门学科的成长和发展,离不开本学科的学术交流和出版的活跃与繁荣。对像数学教育这样一门正处于迅速发展的、带有很强理论性和实践性使命的学科来说更是如此。为了进一步推动我国数学教育研究成果和学术思想的交流,促进数学教育研究人才培养和课堂数学教学实践的进步,华东师范大学亚洲数学教育中心及其首届学术委员会决定组织编写这套"数学教育现代进展丛书"。丛书的编委会成员主要为亚洲数学教育中心的学术委员会成员以及一些特邀的国内外著名

---

① 董少校. 坚持 20 年数学教改,为世界贡献中国教育智慧——上海数学教育走向世界[N]. 中国教育报,2018 - 10 - 9.

② Fan Lianghuo, Luo Jietong, Xie Sicheng, et al. Examining the development of mathematics education research in Chinese mainland from the 1990s to the 2010s: A focused survey[J/OL]. Hiroshima Journal of Mathematics Education, 2021(14)[2021 - 07 - 20]. https://www.jasme. jp/hjme/down-load/ 2021/02Lianghuo_Fan.pdf

的数学教育学者。丛书强调研究性、学术性和前瞻性。我们希望通过各册著作,从整体上及时地展示我国数学教育界对本学科的重要问题和发展方向的思考、探索与相关的成果,促进学术分享、讨论和交流,从而推动我国乃至亚洲和国际的数学教育研究与实践的进步。

华东师范大学亚洲数学教育中心由华东师范大学数学科学学院创办,在上级、各有关部门,以及国内外数学教育界同行和其他有关人士的大力支持和帮助下,于2018年10月正式成立。作为一个顺应新时代我国数学教育发展而产生的研究和发展机构,中心的目标是为中国、亚洲和世界的数学教育与教育事业的进步作出贡献,愿景是成为一个世界级的数学教育研究和发展机构。在很大意义上,中心的定位不仅是希望成为一个研究和发展中心,并且也是一个学术交流中心、人才培养中心和成果出版中心。中心目前已创立了由国际著名的学术出版机构——世哲(SAGE)出版公司出版的英文研究期刊《亚洲数学教育学刊》(Asian Journal for Mathematics Education),而出版"数学教育现代进展丛书"也是中心出版工作的一个有机组成部分。

最后需要指出的是,为了反映现代数学教育研究的学术进展,尽可能地做到与时俱进,本丛书的组稿和出版采取开放的态度。出版的书稿除了由亚洲数学教育中心学术委员会和本丛书编委会推荐或邀请以外,也非常欢迎从事数学教育各领域研究的国内外数学教育界的学者投稿,所有书稿原则上将首先由编委会邀请的至少三位具有博士学位或正高级专业职称的审稿专家评审。同时,我们也欢迎读者就本丛书的出版工作提出宝贵的意见和建议。来函可寄:上海市闵行区东川路500号华东师范大学数学楼105室亚洲数学教育中心办公室转"数学教育现代进展丛书"编委会(邮编:200241);电邮:acme@math.ecnu.edu.cn。

范良火

2021 年 7 月 28 日于上海

---

注:范良火,美国芝加哥大学哲学博士(数学教育),曾在美国、新加坡和英国学习与工作多年,2018年全职回国任华东师范大学数学科学学院特聘教授、亚洲数学教育中心主任兼首届学术委员会主任。

# 序

数学是一种独特的文化存在,在人类文明中占有特殊的地位。这既表现在数学在人类文明进步中所发挥的重要作用,也表现在数学作为一套理论本身所具有的特殊魅力甚至令人着迷的思想性、科学性和艺术性。也正是从这个角度来看,数学文化无疑是人类文明的重要组成部分。

随着数学史、数学哲学、数学人类学等领域研究的不断深入,数学的文化性得到不断地揭示。尽管数学文化还没有一个统一的定义,但总体来说可以从狭义和广义两个层面加以理解。狭义的数学文化,包含数学的思想、精神、方法、观点、语言,以及它们的形成和发展;而广义的数学文化,更包含数学家、数学史、数学发展中的人文成分、数学与各种文化的关系,等等。自 20 世纪 80 年代以来,人们更加关注数学文化的研究,并从文化的视角对数学本质观、数学发展机制等有关理论问题产生了新的深刻的认识,也发掘了体现数学文化性的大量丰富而生动的例子。

然而与学界对数学文化研究的热衷及丰富的产出形成鲜明对比的是,在现实生活中人们对数学意义的认识出现了明显的窄化、矮化现象。近些年来,数学越来越被工具化了。对于许多人而言,数学的重要性已经沦落为有用性,而有用性实际上就是"对我有用",数学也因此被矮化为一门"手艺"。这样的认识严重地遮蔽了数学所具有的独特的文化价值,既未能反映出数学的本来面貌,也会导致更多的人对数学产生误会,以为数学就是计算,数学就是一堆符号与公式,冰冷而枯燥。

因此,在数学教育中充分体现数学的文化属性,展现数学的文化魅力是极为重要的。我认为中小学数学的知识点实际上是很有限的,基础教育阶段数学教育的重要任务是要激发并保持学生对数学的兴趣,让学生对数学有热情并保有好奇心,并形成一种思维方式。但目前的中小学数学教育往往培养了学生的好胜心,却没有很好地激发学生的好奇心。这也就导致许多学生到大学后就会对数学失去兴趣,甚至产生恐惧或者厌倦数学的情绪。为了改变上述现象,在数学教育中充分体现数学的文化属性,展现数学的文化魅力,引导学生感悟数学的文化价值,以激发学生学习数学的兴趣与好奇心就显得十分必要。

在落实数学的文化育人价值过程中,需要做两件特别关键的事。一是挖掘数学文化,并通过媒体广泛地传播数学文化。这也是我和山东大学刘建亚教授 2010 年创办《数学文化》这一杂志的初心。《数学文化》希望将数学全方位展示给我们的世界,并在文化层面上阐释数学的思想、方法、意义,通过生产数学思想的数学家群体来阐述数学的文化意义与价值,以提高大家对数学整体的认识,并展开对数学教育的深入探讨。

二是将数学文化有机地融入到学校教育中。这个问题事实上已受到了 21 世纪以来数学课程改革的高度关注。我国自 2001 年以来出台的多个数学课程标准都强调了从人类文明的重要组成部分来看待数学,并要求将数学文化融入到数学课程、教材与教学中。当前,基于核心素养的新一轮数学课程与教学改革,注重立德树人的导向,进一步强调了数学的文化育人功能,在高考改革方案中也明确提出了对数学文化的考察要求。

我国也涌现出了一批数学文化与数学教育研究的重要学者,并产生了一批有理论价值与实践意义的成果。浙江师范大学张维忠教授就是其中的佼佼者,也是在数学文化与数学教育领域深耕 30 余年的重要学者。大约在十多年前《数学文化》杂志创办初期,我通过张教授的新浪实名博客了解到他在浙江师范大学开设了一门富有意义和特色的通识课程《数学与文化》,在他的博客中阅读了他指导的本科生撰写的关于该课程的结业论文,篇篇生动有趣,又有深刻的数学内涵。我立马与他联系,邀请他将一些优秀的作品发表在《数学文化》杂志上,后来便有了刊发在《数学文化》上的《〈盗梦空间〉中的数学文化》《少数民族生活中的数学文化》等文章。也正是从那个时候开始,我们之间有了一些联系,也更多地了解到张教授在数学文化与数学教育领域上作出的重要工作。张教授自博士阶段起就开始研究数学文化与数学教育方面的论题,在《教育研究》《课程·教材·教法》《全球教育展望》《数学教育学报》等重要学术刊物上发表了一系列相关论文,出版了《数学文化与数学课程》《文化视野中的数学与数学教育》《文化传统与数学教育现代化》《数学教育中的数学文化》等系列著作,并获得了教育部第三届、第四届全国教育科学研究优秀成果奖等重要科研奖励。现在收到他们的新作《多元文化数学与多元文化数学教育》,十分欣喜。

《多元文化数学与多元文化数学教育》一书既可以说是张维忠教授等在数学文化与数学教育领域中研究的一种延续，有着比较深入的前期研究基础；同时又是一个全新的研究话题与视角，将数学文化的视野进一步深入到了多元文化领域。该书首先从理论层面解析了多元文化数学的含义，阐述了多元文化数学的教育意义及其给数学课程与教学带来的种种变革；接着，对国内外各民族的多元文化数学进行了挖掘与梳理，为我们呈现了一幅多姿多彩的多元文化数学画卷；在此基础上，具体地讨论了作为多元文化数学重要载体的民族数学及其教育转化和数学教育改革的相关问题；最后，回到一般的数学多元文化教育及课程与教学改革的相关论题，基于多元文化视角审视了数学课程与教材，同时探寻了推进文化回应数学教学的具体路径与策略。

综观全书，该书有以下几个鲜明的特点：一是选题新。这是国内第一本系统研究多元文化数学与多元文化数学教育的专著，弥补了过去这一领域讨论一般性的多元文化教育多、学科多元文化教育少、数学多元文化教育研究更少的短板，能为人们从多元文化的角度理解数学和数学教育尤其是改进我国少数民族数学教育提供新的视角和思路。二是内容全。该书既有对多元文化数学以及更具体的民族数学的相关理论问题的深入论述；又有精彩、丰富的多元文化数学和民族数学案例帮助人们理解数学的文化多样性；还将多元文化数学及民族数学深度地与数学教育加以联系，系统地阐述了多元文化数学教育的课程、教材及教学问题，提供了文化回应教学等多元文化数学教学模式。三是理实相融。全书在叙述过程中，并非空洞地理论阐述，也非缺乏理论引领的案例描述，而是将文化人类学、数学哲学与多元文化教育等相关理论与具体的多元文化数学、多元文化数学教育的案例紧密结合起来，利用丰富的案例诠释理论，又用理论解读具体实践案例。

正是因为该书具有上述特点，我认为其特别适合于从事文化研究尤其是数学文化研究、数学教育研究与实践的相关人员阅读。该书既能丰盈我们对数学尤其是对数学文化意义、文化价值的理解，也能为我们从事数学教育研究与实践提供新的思路。

汤　涛

2023 - 09 - 12

---

注：汤涛，中国科学院院士，《数学文化》主编，北京师范大学-香港浸会大学联合国际学院校长。

# 目 录

# 绪 论

## 一

一般认为数学是一个超越民族界线的普遍的标准化的概念，人们大都忽略了其某些文化差异的存在。但是，如果我们认识到"数学"这一术语既有普遍用途（就像我们使用"语言"一样），又有根植于不同历史文化的特殊用途，那就能帮助我们理解所有的文化都能产生数学思想（就像人们创造出不同的语言、信仰和家族系统一样）。或者换句话说，数学的追求根植于多元文化的情境。如果我们认识到"数学"这个概念或者说领域既有普遍性，又有根植于不同历史文化的特性，那将有助于人们更加深刻而全面地理解数学这一学科，这也正是多元文化数学（multicultural mathematics）这一概念的出发点之一。

多元文化数学是关于数学的文化人类学研究，于20世纪七八十年代逐渐兴起并得到人们的重视。对多元文化数学概念的认识虽仍存在一定分歧，但其基本观点还是一致的，尤其表现在多元文化数学的立论基础、基本内涵以及发展机制等方面。

首先，"多元文化数学"的提出是基于对数学的社会文化属性的肯定，即承认数学是人类的一种创造物，是一种文化。其次，多元文化数学是不同文化群落或人群（如少数民族或原住民）里所产生与使用的数学，并在这个意义上认为是"民族数学"（ethnomathematics，也被译为"民俗数学"）的进一步发展。再次，多元文化数学强调数学发展受到文化、环境的影响，是人类文化的子文化。因此可以说，多元文化数学是指多元的文化产生的多样的数学，而多样的数学又反过来适应并促进文化的多元发展。

事实上，世界上各民族的文化背景很不相同，从而形成了各民族文化中特有的数学文化。正如豪森(A. G. Howson)等①人所描述的:"在所有社会文化群落里存在大量的形形色色的工具,用于分类、排序、数量化、测量、比较、处理空间的定向,感知时间和计划活动,逻辑推理、找出事件或者对象之间的关系,推断、考虑各因素间的依赖关系和限制条件并利用现有设备去行动,等等。虽然这些是数学活动,但工具却不是通常所用的明显的数学工具……按明确规定的目标或意向来操作这些工具与其说是一种特定的实践,倒不如说是可以认识的思维模式的结果。"

民族数学文化的研究在我国已有一定基础。20世纪80年代贵州师范大学吕传汉、汪秉彝等在贵州省黔南布依族苗族自治州开展了水族、布依族、苗族等民族数学文化的调查研究,获得了一系列重要成果,被认为是我国民族数学文化研究的先驱。受贵州师范大学研究者的启发和影响,20世纪90代,全国其他一些地区也开展了相关的民族数学文化研究工作。内蒙古师范大学、西南民族大学、云南师范大学、广西师范大学、西北师范大学等相继开展了蒙古族、羌族、壮族、傣族、瑶族、藏族、维吾尔族、回族等民族数学文化研究。21世纪初,相继有凯里学院、琼州学院、德宏师范专科学校等分别探讨了苗族、侗族、黎族、哈萨克族、傣族等的传统数学文化。

民族数学文化研究发现了水族语言文字中的数字文化,干栏式建筑中的几何图形,马尾绣、铜鼓、竹编等传统工艺和生活用品中的几何纹样与几何变换等;藏族的记数工具及算法,"沙盘算法"和"石子算法",藏传佛教绘画和藏历中蕴涵的透视原理、黄金比例、集合与对应思想等;羌族的数字文化,茂汶出土文物蕴涵着丰富而深刻的几何思想;侗族生活中的数学概念,鼓楼建筑中的图形对称、近似计算等;壮族猜码中的数学逻辑思维,干栏式建筑中的黄金分割,壮锦中的几何图形及几何变换。其中,关于数和数字文化的研究基本从数的概念、度量和数的运算等方面进行素材的挖掘;关于民族服饰与艺术品中的几何纹样、建筑与生活用品中的几何图形基本是从图形的基本性质以及旋转、平移等初等几何变换进行素材的挖掘与开发。在2012年教育部民族地区中小学理科课程教学改革研讨会上,教育过程中的"民族文化"问题得到了深入的讨论,会议提出要以多元文化为视角思考中国少数民族数

---

① 张奠宙,丁尔升,李秉彝. 国际展望:九十年代的数学教育[M]. 上海:上海教育出版社,1990:75 - 76.

学教科书的研究与开发问题,倡议民族数学文化走进数学课程教材。① 同时已有不少学者进行了民族数学文化走进校园的探索。肖绍菊等②对苗族侗族数学文化进行了挖掘,并以课程资源的形式将其应用到学校教育教学中,取得了明显的成效。

多元文化数学进一步瓦解了数学知识的普遍性和中立性,取而代之的是数学的文化性、价值相关性。多元文化数学教育就是要在数学教育中承认各文化的平等地位,以及数学多元文化的发生,肯定一切文化中的数学的合理性。不同的文化传统孕育出不同的数学,不同的数学也呈现着不同的文化传统,因此"只有兼顾文化的数学教育改革,才能收到良好的教学效果"。③ 一个民族的历史和文化,会在数学学习对本民族的重要性以及数学课程变革的必要性等问题上形成一种传统观念,从而影响学校课程的发展④。一项对北美洲和南美洲以及美国土著社群中儿童家庭数学学习方式的实证研究也发现,文化实践与学生早期数学学习与发展之间具有重要关联。⑤

然而,"有大量证据表明,当今全世界学校进行数学教学时都关联了欧洲的思想,这给来自不同文化背景的孩子和成人学习数学带来了麻烦。"⑥这一问题在我国数学教育中也一定程度上存在着。我国的数学课程在百年来的进程中几乎采用与西方世界并行的现代数学的内容,中国古代的传统数学未能得到充分的体现。尽管这个问题已在近些年得到了重视,但在已经出版的数学教科书中,无论是表层的内容分布还是深层的文化价值负载,都仍然表现出了一定的欧洲中心主义,缺乏多元文化数学的观点。

---

① 何伟,贾旭杰.民族地区理科教育向纵深发展的思考暨教育部民族地区中小学理科课程教学改革研讨会[J].数学教育学报,2012,21(4):100-101.

② 肖绍菊,罗永超,张和平,等.民族数学文化走进校园——以苗族侗族数学文化为例[J].教育学报,2011,7(6):32-39.

③ CAHNMANN M S, REMILLARD J T. What counts and how: mathematics teaching in culturally, linguistically, and socioeconomically diverse urban settings [J]. Urban Review, 2002,34(3):179-204.

④ 豪森,等.数学课程发展[M].周克希,赵斌,译.上海:上海教育出版社,1992:58.

⑤ 田方,黄瑾.跨越"文化"与"学科知识"的边界——罗高福 LOPI 模型及其对早期数学教育的启示[J].外国中小学教育,2018(6):30-37.

⑥ NELSOR D, et al. Multicultural mathematics: teaching mathematics from a global perspective [M]. Oxford: Oxford University Press, 1993.

可喜的是多元文化数学的理念目前已在世界各国数学教育改革中有所体现。我国从 2001 年开始了新一轮数学课程改革,在《全日制义务教育数学课程标准(实验稿)》中就融入了数学文化的内容。2003 年颁布的《普通高中数学课程标准(实验)》则对学生明确地提出了数学文化的学习要求。2011 年颁布的《义务教育数学课程标准(2011 年版)》愈加关注数学文化的多样性与复杂性。《普通高中数学课程标准(2017 年版)》把"注重数学文化的渗透"和"引导学生感悟数学的文化价值"作为基本理念之一。《2017 年普通高考考试大纲修订内容》中则明确提出了数学学科"增加数学文化"的考查要求。美国的《学校数学课程与评价标准》也指出"学生应该具有关于数学的文化、历史和科学发展的众多不同的观点和经验,使他们能够欣赏数学在我们当代社会发展中所起到的作用,并探讨数学和其他相关学科之间的关系:物理科学、生命科学,社会科学和人文科学。"

另一方面,从学习理论的角度看,学生的生活背景、学习经验、学习风格以及特殊的学习需求都会对数学学习产生影响。因此许多国家的数学课程标准都特别强调了对学习者多样性的关注。[1] 曹一鸣等[2]主编的《十三国数学课程标准评介》中也评介了国外数学课程标准中强调数学课程的民族性和多元文化的内容。2022 年3 月,美国加利福尼亚州教育厅公布的最新修订的《加利福尼亚州 K‐12 公立学校数学课程框架》中的课程实施指导就特别强调为社会正义而教,具体制定了四项策略:(1)尊重文化差异。教师应将数学知识融入多元文化情境之中,使不同文化背景的学生都能感受到数学与族裔文化的密切关系。(2)创设真实反映社会现实的问题教学情境。(3)与社区学生家长建立广泛的合作关系,营造与学生利益相关的教学氛围。(4)通过数学教育纠正错误的文化种族刻板印象等。[3]

从多元文化数学视角进行数学教育研究已愈来愈引起人们的重视,但这仅是刚刚起步。比如从现有的研究成果来看,我国关于民族数学文化的挖掘与开发主要集中在少数民族,并且素材挖掘与开发的立足点基本是数和形两大内容。这些

---

[1] 唐恒钧,张维忠. 国外数学课程中的多元文化观点及其启示[J]. 课程·教材·教法,2014,34(4):120‐123.

[2] 曹一鸣,代钦,王光明. 十三国数学课程标准评介(高中卷)[M]. 北京:北京师范大学出版社,2013.

[3] 杨捷,王永波,欧吉祥. 美国加利福尼亚州新版 K‐12 公立学校数学课程框架解析[J]. 课程·教材·教法,2022,42(8):153‐159.

研究大多还是零星的、散乱的,思考目标还比较单一,没有形成如欧美等国家那样关于数学人类学的相关研究体系。

如何看待各民族不同数学文化传统,并与数学教育进行有效的结合?这不仅仅是多元文化数学教育面临的一个具有挑战性的问题,也是一个世界性的难题。一方面,由于文化本身的多样性和缄默性,在一些应用性的研究领域中,一般只能通过某些文化元素来考察多元文化对数学教育的影响,而文化元素的选择在不同的文化背景和数学教育研究中受到许多限制;另一方面,数学的通用程度和数学课程的国际化程度在中小学的课程中是比较高的,在数学课程发展的过程中,许多带有民族特征的文化元素存在着或多或少的消退现象,一些关于多元文化的国际比较研究,虽都聚焦在具体课堂教学上,但围绕多元文化数学教育尤其是数学课程的分析却存在许多的困难,已有的相关研究与文献资料也不多,更缺乏系统研究。

## 二

20世纪70年代,美国学者詹姆斯·班克斯(James A. Banks)提出了多元文化教育理论,并于1992年在华盛顿大学创立了世界上第一个多元文化教育中心。班克斯致力于研究民族和文化关系引发的教育问题,他建构了一个多元文化教育的理论框架来帮助教育者们思考与实践,具体包括五个维度:"内容整合"——用来自各种文化和群体的内容及例子教授一个科目或学科领域的关键概念、原则、一般性概括或理论;"知识建构"——让学生了解知识是如何被创造的,以及知识是如何受个人或群体的种族与社会阶级地位影响的;"平等教学法"——教师采取多种方法提高不同种族、社会阶层的学生的学业成绩;"减少偏见"——学生种族态度的特征,且作为策略被用来帮助学生发展更民主的态度与价值观;"被赋权的学校文化"——多元文化教育及文化多样性的碰撞给予学校与社会更强的力量。班克斯还提倡教师将理论知识与课程改革联系起来,更多地探究课程开发,将多元文化教育的思想融入其中,让不同群体的学生都能获得进步。

有关多元文化教育在国内已有诸多论著出版,其中权威与经典的代表之一是班克斯的系列论著。华东师范大学出版社出版的班克斯著作《文化多样性与教育:基本原理、课程与教学》,已出了好几版,非常畅销。中国台湾江雪龄的《多元文化教育》,谭光鼎等的《多元文化教育》,以及中国大陆郑金洲的《多元文化教育》,滕星的《多元文化教育:全球多元文化社会的政策与实践》,王鉴与万明钢的《多元文化教育比较研究》,钱民辉的《多元文化与现代性教育之关系研究》都有一定的代表性。从研究角度来看,我国的研究主要是关注少数民族儿童的教育,其内容有受教育权利的平等、教育内容的民族化和本土化,如:在一些地区尤其是少数民族地区以多元文化教育为指导,进行课程开发、教学实施,以及从国外多元文化教育研究中吸取经验教训并提升我国的民族教育。

此外,多元文化教育的相关理念也在国家层面的文件中得到越来越多的重视。2016 年出台的《中国学生发展核心素养》,以培养"全面发展的人"为核心,充分反映新时期经济社会发展对人才培养的新要求,高度重视中华优秀传统文化的传承与发展,系统落实社会主义核心价值观。核心素养分为文化基础、自主发展、社会参与三个方面,综合表现为人文底蕴、科学精神、学会学习、健康生活、责任担当、实践创新六大素养,具体细化为国家认同等十八个基本要点。核心素养"责任担当"中的基本要点就包括"国际理解",重点是:具有全球意识和开放的心态,了解人类文明进程和世界发展动态;能尊重世界多元文化的多样性和差异性,积极参与跨文化交流;关注人类面临的全球性挑战,理解人类命运共同体的内涵与价值等。[①] 2017年国务院印发《国家教育事业发展"十三五"规划》,要求在全面落实立德树人根本任务时,"加强多元文化教育和国际理解教育,提升跨文化沟通能力。"这些要求也充分地体现在近些年的课程改革中。《普通高中课程方案(2017 年版 2020 年修订)》确立的课程目标中就包括:"文明礼貌,诚信友善,尊重他人,与人和谐相处。学会交流与合作,具有团队精神和一定的组织活动能力,具备全球化时代所需要的交往能力。尊重和理解文化的多样性,具有开放意识和国际视野。"《义务教育课程方案(2022 年版)》也将"关心时事,热爱和平,尊重和理解文化的多样性,初步具有国际视野和人类命运共同体意识"作为"有担当"这一课程目标的重要表现。

具体来看,我国的多元文化课程研究,主要着眼于多元文化时代下课程与教学的相关问题。目前在这方面比较典型的研究成果包括:王鉴在《西北师大学报(社会科学版)》2001 年第 5 期发表的《近年来西方多元文化课程与教学研究简论》;裴

---

① 核心素养研究课题组. 中国学生发展核心素养[J]. 中国教育学刊,2016(10):1-3.

娣娜在《教育发展研究》2002 年第 4 期发表的《多元文化与基础教育课程文化建设的几点思考》;《教育研究》2003 年第 12 期"多元文化背景中的基础教育课程改革(笔谈)"专栏刊发的王牧华《多元文化与基础教育课程改革的价值取向》、靳玉乐《多元文化背景中基础教育课程改革的基本思路》等;郑新蓉在《教育研究与实验》2004 年第 2 期发表的《多元文化视野中的课程教材建设》;彭寿清在《课程·教材·教法》2005 年第 1 期发表的《多元文化课程的理念与设计问题》;靳玉乐于 2006 年在重庆出版社出版的《多元文化课程的理论与实践》;王鉴在《教育研究》2006 年第 4 期发表的《我国民族地区地方课程开发研究》;陈月茹在《全球教育展望》2007 年第 2 期发表的《中小学教科书中的多元文化问题》;滕星在《中国教育学刊》2010 年第 1 期发表的《"多元文化整合教育"与基础教育课程改革》;李新英在《外国中小学教育》2019 年第 1 期发表的《美国中小学多元文化主义课程改革的历史与现状》等。而在学科课程与教学方向的研究方面,如王鉴等在《全球教育展望》2020 年第 2 期发表的《普通高中英语教学中的文化回应问题研究》,傅轩蓉在《中国音乐教育》2022 年第 8 期发表的《论音乐文化回应性教学的基本理念与价值》,常永才等[1]对美国阿拉斯加土著学区"文化数学项目"的评介等,可见从多元文化教育的视角对基础教育各学科课程教学改革的研究尤其是数学学科相对较少,更缺乏系统研究。

<h2 style="text-align:center">三</h2>

本书选题新颖,是国内第一本多元文化数学与多元文化数学教育研究的专著。从多元文化数学切入,不仅较为系统、全面地展示了国内外多元文化数学教育的理论与实践,针对多元文化数学课程教学提出的相关论点尤其是给出的数学教育改革对策与建议有很强的针对性,对从根本上减轻中小学数学教与学的过重负担,提供适切性的数学教育有重要理论意义与现实价值;更重要的是产生了一些具有方法论意义的概念模型、理论和分析框架,及相关的研究工具,在研究方法上有重要

---

① 常永才,秦楚虞.兼顾教育质量与文化适切性的边远民族地区课程开发机制——基于美国阿拉斯加土著学区文化数学项目的案例分析[J].当代教育与文化,2011,3(1):7-12.

启示与借鉴价值。同时,还能帮助人们在思考少数民族数学教育时合理有效地处理好文化多样性的问题,挖掘与应用少数民族数学资源,传承发扬少数民族语言,合理评价少数民族学生,进一步提升少数民族数学教与学的水平。这些成果对于我国的课程教学改革,特别是少数民族地区的数学课程教学改革都有一定的参考价值。本书具体包括以下七章内容:

第一章:从解读多元文化数学的含义入手,多角度揭示多元文化数学的来源与形态,剖析数学教育中多元文化数学素材开发的现状,揭示多元文化数学的教育意义以及给数学课程教学多方面带来的种种变革。

第二章:首先从多元文化的视角对历史上我国藏族、维吾尔族、蒙古族、羌族、侗族等各民族数学文化题材进行梳理与评介;其次展示以数字和几何图案为主要突出内容的非洲多元文化数学;再次挖掘了影视中的多元文化数学素材。

第三章:在对国内外民族数学研究的理论与实践作出评介的基础上,进一步讨论民族数学的教育学转化问题。

第四章:首先以澳大利亚科纳巴兰布兰地区民族数学课程与菲律宾土著数学课程为例,对其基于民族数学的数学课程开发进行全面评介;其次探讨了国内外基于民族数学的数学教学探索;最后讨论基于民族数学的学生理性精神培养问题。

第五章:从多元文化数学课程、教科书与教学研究向度,评述国内外多元文化数学教育研究的相关问题;同时对以大洋洲为代表的土著数学教育研究作出评介,从一个侧面展示国外多元文化数学教育研究的内容与方法,并讨论其对我国民族数学教育研究的启示与借鉴。

第六章:以国内外新近发表的数学课程标准与教科书为载体,分析国内外数学课程及教科书中的多元文化观点,提出基于多元文化数学课程设计的理念、目标与原则,以及多元文化数学课程实施策略;同时以"勾股定理""一元二次方程"等具体内容为载体进行多元文化观下的数学教科书比较研究;最后讨论了多元文化观下的数学教学。

第七章:首先采用引文图谱可视化分析方法,揭示文化回应教学研究的整体概况、重点成果与未来趋势;其次全面分析文化回应数学教学的研究图景,为深化我国少数民族地区数学教育改革提供启示与借鉴;最后结合具体数学课堂教学案例及数学教师专业发展探讨走向文化回应数学教学的具体路径与方法。

数学是全世界公认的基础教育中最重要的学科之一,为什么全世界教的数学都相似? 如果认为数学是一种文化,那么在数学教育中为什么没有反映出这种文化的差异性,而显得那么一致? 从多元文化数学到多元文化数学教育,这条路还很长,但幸好我们已经在路上。

# 第一章
## 多元文化数学及其教育意义

　　由于数学的发展根植于一个民族的文化,作为一个研究领域,多元文化数学被定义为数学与数学教育的文化人类学,即将多元文化数学作为文化人类学的一部分加以对待。在数学教育中,人们也一直在寻求其他的文化元素与活动,使之作为学生数学课程学习的起点。将多种文化的材料整合进课程中,从而赋予所有学生的文化背景以价值,提高所有学生的自信,并使学生尊重所有人种和文化。这样就能"帮助所有的孩子将来更有效地应付多元文化社会环境",同时扩大学生对数学是什么以及数学和人类需要与活动间关系的理解。① 因此,多元文化数学是实施多元文化数学教育的基础。本章将从解读多元文化数学的含义入手,多角度揭示多元文化数学的来源与形态,剖析数学教育中多元文化数学素材开发的现状,揭示多元文化数学的教育意义以及给数学课程教学多方面带来的种种变革。

---

① NELSOR D, JOSEPH G, WILLIAMS J. Multicultural mathematics [M]. Oxford: Oxford University Press, 1993.

# 第一节　多元文化数学概论

数学给人的感觉是文化自由的。事实上,"数学常规的内在逻辑和语言掩饰了计数、计算和测量,空间的概念,以及集合和分类等方面的逻辑中存在的某些文化差异"。① 如果我们认识到"数学"既有普遍性,又具有根植于不同的历史文化的特性,那将有助于人们更加深刻而全面地理解数学这一学科,这也正是多元文化数学这一概念的其中一个出发点。②

## 一、多元文化数学的含义

多元文化数学是 20 世纪 80 年代前后引起国际数学界和数学教育界关注的相对较新的研究领域之一,被认为是数学与数学教育的文化人类学研究。关于多元文化数学概念的认识虽还存在一定分歧,但其基本观点是一致的,尤其表现在多元文化数学的立论基础、基本内涵以及发展机制等方面。

首先,"多元文化数学"的提出是基于对数学的社会文化属性的肯定,即承认数学是人类的一种创造物,是一种文化。自该观点提出之时,就已奠定了关于数学的文化多样性的认识。比如,早在 1950 年,怀尔德(R. L. Wilder, 1896—1982)③在《数学的文化基础》中就指出,在人类早期文化中,不同文化中的数学是如此的不同,以至于在一个文化中属于数学的元素在另一文化中却很难被认为是数学。其后,怀尔德④在

---

① 张维忠,唐恒钧.民族数学与数学课程改革[J].数学传播(中国台湾),2008,32(4):80-87.
② 唐恒钧,张维忠.多元文化数学及其文化意义[J].浙江师范大学学报(自然科学版),2014,37(2):177-181.
③ 怀尔德.数学的文化基础[J].科学文化评论,2015,12(2):20-33.
④ 怀尔德.作为文化体系的数学[M].谢明初,陈慕丹,译.上海:华东师范大学出版社,1999.

1981 出版的《作为文化体系的数学》(*Mathematics as a Cultural System*)中将"数学看成是一般文化的子文化"。怀尔德把数学视为一种广泛的文化现象,进一步论证了"数学是一个文化体系"的哲学观。他的《数学概念的演变》(*Evolution of Mathematics Conecpts：An Elementary Study*)翔实地揭示了数和长度等概念是如何受到历史和社会实践的影响的。他从初步的概念开始,探讨了数的早期演变、几何的演变以及实数中对无穷的征服。他对演变的过程进行了详细的考察,并以对现代的演变的研究结束。① 怀尔德的《数学概念的演变》一书出版后,得到了众多数学家、数学史家、科学史家、人类学家和数学教育家的积极评论,其中赞赏和批评的意见都有。例如,曾做过美国数学教师协会主席的明尼苏达大学数学教授约翰逊(D. A. Johnson),给怀尔德这本书写了书评,详细介绍了全书的主要内容,他认为这是一本值得学者用来引用和作为参考文献的参考书,这本书最成功之处是把数学作为一个动态的知识领域,以应对社会发展的需要。该书最重要的用途是作为培养中小学数学教师的"数学文化课程"教科书使用。②

同时,1953 年克莱因(Morris Kline,1908—1992)的《西方文化中的数学》在美国出版,并多次再版,深受文化界、数学界欢迎。克莱因对作为人类文化子系统的数学与其他文化、与整个文明的关系进行深入探讨。他系统地阐述了不同历史时期数学与文学、绘画、哲学、宗教、美学、音乐、人文科学、自然科学等文化领域的内在联系,详细而透彻地说明了数学对西方文化、理性精神、现代人类思想的发展所产生的深刻影响,证明了数学是人类文化的重要组成部分和不可缺少的重要力量。之后的 20 世纪 80—90 年代,英国学者布鲁尔(David Bloor,1942—  )和欧内斯特(Paul Ernest)等学者也表达了数学知识是根植于文化的一种基本方式的见解。随后,有更多的学者关注了在不同文化中数学知识和活动的性质。由此,数学也展现出其多样丰富的人类文化学、社会学、政治学、美学、历史学、民族学和教育学等意蕴。

其次,多元文化数学是不同文化群落或人群(如少数民族或原住民)里所产生与使用的数学。在这个层面上,多元文化数学可以说是"民族数学"的进一步发展。1984 年,巴西学者德安布罗西奥(U. D'Ambrosio,1932—2021)首次明确界定了民

---

① 怀尔德. 数学概念的演变[M]. 谢明初,陈念,陈慕丹,译. 上海:华东师范大学出版社,1999.
② 刘鹏飞. 怀尔德的数学进化论思想及评述[J]. 内蒙古师范大学学报(自然科学汉文版),2019,48(6):562 - 566.

族数学,民族数学是指不同的文化群体会产生不同的数学,这些数学包括计数、测量、联系、分类和推理。这与豪森①关于所有社会文化群落里均存在与所谓标准的数学工具不同的数学这一判断是相一致的。多元文化数学除了民族数学所强调的方面外,还关注不同时空下、文化多样的数学并存的文化现象,这些数学相互联系但又保持相对独立的文化特征。因此,民族数学是多元文化数学最重要的表达形式,但它不等同于多元文化数学。

再次,多元文化数学强调其发展受到文化、环境的影响,是人类文化的子文化。正如美国多元文化数学教育家扎斯拉维斯基(C. Zaslavsky,1917—2006)②所认为的,所有社会的人都发明了数学思想,数学概念产生于所有社会和各个时代的人们处理如计数、测量、定位等这类活动的实际需要和利益。

现为澳大利亚莫纳什大学(Monash University)教育学院荣誉教授,曾在英国剑桥大学教育学院任教长达 23 年,其间担任过英国数学教育研究学会(The Mathematical Association,UK)主席、英国皇家学会(Royal Society)数学教育委员等职的毕晓普(A. Bishop,1937—2023)教授(图 1-1),从人类学和跨文化研究揭示了数学具有文化历史性,不同的文化历史有不同的数学。他在跨文化研究中发现,不同文化发展出了不同的语言,但是所有语言的发展都基于同一个活动:沟通交流。受此启发毕晓普提出了一个平行的问题:"所有文化都发展数学吗?"在这个问题中,毕晓普并非关注不同文化中发展出的数学知识和成果,而是关注数学的产生过程,即哪些活动促成了数学的发展。换言之,毕

图 1-1　毕晓普③

① 豪森,等. 数学课程发展[M]. 周克希,赵斌,译. 上海:上海教育出版社,1992:58.
② ZASLAVSKY C. Multicultural mathematics: one road to the goal of mathematics for all [C]// CUEVAS G, DRISCOLL M. Reaching all Students with mathematics. Reston, VA: NCTM, 1993:46.
③ 毕晓普,2015 年克莱因奖得主。(克莱因奖是国际范围内的数学教育领域的终身成就奖。)他曾提到:不要把数学的"真理普遍性"和数学知识的文化基础混淆了。

晓普认为数学活动对于数学发展的作用,在一定程度上等同于沟通交流活动对于语言发展的作用。毕晓普特别解释了他所说的"数学是人类文化的产物"的具体含义,同时阐述了数学横跨所有的现代文化成为一种普适性的知识体系的过程。

从文化的相似性出发,毕晓普提出数学活动的文化相似性,认为"所有的文化都有从事数学活动的可能性"。他指出,所有文化都包含有数学活动,并且在数学活动中衍生出数学思想。毕晓普提出了不同文化所共有的 6 种数学活动,分别为:计数(counting)、定位(locating)、测量(measuring)、设计(designing)、游戏(playing)、解释(explaining)。毕晓普指出这 6 种数学活动对于数学发展具有重要意义,代表了不同文化之间的相似性。所有这些活动背后均为人类社会所处环境中的现实需求,并且这些活动会反过来激发人类社会产生更多的环境需求。这些活动不仅仅把人类与自然环境联系在一起,同时把人类社会中的个体与集体联系起来。在参与活动的过程中,人类需要调动多种认知过程,并且在活动中不断提升认知能力。这 6 种活动在所有文化中均具有很高的辨识性,同时也是现代科学、工程、制造业、贸易、农业等的基础(具体内容可参阅本章附录:一场"什么样的数学和数学教育是重要的"对话)。

概而言之,多元文化数学是指多元的文化产生的多样的数学,而多样的数学又反过来适应并促进了文化的多元发展。

## 二、多元文化数学的来源与形态

从当下的视角思考、探索多元文化数学,其中的两个基本问题是:多元文化数学存在于哪里? 又以何种形态存在?

### (一) 多元文化数学的来源

就多元文化数学的来源而言,正如德安布罗西奥所指出的,一方面应该更加关注从数学历史与数学哲学的角度探索这一问题,这些数学历史和数学哲学包括地中海的、西方的以及非西方的;另一方面还要关注现实生活情境,且关系到生活的各个方面。[①]

---

① ASCHER M, D'AMBROSIC U. Ethnomathematics: a dialogue [J]. For the Learning of Mathematics, 1994,14(2):36-43.

## 1. 传统文化中的数学

不同的传统文化都产生和使用着也许不那么严格的数学。正如南非数学课程标准所指出的,"数学是一项人类活动……是经过不同文明的探索而得出的产物"。① 但在文化发展与交流的过程中,这些数学被忽视了,需要对其进行重新挖掘。比如,从昌都、卡若等遗址中出土的不同时期的石器和陶器中可以发现,早在石器时代藏族已有圆、椭圆、矩形、圆柱体等几何形态,但没有真正形成几何理论体系意义上的几何概念;后来这些几何形态在藏族唐卡和壁画中出现,不仅形成了概念,而且在唐卡和壁画制作过程中使用诸如中心对称、轴对称、成比例、等腰三角形等几何术语,乃至在现实生活中普遍使用了"三角形的稳定性"等原理。② 又比如,从社会历史的发展角度看,每种数进制的产生有其特定的现实需求和时代背景,不同的进制方式也反映出不同文化背景下人们多样的文化需求和思维习惯。如二进制的雏形最早可以追溯到中国最古老的哲学著作《周易》"八卦"图中,老子《道德经》中"道生一,一生二,二生三,三生万物"的思想也渗透着二进制的理念。德国数学家莱布尼兹(Gottfried Wilhelm Leibniz,1646—1716)首先用二进制表示了自然数。又如,五进制是由人们一只手五个手指的计算而产生。③ 1937 年,在罗马尼亚境内维斯托尼斯发现一根旧石器时代的幼狼桡骨,7 寸长,上面有着 55 道刻痕,前面 25 道是 5 个一组地排列着,随后一道刻痕是原来长的两倍,作为这一列的结束。这是五进位制应用的一个证明。④ 我国发明的算盘,一个上珠等于五个下珠,这也体现了五进制的思想。罗马数字的书写形式上也可以发现五进制的迹象。

## 2. 现实生活中的数学

在人们的现实生活中也存在着许多数学原理,尽管这些数学原理有时是潜在的,需要人们具备一定的数学意识,并加以挖掘与细细品味。比如,在一些广告里经常会看到类似这样的用语:"在最近一次测试中,80%的猫主人说他们的猫喜欢吃猫爪饼干"。这句话听起来让人印象深刻,如果你是猫主人,很可能会在看到这

① 曹一鸣.十三国数学课程标准评介(小学、初中卷)[M].北京:北京师范大学出版社,2012:353.

② WANG J. Mathematics education in China: tradition and reality [M]. Singapore: Cengage Learning Asia Pte Ltd, 2013:280－290.

③ 张彦,梁清华.浅谈进位制[J].中学数学杂志,2008(12):封底.

④ 王永建.进位制的由来[J].江苏教育,1997(1):42.

样的广告后想尝试一下。但如果从数学的角度来看,就需要思考80%的基数是多少呢?即这个数据是通过对多少猫主人的调查得到的呢?如果告诉您他们只调查了10个人,即10个人中有8个猫主人持这种观点,那么你想尝试的冲动就会小很多。

又如,人们在现实生活中会经历如下困境:某一天,您和您的4位朋友正在其中一位的家里做客。主人很客气,拿出一盘梨,其中有4个香梨,1个大白梨。假设您在香梨和大白梨之间更喜欢香梨,很自然地您也会认为您的朋友中大多数人会更喜欢香梨。那么问题来了,在"分梨(离)"不吉利的观念下,您该吃什么?如果第一个吃香梨,您可能会有点不好意思。在您犹豫的时候,逐渐有3位朋友(包括主人)已经吃了3个香梨了。这时候,您再去吃香梨,您不好意思的感觉会变得更加强烈。这样一个似乎与数学风马牛不相及的例子,却可以用数学来解释其中"不好意思的感觉越到后面越强烈"的原因。具体而言,可以假设80%的人会在香梨和大白梨之间选择香梨,则当第一个人选择香梨后,后面4个人都会选择香梨的可能性是:$0.8 \times 0.8 \times 0.8 \times 0.8 \approx 0.4$;当第二个人选择香梨后,剩下3个人都会选择香梨的可能性是:$0.8 \times 0.8 \times 0.8 \approx 0.5$;……当第四个人选择香梨后,剩下那个人会选择香梨的可能性就是0.8,可见当你吃香梨的时候,后面的朋友都会选择香梨的可能性越来越大,香梨也就变得越来越珍贵,自然"不好意思的感觉越到后面越强烈"。

**(二)多元文化数学存在的形态**

从数学的角度来看,多元文化数学是以何种形态反映其文化多样性的?多元文化数学体现在发展脉络的多样性,并在发展过程中采用了多样的数学载体或表征物,同时体现了不同的数学思维。

**1. 文化多元的数学发展脉络**

在不同的文化中,同一个数学元素的发展经历也许截然不同。比如,无理数就是其中一个典型例子。[①] 在古代西方,无理数从发现到被接受经历了曲折的过程,曾一度被认为是谬论,甚至还导致了不安与恐慌。而在古代中国,古算学家们却很自然地开始使用了无理数,这一点在《九章算术》等古代数学文献中都可以得到证实。

---

① 唐恒钧. 多元文化中的无理数[J]. 中学数学杂志(初中),2004(4):63 - 64.

2. 文化多元的数学载体

对于同一个数学元素,不同文化也许采用了不同的数学载体或表征物加以表示。比如圆锥体在我国不同地域文化中就有着不同的载体。在蒙古族文化中,也许蒙古包就是圆锥体的载体;而在江南农村文化中,农民喷洒农药所形成的水柱就是合适的载体。[1] 后者随着出水口与地面高度的变化还能形成一系列的圆锥体。对这一系列圆锥体的研究,其中所蕴涵的数学问题与数学思维也更为复杂。

3. 文化多元的数学思维

数学在不同的文化中还体现了不同的数学思维方式。

从宏观层面来看,西方古代数学表现出明显的演绎思维的取向,而在古代中国则表现出算法思维的取向。

从微观层面来看,不同文化中解决同一类问题时的具体方法也存在明显差异。比如,同样是求三角形的面积,就有多样的方法。三角形面积公式最初产生于土地的测量。早在古埃及《莱因得纸草》中就有三角形面积为腰长与底边乘积的一半这一算法。在《九章算术》里又有"半广以乘正纵"的算法。古埃及算法虽然简单,却不精确;《九章算术》中的算法虽然精确,却难以测量三角形的高。于是人们就想到,如果只通过测量边长就能算出三角形的面积,那难度就大为减弱了。[2] 海伦公式、秦九韶公式均是这方面的例子。

## 三、多元文化数学素材开发

《全日制义务教育数学课程标准(实验稿)》指出"由于学生生活背景和思考角度不同,所使用的方法必然是多样的,教师应尊重学生的想法,鼓励学生独立思考……"教材编写中应"介绍有关的数学背景知识","注重数学的文化价值",使学生体会到数学与人类生活经验和实际需要的密切联系。[3]《义务教育数学课程标准(2011年版)》再次强调:"数学是人类文化的重要组成部分,数学素养是现代社会每

---

[1] 唐恒钧,张红.喷洒农药:圆锥体学习的新素材[J].中学数学杂志(高中),2013(5):13-14.

[2] 沈康身.历史数学名题赏析[M].上海:上海教育出版社,2002:521.

[3] 中华人民共和国教育部.全日制义务教育数学课程标准(实验稿)[M].北京:北京师范大学出版社,2001.

一个公民应该具备的基本素养。"①《义务教育数学课程标准(2022年版)》在课程性质部分明确指出:"数学承载着思想和文化,是人类文明的重要组成部分。"②《普通高中数学课程标准(2017年版2020年修订)》也从多个维度揭示了现代数学与人类生活和社会发展的关系。具体的表述是:"数学与人类生活和社会发展紧密关联。数学不仅是运算和推理的工具,还是表达和交流的语言。数学承载着思想和文化,是人类文明的重要组成部分。"③1989年全美数学教师理事会(NCTM)出版的《美国学校数学课程与评价标准》就明确指出:"学生应该拥有关于数学在文化上、历史上和科学进步史上的大量、多种多样的经验,使他们能够重视数学在当代社会发展中的作用,并且探索数学及其所服务的学科之间的关系。数学为之所服务的学科领域包括:物质与生命科学,社会科学,人类学。"④

可见,数学课程标准已认识到数学是人类的一种文化,是全人类共同努力的结果。但数学语言的普遍特征和数学推理的普遍有效性掩饰了数学的文化特性,因此在以往的教材、教学中体现多元文化数学的素材仍偏少。国外关于多元文化数学素材的开发研究主要分为两类。一类侧重于从不同文化中挖掘素材。比如爱舍尔(M. Ascher)的《民族数学:数学思想的多元文化观》(*Ethnomathematics: A Multicultural View of Mathematical Ideas*)一书中呈现了一些非西方数学文化影响下的多元文化数学,主题包括了记数、沙画、游戏和谜题中的机会和策略、空间图形以及图形的对称性等方面,为多元文化数学提供了很多丰富的实例⑤;大卫·尼尔森(David Nelson)等从乘法、联立方程组、几何与艺术以及统计等方面开发多元文化数学课程素材⑥;扎斯拉维斯基一方面从数学文化史的角度探讨了计数、数字符号、记录和计算的多元发展,另一方面从建筑和艺术中的几何与测量、多元文化中

① 中华人民共和国教育部. 义务教育数学课程标准(2011年版)[M]. 北京:北京师范大学出版社,2012.
② 中华人民共和国教育部. 义务教育数学课程标准(2022年版)[M]. 北京:北京师范大学出版社,2022.
③ 中华人民共和国教育部. 普通高中数学课程标准(2017年版2020年修订)[M]. 北京:人民教育出版社,2020.
④ 全美数学教师理事会. 美国学校数学课程与评价标准[M]. 人民教育出版社数学室,译. 北京:人民教育出版社,1994:5.
⑤ ASCHER M. Ethnomathematics: a multicultural view of mathematical ideas [M]. Belmont, CA: Brooks/Cole Publishing Company, 1991.
⑥ NELSON D, JOSEPB G, WILLIAMS J. Multicultural mathematics [M]. Oxford: Oxford University Press, 1993.

的数学游戏等挖掘素材,比如挖掘了莫桑比克、巴西、印度、中国、老挝、日本以及印尼等国家的关于编织的例子。① 另一类则只从某一种特定文化的现实生活中开发素材。比如,李普卡(Lipka)研究了阿拉斯加尤皮克(Yup'ik)文化日常生活中的数学;英国教育家玛丽·哈里斯(Mary Harris)努力挖掘编织品上的女性数学;格迪斯(Gerdes)探索了安哥拉东北部的 Sona 几何与莱索托的 Litema 几何。②

作为数学教师,诚如英国学者大卫·尼尔森③所说:"我们应该认识到可能没有像'主流数学'(主要是欧洲最近三个世纪的文化产物)一样发展得那么好的'可选择'的算术和几何的存在"。也正因如此,不少学者尝试开发了多元文化数学的素材。比如,当我们回溯数学发展史,便能发现人类先哲们从不同的角度、用不同的方法对相同的主题做出的努力,这便是多元文化数学素材开发的其中一个重要视角。张维忠④给出了中西不同文化背景下"数"的不同含义;唐恒钧⑤从中西数学文化的视角比较了无理数的发现和使用过程以及数学价值观上的差异;傅赢芳等⑥从多元文化数学的观点剖析了不尽根数的估算;陈碧芬⑦通过对不同文化中的三角形面积公式及其推导过程的评介,展现其中的文化差异及其与其他知识的联系,丰富了教师的多元文化数学教学素材;章勤琼⑧挖掘了麻将中的数学与文化;章勤琼等⑨从中国传统数学、古埃及与巴比伦、印度与阿拉伯、欧洲等不同文化视角对方程求解作了比较与分析;华崟煜等⑩从中国算盘、埃及乘法、俄罗斯乘法、格子乘法与

① ZASLAYSKY C. The multicultural math classroom: bring in the world [M]. Portsmouth, NH: Heinemann, 1996.
② 宋丽珍. 多元文化数学课程实施的行动研究[D].浙江师范大学,2013.
③ NELSON D, JOSEPB G, WILLIAMS J. Multicultural mathematics [M]. Oxford: Oxford University Press, 1993.
④ 张维忠. 数:中西不同文化背景下的含义[J]. 中学数学教学参考,2003(5):61 - 62.
⑤ 唐恒钧. 多元文化中的无理数[J]. 中学数学杂志(初中),2004(4):63 - 64.
⑥ 傅赢芳,张维忠. 不尽根数的估算:多元文化数学的观点[J]. 中学数学教学参考,2005(5):63 - 64.
⑦ 陈碧芬. 不同文化中的三角形面积公式[J]. 中学教研(数学),2006(5):28 - 30.
⑧ 章勤琼. 麻将中的数学与文化[J]. 数学教学,2007(8):46,15.
⑨ 章勤琼,张维忠. 多元文化下的方程求解[J]. 数学教育学报,2007,16(4):72 - 74.
⑩ 华崟煜,张维忠. 多元文化观下的乘法运算[J]. 中学数学教学参考,2010,(1—2)(中旬):128 - 130.

纳皮尔乘法比较了多元文化观下的乘法运算;张和平等①以黔东南苗族服饰和侗族鼓楼蕴涵的数学文化为例讨论了学校研究性学习与原生态民族文化资源开发的问题,案例丰富,很有启发意义;朱黎生②则对彝族服饰图案中的数学元素进行了深入挖掘,并认为彝族民族服饰充满的生命感与跳跃感主要源于彝族服饰图案充分运用了数学中的对称与均衡、对立与调和、节奏与韵律等;杨梦洁等③认为作为古老民族的白族,文化丰富多彩,聪慧的白族人民在社会生产实践中不断积累,形成了独特的数学文化,白族建筑、民族服饰、民俗风情、宗教文化等都是白族文化的重要载体,蕴涵着丰富的数学元素,如:黄金分割、连续纹样、几何变换、平面镶嵌、弦图等。挖掘这些民族数学资源,既可使民族数学文化得以传承,又可使人们感受到身边的数学,对于丰富多元文化数学的内涵,推进少数民族数学课程改革具有重要意义。

　　这种数学的文化多样性在一些重要的、具有普适性的数学定理上也是有所体现的,勾股定理就是其中最为典型的例子。众所周知,勾股定理(在西方一般称之为毕达哥拉斯定理)是世界上最早发现的几何定理之一,它的发现也是数学发展史上的一个里程碑,这个看似简单的定理却被视为一个文明是否发展的重要标志。从多元文化的视角看,世界各国都非常重视勾股定理的社会文化价值,勾股定理几乎是全世界中学数学课程中都介绍的内容。王芳等④比较了中西方勾股定理的发现和证明方法,并认为勾股定理是对学生进行辩证思想方法教育的良好素材,也为数学研究性课题的学习提供了丰富资料。借助计算机技术,以勾股定理为载体,还能在数学文化传统与数学教育现代化之间搭建良好的教学平台,是实现数学教育现代化的一条有效途径。如果站在非洲这个具有特殊文化背景的角度来追溯它是如何被发现、又是如何得到证明的,那么人们不仅能体会出勾股定理深刻的文化内涵,而且能从中领悟到其丰富的教育价值。裴士瑞等⑤呈现了非洲文化中的勾股定理:(1)由编制"结"到勾股定理证明方法的发现。非洲的文化既悠久又丰富。在非

① 张和平,罗永超,肖绍菊.研究性学习与原生态民族文化资源开发实践研究——以黔东南苗族服饰和侗族鼓楼蕴涵数学文化为例[J].数学教育学报,2009,18(6):70-73.
② 朱黎生.彝族服饰图案中数学元素的挖掘及其在教学设计中的应用尝试[J].民族教育研究,2012,23(3):98-102.
③ 杨梦洁,王彭德,杨泽恒.白族文化中数学元素的挖掘[J].数学教育学报,2017,26(2):80-85.
④ 王芳,张维忠.多元文化下的勾股定理[J].数学教育学报,2004,13(4):34-36.
⑤ 裴士瑞,张维忠.非洲文化中的勾股定理[J].中学数学教学参考,2010(6):66-67.

洲这个多重而复杂的社会背景下，人们对于想象和创新一些装饰品的兴趣非常浓厚，因而在非洲文化中主要是以原始艺术和手工艺品为代表。正是这种文化传统和背景促进了非洲几何的发展。勾股定理的发现着实可以从一些非洲人民生活中经常所用的装饰品上镶嵌的图案中体现出来。(2)从对称装饰设计到勾股定理证明方法的发现。在非洲地区很多艺术品都显示了中心对称关系，这种中心对称关系在非洲成了证明勾股定理的良好素材。卞新荣[1]则进一步结合具体数学课堂教学将多元文化下的勾股定理改造成适合学生研究性学习的教学案例。

在自然界，数学可以生动地推理出一些人们无论如何也无法想象的，或者在现实空间认为不可能的事实，而"好莱坞"也致力于此。陈虹兵等[2]从 2010 年全球热映的《盗梦空间》中发掘出众多数学文化元素。由克里斯托弗·诺兰(Christopher Nolan，1970—)编剧与导演的好莱坞大片《盗梦空间》，除了扣人心弦的故事情节外，影片中充满众多数学元素，公理体系、不可能图形、分形几何等，数不胜数。随着大数据时代的到来，各类影视作品中渗透了数学思想和方法，融进了数学原理，尤其是影视特效中的数字技术更为电影与电视打开了一个迷人的世界。张维忠等[3]从近几年上映的影视剧中展示了众多数学文化元素，饶有趣味，引人入胜。周局等[4]认为相较于传统的数学课程，多元文化数学课程可从学生的生活实际、我国各民族的数学史和世界各地区与国家的数学史三个维度挖掘整理数学文化素材。多元文化数学课程不仅能使学习者体会到数学与生活实际的紧密联系，挖掘和弘扬各民族优秀的数学文化，更可以开阔学生的国际视野。

## 四、从多元文化数学到多元文化数学教育

然而，上述多元文化数学要进入数学教育还需要进行转换。这是由于存在两个方向上的不适应。首先，从数学史角度挖掘得到的多元文化数学往往过于强调

[1] 卞新荣. 多元文化下的勾股定理——数学文化研究性学习教学案例[J]. 数学通报，2011，50 (12)：9 - 14.
[2] 陈虹兵，张维忠.《盗梦空间》中的数学文化[J]. 数学文化，2011，2(1)：32 - 34.
[3] 张维忠，刘艳平，徐元根. 数学与影视文化[J]. 中学数学月刊，2018(1)：1 - 4，8.
[4] 周局，徐春浪. 对多元文化数学课程素材挖掘的思考[J]. 西藏教育，2015(4)：32 - 33.

学术抽象,不易教学。其次,从现实生活角度挖掘得到的多元文化数学又往往过于强调生活的背景,数学元素不够突出,数学思想也比较朴素。因此在前一向度上,我们应将过于学术化的数学史转化为教育形态的数学,便于教学;而在后一向度上则需要提炼其中的数学内容,特别是数学思想的挖掘。[①] 国内有部分学者对此进行了有益探索,[②]但总体来说,这方面的研究还处于起步阶段。值得向读者推荐的是美国学者克劳斯(Marina C. Krause)[③]撰写的《多元文化数学游戏集锦》,该书收集了源于世界各地的多元文化数学游戏和活动。作者克劳斯认为人类社会文化知识的持久性和多样性为当今中小学数学课程发展带来巨大空间,它们让不同地区的儿童了解到各自的种族背景,并使他们了解到其他民族的文化遗产。克劳斯为教师编写的多元文化数学教程已被用于课堂活动,并通过测试表明该教程适合在课堂上组织儿童学习。

### (一)寻找与挖掘多元文化数学素材

从数学课程内容出发,寻找与挖掘多元文化数学素材。课程内容与目标的预设性是学校教育的一个典型特征。因此,我们在数学课程教学中强调多元文化数学的渗透,并不是要放弃学校数学,而是希望借助多元文化数学进一步提升学校数学教育的质量。基于此,教师在教学中应以数学课程标准和数学教材为依据寻找与挖掘多元文化数学素材。

举例而言,勾股定理是世界各国中学数学课程的必学内容之一。有意思的是,无论是该定理的发现还是证明都充分体现了文化多样性。教师在教学勾股定理时,可以从数学史文献中寻找体现多元文化的素材。比如,古巴比伦、古埃及、古代中国、古印度、古希腊都发现了勾股定理,而该定理的证明又成为古今中外数学家以及数学爱好者广泛研究的问题(目前证明方法已达 400 余种)。教师基于资料查询至少可以获得两方面素材:勾股定理的发现和证明方法。

事实上,数学的特点决定了数学文化的多元性。打开数学历史的画卷,勾股定理之外的多元文化数学素材比比皆是:一元二次方程的解为古代的两河流域、印度和中国人所熟知;二项式系数表(算术三角形)分别出现于中世纪的中国、印度、阿

---

① 唐恒钧,陈碧芬,张维忠. 数学教科书中的多元文化问题[J]. 现代中小学教育,2010(7):28-31.
② 张维忠. 文化视野中的数学与数学教育[M]. 北京:人民教育出版社,2005.
③ KRAUSE M C. 多元文化数学游戏集锦[M]. 安建华,译. 北京:北京师范大学出版社,2006.

拉伯和欧洲数学文献中；古希腊数学家阿基米德（Archimedes，前287年—前212年）发现并证明了球体积公式，但5世纪中国数学家祖暅（456—536）、17世纪德国数学家开普勒（J. Kepler，1571—1630）、意大利数学家卡瓦列里（F. B. Cavalieri，1598—1647）、日本数学家关孝和（约1642—1708年）等也相继独立推导出同样的公式；人们常常说起18世纪德国数学家高斯（Gauss，1777—1855）的等差数列的倒序求和法，殊不知13世纪中国数学家杨辉早已用几何方法解决了同样的问题。①

当然，有些多元文化素材还需要教师根据课程内容和地方文化的特色进行挖掘。比如，"指定随机事件发生的概率"是初中数学课程的重要学习内容之一。《义务教育数学课程标准（2022年版）》在案例中用"掷两个骰子后获得的点数之和为某个数值的概率"这一活动进行学习。在实际教学活动中，教师还可以挖掘更贴近当地生活的素材。比如，假设所教的学生有地铁乘坐经验，则可以开发如下素材：

刘叔叔的爸爸和妈妈分别在城市的南郊和北郊工作，他本人是一个在市中心的公司业务员，但每天都乘地铁回爸爸或妈妈的单位住宿。因为他总是想不好应该去哪边住宿，所以他就让机会来决定。他每天随机时间到达地铁站，如果向南的车先到就去爸爸那边，如果向北的车先到就去妈妈那边。结果一个月下来，他发现在妈妈那边只住了2个晚上，而在爸爸那边却住了28个晚上。为什么呢？

事实上，原因就在于向南的车到站时间是每小时的整点，以及此后每隔15分钟一班，而向北的车到站时间为每小时的整点过1分钟，以及此后每隔15分钟一班。举例来说，向南的车到站时间为6:00，6:15，…，而向北的车到站时间为6:01，6:16，…。因此，刘叔叔随机到站，他在向南列车到站前的长间隔到达的可能性比另一种可能性大得多，达到了14倍，所以一个月下来大都在爸爸那边住也就好解释了。

### （二）选择多元文化数学素材

从学生发展需求出发，选择多元文化数学素材。多元文化数学具有多重教育意义与价值。在教学中教师要从学生发展的需求出发选择多元文化素材，以体现特定的教育价值。

---

① 王海雯，汪晓勤.美国数学教育家杨格的数学价值观[J].教育研究与评论，2020(1)：43-48.

以勾股定理的教学为例,为了改变学生关于数学起源西方中心主义的观点,可以突出介绍古代中国、古埃及等发现勾股定理的历史。

为了拓展学生的思维,教师可以选取不同的证明方法,比如柏拉图(Plato,前427—前347)的证法(图1-2)、赵爽(约182—约250)弦图的证法(图1-3)、传说中的毕达哥拉斯(Pythagoras,约前580—约前500)证法(图1-4)等。①

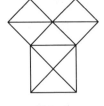

图1-2

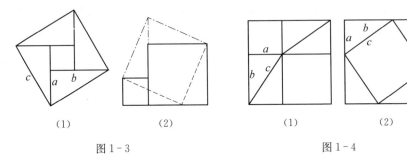

(1)          (2)                    (1)          (2)

图1-3                          图1-4

其中,柏拉图是对等腰直角三角形这类特殊的直角三角形中的勾股定理进行的证明,体现了特殊化的数学思维方式。在证明方法上,柏拉图证法体现了拼图法的思路,即将4个全等的等腰直角三角形先拼成两个边长为直角三角形腰长的小正方形,再用这4个等腰直角三角形拼成边长为斜边长的大正方形,由两种拼法所得的图形总面积相等,进而得到等腰直角三角形的三边关系。

赵爽弦图既可以用代数方法加以解释,如图1-3(1),同时也可以用面积出入相补法解释,如图1-3(2)。其中,图1-3(1)是将4个全等的直角三角形按照如下方法放置而得到的:根据直角三角形两锐角互余的性质,在两个直角三角形中各取一个锐角,使它们互余,用这两个锐角拼出一个直角(即将两个角的顶点重合放置,并使其中一角在相应直角三角形中较长的直角边与另一角在相应直角三角形中较短的直角边重合,但两锐角无重合部分)。在上述图形基础上,用同样的方法依次放置后两个直角三角形。由此,4个直角三角形的外围和内部分别围出了两个正方形,其中大正方形的边长为直角三角形的斜边长,小正方形的边长是直角三角形两直角边之差。以赵爽弦图为基础,用代数方法即可证明勾股定理:4个直角三角形

① 沈康身.历史数学名题赏析[M].上海:上海教育出版社,2010:433-437.

的面积与小正方形面积之和与大正方形面积相等，即 $c^2 = (b-a)^2 + 4\left(\dfrac{1}{2}ab\right) = a^2 + b^2$。

毕达哥拉斯的证法也可以从拼图法和代数法两个角度加以理解。拼图法：将图 1-4(1) 中两个全等的矩形沿对角线切开，将所得到的 4 个全等的直角三角形按图 1-4(2) 的位置放置形成一个大正方形（这一方法与《周髀算经》中商高的弦图一致），利用图 1-4(1) 和图 1-4(2) 两个大方形面积相等证明勾股定理。代数法：直接计算面积，即图 1-4(1) 的面积为 $(a+b)^2 = a^2 + b^2 + 4\left(\dfrac{1}{2}ab\right)$，图 1-4(2) 的面积为 $(a+b)^2 = 4\left(\dfrac{1}{2}ab\right) + c^2$，于是 $a^2 + b^2 = c^2$。

### （三）转换多元文化数学素材

从教学现实出发，转换多元文化数学素材。为有效地在课堂上使用多元文化数学，还需要根据教学现实对其进行必要的教育学转换。因为"数学知识需要形式化的表述，但学生掌握数学知识必须经过朴素而火热的思考。教师的责任是返璞归真，运用适度的非形式化方法，将数学的学术形态转化为教育形态，展现数学的魅力，激起学生学习数学的热情。"[①]

以上述勾股定理的证明为例，需要从思维方法的角度，用教学活动串联上述证明方法。教师具体可以设计如下小组学习任务单，并在学生汇报每个任务的探究结论时，适时告诉学生这些方法的历史渊源：

任务 1：小组同学（4 人一组）每人拿出一块等腰直角三角形的三角板，用尽可能多的方法围出一个正方形，将所围的图形画在纸上，求出大正方形及其组成部分的图形的面积，并讨论面积间的关系。

任务 2：小组同学（4 人一组）每人拿出一块非等腰直角三角形的三角板，用同样的方法研究上述问题。

任务 3：对于其他直角三角形也有上述关系吗？画一画，在独立思考的基础上小组讨论。

任务 1 的第一种方法是用柏拉图的证明方法，而另一种方法则是毕达哥拉斯方

---

① 张奠宙，王振辉. 关于数学的学术形态和教育形态[J]. 数学教育学报，2002，11(2)：1-4.

法的特殊形式(两直角边相等),这也为后面的变式提供了探索基础。从学生思维的角度来看,完成任务 1 后很自然地会想,对于一般的直角三角形是否也具有任务 1 中发现的三边关系？这便成为后面两个任务的思维起点,因此这个任务也可以通过教师的引导由学生提出。任务 2 是任务 3 的具体化,即操作与探索有一个锐角为 30 度的直角三角形的三边关系。在操作过程中,学生也会有两种拼法,其一是赵爽弦图拼法(教学中可由柏拉图拼法变化而来),其二是毕达哥拉斯方法。在任务 2 的基础上,任务 3 的问题更一般化,学习的抽象性也进一步提高,不再让学生实验操作,而是通过画图讨论其中的三边关系。通过赵爽弦图和毕达哥拉斯方法研究、证明一般直角三角形中的三边关系。

## 第二节　多元文化数学的教育意义

### 一、促进传统文化的挖掘、丰富与传承

数学文化史研究表明,由于研究和发明,以及人们采用越来越合适的表征物,及其紧接而来的标准化和杂志传播等原因,文化传播增加了,多数高级文化中的数学元素也就越来越接近,直到出现本质上的一致性。尽管如此,从数学史来看,也正是从这种意义上当下严格意义上的数学只是经过多元社会的长期发展而来的一种特殊的产物,其发展还有非欧洲的来源。

数学的上述发展过程也被一些学者称为西方文化的扩张过程。① 在此过程中,"西方数学"逐渐被全世界所接受。但与此同时,一些文化中的数学却被忽视或压制了。多元文化数学的研究要努力挖掘那些在数学西化过程中被压制或忽视的数学元素和活动,使不同的文化尤其是非西方文化中的传统数学得以重建。

其价值首先在于,多元文化数学通过重建某种文化中的数学,丰富了相应文化的内涵,使人们有机会从多元文化数学的角度重新审视这种文化。其次,多元文化数学还有助于人们从多种角度把握同一个事物,最终实现多种文化的共同繁荣。这其实就是我国传统文化中"和而不同"的思想和价值的具体体现,也被认为是"我国文化保持旺盛的生命力的重要原因"。② 其中,"'和'的主要精神就是要协调'不同',达到新的和谐统一,使各个不同事物都能得到新的发展,形成不同的新事物。"③

---

① D'AMBROSIC. General remarks on enthomathematics [J]. ZDM, 2001,33(3):67-69.
② 王牧华.多元文化与基础教育课程改革的价值取向[J].教育研究,2003(12):71.
③ 乐黛云.多元文化发展的两种危险和文化可能作出的贡献[N].文艺报,2001-08-08.

## 二、还原数学本来的模样，丰富人们对数学历史的认识

在许多人的观念中，数学是文化自由的，是具有普遍性的，甚至早已存在于另外一个世界之中。"数学给人的感觉也总是'从数学到数学'，而与人类乃至人类所创造的其他文化没有多少关系，即使有也只是数学为其他文化提供了一种工具。"①

多元文化数学则为人们提供另一番图景，也为理解数学外史提供了良好的载体与视角。数学史的研究分为从数学内部审视数学发展的内史和从数学外部审视数学发展的外史。多元文化数学使人们看到，数学是在不断发展的，几乎所有的文化在这一过程中都作出了贡献，而且存在于不同文化中的数学是有共性的。但与此同时，无论在数学价值体系、知识经验、思维方式还是语言符号等方面数学又都存在着明显的文化差异。比如，在中西方文化中，人们以不同的思维方式、不同的表征方法理解与表示"无理数""负数"等数学概念。更重要的是，多元文化数学还让人们看到"无理数""负数"在中西方数学发展过程中有着迥然不同的遭遇，即这些概念在中国被人们很自然地接受，而在西方却经历了漫长而曲折的过程，这背后其实反映了人们的数学观念。具体而言，在古代中国，算学家们相信"物生而后有象，象而后有滋，滋而后有数"，正是在这种观念下，数学应用性成为中国传统数学的典型特征，当他们发现不能用现有的数表示现实中的量时，就很自然地引进了一个新的数。而在古希腊乃至后世西方文化中的数学强调逻辑上的可接受性。也正是从这一角度看，在评价中西方数学历史时，讨论"谁比谁早多少年"只是其中一个维度，还要从文化差异的角度去思考、理解这种时间差背后的原因。后者将有助于人们更全面而深刻地从文化的角度理解数学史。

事实上，数学教育中渗透多元文化数学，也将有助于传递数学本来的模样。具体体现在以下两个方面。第一，多元文化数学传递了更为全面的数学观念，让人们认识到数学在发展过程中的多元的文化源头，及数学本身发展过程的动态性与未完成性。第二，多元文化数学丰富了数学课程的内容，使更多的数学文化得到传

---

① 唐恒钧. 多元文化数学与学生学习信心培养[J]. 宁波大学学报(教育科学版),2010,32(2):125 - 128.

承。学校课程的一项重要功能是文化传承。多元文化数学通过重建某些文化,尤其是弱势文化中的数学,使人们有机会看到与学校数学不一样的数学,看到这些数学是如何发展成学校数学的。这将不仅使人们能更有脉络地、更深入地理解学校数学,同时也将在学校数学与其他文化中的数学之间的思想交互中启迪思维,实现数学文化的创生。

值得进一步说明的是,在此强调多元文化数学,并非是希望用多元文化数学,甚至只是用民族数学去替代学校数学;而是希望学生能借助多元文化数学意识到,数学多样发展的可能性与存在形态,同时经由多元文化数学更好地理解学校数学,并借助民族数学与学校数学中蕴涵的不同的数学思维方式发展现有的数学。

在数学教育中,主要通过添加不同文化中的数学活动与元素的形式实现上述价值。比如,澳大利亚的数学课程标准中指出,在教学生"通过有序地命名数字,建立对计数过程和计数语言的理解,最初学会数 20 以内的数"时,阅读来自其他文化中关于连续计数的故事,从而帮助学生用当地的语言和文化认识计数的方式。①

### 三、有助于培养理性的、具有跨文化能力的公民

从学校教育的社会价值看,多元文化数学有助于培养理性的、具有跨文化能力的公民。从对国外有关多元文化数学教育研究以及国家课程标准的梳理中可以发现,对这个问题的关注与教育中的多元文化主义有重要联系。例如,南非国家课程标准(修订版)包含综述与八大学习领域说明,在包含数学在内的每个学习领域说明中都会阐述人权、健康环境和社会公正之间的关系。比如,"应当选择一些情境,使得学习者能够将计数、估计和计算与对其他学习内容和对人权、社会、经济、政治、环境问题的理解联系起来。"②这一特点与其产生的背景有关。南非民主政府成立后,教育面临的一个重要问题即是,在种族隔离政策下,原有的教育系统因种族、地理环境和思想观念而造成巨大差异,甚至存在不平等。1994 年大选之后,课程改革在废除了种族隔离的南非迅速展开。这也是南非数学教育中强调多元文化的一

---

① 曹一鸣.十三国数学课程标准评介(小学、初中卷)[M].北京:北京师范大学出版社,2012:7.
② 曹一鸣.十三国数学课程标准评介(小学、初中卷)[M].北京:北京师范大学出版社,2012:355.

个原因,即南非课程中的多元文化主义在数学教育中的自然延伸。也正因为如此,从学校教育的社会价值看,在关于多元文化数学的讨论中常会强调数学教育的社会责任:培养理性的、具备跨文化理解能力的社会公民。

在数学教育中,主要通过两种途径体现上述教育价值。其一,引导学生用数学去探究、审视社会问题,以形成强烈的社会责任感和理性。比如,在澳大利亚的数学课程标准中就涉及用数学的方法,研究不同国家人们的富裕程度或受教育程度与健康的关系;计算澳大利亚和亚洲的人口增长率,并解释它们的不同;研究媒体报道中的一个国际性问题,这些数据的使用对不同的文化或社会的影响(例如,捕鲸业、足球世界杯的结果);研究澳大利亚自从白种人定居以来生物多样性变化等一系列值得学生这一未来公民关注的社会问题。这其中涉及了有关健康、教育、环境等可持续性发展主题的研究。又如,南非的数学课程标准提出,通过数学学习,"学习者将理解数学怎样提供方案来保护或者破坏环境,以及促进或者危害别人的健康。这样,学习者就能够有效地和批判地使用数学,同时表现出对环境和他人健康的责任心。"①

其二,用数学的眼光欣赏、珍视不同群体的文化。这将促使来自不同文化的学生不仅为自己的文化而自豪,还能欣赏并尊重其他文化,并能从其他文化中获取养料以促进自身文化的发展。这其实就是跨文化理解力。比如,在"对称性"的学习中,澳大利亚数学课程标准要求"识别原著居民石洞或艺术中的对称性",并利用中亚纺织品上的图案、中国西藏文物、印度的莲花图案,以及雍古族或是中西部沙漠艺术中的对称性来帮助学习。表面看来,这种方式与前述"在数学教育中添加不同文化的数学活动与元素"一致,但其实质存在比较明显的差异。在数学教育中添加不同文化的数学活动与元素,呈现的是多种文化中显性的数学活动及数学元素,旨在展现与学校数学不一样的数学形式;而后者则是用数学的视角去理解人类的其他文化活动,这些文化活动本身也许并没有数学,至少没有显性的、明确的数学意识。具体以艺术品中的"对称"而言,人们在从事这些艺术品的创作过程中也许仅仅是对美的一种普遍追求,而并不是有意识地利用数学中的"反射对称""旋转对称"等方法。

---

① 曹一鸣.十三国数学课程标准评介(小学、初中卷)[M].北京:北京师范大学出版社,2012:358.

## 四、改善与丰富数学课程与教学

第一,多元文化数学密切了数学课程与社会生活的关联。关于学校数学,海波尔(G. Heppel)形象地说道:"如果又一场洪水暴发,请飞到这里来避一下,即使整个世界被淹掉,这本书依然会干巴巴。"①长久以来,学校中的数学以抽象、严谨面人,却与人们的社会生活缺乏联系。后者又出现了 2013 年网上热议的"数学滚出高考"的基本立论点。而多元文化数学关注存在于不同文化群落中的数学元素与活动,因此将多元文化数学引入数学课程,将有助于学生了解数学在各个社会中的角色,了解到数学实践的产生源于人们的需要与兴趣。亚当(S. Adam)②也指出,多元文化数学课程会带来关于日常数学进入课堂教学的一种更宽泛的理解。在这种课程中,学生会从数学观点理解和体验这些文化活动,从而促使他们将学校数学与现实世界生活联系起来。

第二,多元文化数学能使师生形成更加全面的数学观念。首先,多元文化数学有助于改变师生关于数学起源的观点。多元文化数学展现了不同的文化在数学发展过程中所作出的贡献,可以帮助老师和学生克服现有的关于数学起源和数学实践的根深蒂固的欧洲中心主义偏见,进而学会欣赏和尊重其他文化的数学贡献,同时他们也会以自己的文化为自豪。其次,有助于师生形成动态的数学观。多元文化数学使师生看到数学并非是已经终结的,而是在不断发展的,现实需求和思维创造是其发展的两个基本出发点。

第三,多元文化数学有助于培养学生的数学学习自信。多元文化数学有助于促使学生建立自尊心、自信心,并鼓励他们对数学更感兴趣。"学校数学知识"的抽象性、组织的逻辑性和叙述的片断性是影响学生数学学习信心的重要因素。而多元文化数学的文化相关性、历史继承性与思想借鉴性等关键特征则为其培养学生的学习自信提供了合理依据。比如,多元文化数学中的日常数学、数学文化史以及多样化的算法等载体有助于培养学生的数学学习信心。

---

① 张维忠,汪晓勤. 文化传统与数学教育现代化[M].北京:北京大学出版社,2006:147.
② ADAM S. Ethnomathematical ideas in the curriculum [J]. Mathematics Education Research Journal, 2004,16(2):49-68.

## 五、使学生的数学学习更有意义

从学生数学学习的角度看，多元文化数学使学生的数学学习更有意义。

首先，多元文化数学使学生看到数学发展的合理性，增强学生数学学习的动力。对于并不少数的学生而言，数学是抽象的，数学学习似乎是魔术师帽子里掏出的兔子一样让人不可捉摸，或者认为数学是像数学家那样高智商的人玩的一种游戏。也正因如此，学生面对数学学习缺乏自信，动力不足。而多元文化数学则使学生看到数学的发展往往来自社会文化发展的需求和数学内在逻辑的再抽象、再建构；同时还能使学生看到，即使是普通民众也在创造和使用着数学。比如，澳大利亚数学课标中就指出，在建立"加法模型"时，要介绍土著居民和托雷斯海峡居民的加减方法，包括空间模式和推理。

其次，拓展学生的数学思维。产生并存在于不同文化中的数学思维，有效地拓宽了学生的视野，促进学生欣赏不同文化中独特的数学思维和策略，体会到这些数学思维与策略在人们需要时被创造的过程。特别是，对于学生而言，思维与策略的创造过程具有重要的方法论意义，使他们不仅认识到数学思维与策略的多样性，而且体会到这些思维与策略是在什么样的情境下、如何被创造出来的。

由以上叙述可以看到，不管是从传统文化的角度，还是从数学哲学、数学史的角度，抑或从数学教育的角度，多元文化数学的研究都具有重要的社会文化意义。

---

▶ **附录：一场"什么样的数学和数学教育是重要的"对话**

毕晓普教授是国际数学教育中价值观研究的奠基人，他早期在教师决策研究中就认识到了价值观的作用。此后，随着他对巴布亚新几内亚的访问以及对数学教育中社会和文化层面的关注，他转向了对数学教育中的价值观研究。应浙江师范大学张维忠教授邀请，曾在毕晓普教授门下攻读硕士与博士学位，现任澳大利亚墨尔本大学教育研究生院的佘伟忠（SEAH Wee Tiong）教授于 2018 年 11 月 4—8 日访问了浙江师范大学。其间，佘教授在浙江师范大学分别针对研究生与本科生进行了两场关于数学教育中的价值观研究与澳大利亚数学课程改革专题学术报告，另外张维忠教授的研究生马俊海受本书作者与佘伟忠教授刊发在《小学教学

（数学）》的"数学教育中的价值观研究趋势及其启示"①一文的启发，就数学教育中的价值观研究这一主题面对面访谈了佘伟忠教授与本书作者，围绕数学教育中的价值观研究的缘起、发展以及未来走向，展开了一场关于数学教育中价值观研究的对话。以下是访谈实录，马俊海简称"马"，佘伟忠称"佘"，张维忠简称"张"，唐恒钧简称"唐"。

马：佘老师，您好！我们是第一次见面，但我很早就从我的导师张维忠教授那里听说过您，也知道您曾是毕晓普教授的学生。毕晓普教授因其在数学教育文化学研究领域，尤其是在数学教育中价值观研究上的卓越贡献获得了 2015 年国际数学教育的大奖——克莱因奖。唐恒钧老师之前也曾在墨尔本做过访问学者，期间您是他的导师。我读了你们在《小学教学（数学）》上发表的介绍数学教育中价值观研究的论文，也想在这方面开展研究工作。

佘：很高兴见到你，其实我最早是在毕晓普教授的指导下读了硕士。毕晓普教授在 20 世纪 90 年代初期从英国移居到澳大利亚，这也是我后来从新加坡移民过去的原因，跟随他读了硕士后，又在毕晓普教授的指导下完成了博士学位论文。所以，我觉得你以后要读博士的话，选好导师是十分重要的！

毕晓普教授既是我学术上的导师，更是我的人生导师，也是我多年的同事和朋友，事实上，我和毕晓普的关系有点类似你们张教授和唐教授的关系。在我看来，你们张教授就是中国的"毕晓普"！你的研究选题很好，如果你将来有机会读博士还可以继续做下去。我也会把这个消息告诉毕晓普，相信毕晓普本人知道这个消息后一定十分高兴！

张：谢谢佘教授对我的高度评价！的确我本人学术兴趣与研究方向与毕晓普教授相近，我与我的团队在数学文化与数学教育以及数学价值研究方面做了一些有意义的工作，而毕晓普教授的研究已为我们树起了一座学术丰碑，一直是我们努力奋斗的方向与目标。

我是一直主张像马俊海这样的研究生，包括很多年轻学者，在选一个题目做研究的时候，需要考虑这个题目的研究方向是不是有很大的发展前景。比如，我自己

---

① 唐恒钧，张维忠，佘伟忠. 数学教育中的价值观研究趋势及其启示[J]. 小学教学（数学），2016（11）：18 - 21.

在读研究生时就选择了"数学文化与数学教育"这个研究领域,这个选题我做了二十多年,一直在沿着这个方向做。① 这样才能使得这项研究比较有系统性,或者产生一定的影响。所以,我也是和佘老师的想法一样,马俊海以后如果继续深造的话,甚至在今后二三十年里可以一直往这个方向做研究,别人听到马俊海的名字就知道你是做毕晓普数学教育思想研究的,可能的话,以后还可以出版国内第一本全面、系统地介绍毕晓普的专著!

唐:看来两位导师给你指明了未来的研究方向,祝贺你!

马:我的确很幸运!佘老师,我在研读毕晓普数学教育中的价值观相关文献时总觉得很难理清思路,毕教授当初是如何从众多数学教育研究领域聚焦到"数学教育中的价值观研究"的呢?

佘:这要从毕晓普的研究背景说起,他早期主要是做教师决策、空间能力和几何学的研究。1976 年他在英国剑桥任教时,来自巴布亚新几内亚(Papua New Guinea)的数学教育家格伦·莱恩(Glen Lean)访问了他,因为格伦说他们那里的学生很难掌握和理解几何。毕晓普对此很感兴趣,所以在 1977 年就应邀对巴布亚新几内亚进行了三个月的学术访问。

巴布亚新几内亚是世界上最多元化的国家之一,那里有数百个土著族群,很多部落与外界到现在还只有很少的接触。但毕晓普到了那里后,他很惊讶在那种"落后"的地方,人们的数学竟然是如此发达。我们也可以来想象一下当时的场景:我们身处在巴布亚新几内亚,正在采访一名当地学生以便了解关于当地村庄的背景和他的数学知识。我们问他:"如何能够得到一张矩形纸张的面积?"他会回答:"把长度和宽度相乘。"我们再问他:"如何能得到你们村庄中长方形形状的公园的面积?"这时他会回答:"我们会把长度和宽度相加。"这是不是很让人吃惊,毕晓普当时的确是很吃惊,我后来听到毕晓普说的时候也很吃惊!

张:我们也很吃惊!佘老师刚才提到的场景里其实涉及数学教育中一个很重要的问题,就是文化。从文化与历史的角度来看,每个社区都在历史上建立了一种基于自身历史与文化的数学,后来德安布罗西奥把它称为"民族数学"。从这个角

---

① 史嘉.张维忠教授访谈录:数学文化与数学课程教学改革[A].曹一鸣,刘祖希.上通数学,下达课堂——当代中国数学教育名家访谈[C].上海:华东师范大学出版社,2021:136-145.

度看,数学由它的文化及历史背景决定,不同的文化和历史背景可产生不同的数学。

佘:张教授,您说得没错。毕晓普当时还就面积的理解等方面进行了很多追问,他认为,这里面至少需要关注两点,一是计算面积方法的差异,另一个就是张教授刚刚提到的数学教育中的文化属性,它涉及价值观问题。毕晓普当时经常思考:为什么使用两种"方法"都能够有效地得到面积?为什么学生会更重视其中的一种方法?这些问题对当地学生可能不是问题,但是对毕晓普来说却是大有问题。

那次访问对毕晓普的人生产生重大影响,当时他是特别震撼,之后改变了他对数学教育的很多看法。事实上,他在那里之所以向学生问了许多问题,是因为他尝试用人类学方法来研究当时人们认为只能用心理学或统计学来探索的领域。

马:按照佘老师您刚刚说的来看,毕教授从空间能力研究转向数学教育中的文化学研究,以及后来的数学教育中的价值观研究,在某种意义上是否还有点偶然性?

佘:可以这样理解。当时在巴布亚新几内亚,毕晓普主要是进行学生的空间能力和几何学方面的研究,还没有明确意识到价值观在那项研究中的作用。也是比较幸运,因为他当时随身携带了许多测试卷和任务单,它们能帮助他收集到许多重要的数据。但真正困难的是在获得数据后,如何去解释数据,让数据变得有意义,尤其是解释当地学生如何能够轻松地跨越本土的数学理解和学校学术数学间的界限。要知道,那时候德安布罗西奥还没有提出"民族数学"这个概念,在数学教育领域中也还没有开展关于情境认知性的研究工作。

从那次访问后,毕晓普学习了很多相关的理论文献,后来对人类学领域的探索也就不断深入。但他发现只要讨论到不同社会和文化群体间的对比或者冲突时,都会涉及其中的价值观问题。所以,在他后来撰写《数学文化适应:关于数学教育的文化透视》(*Mathematical enculturation:A cultural perspective on mathematics education*)[①]一书时,他就知道里面必须要有一章来专门谈论价值观问题。当时,毕

---

① BISHOP A J. Mathematical enculturation: a cultural perspective on mathematics education [M]. Dordrecht: Kluwer, 1988.

晓普以怀特(L. A White, 1900—1995)关于文化发展中需要关注技术、意识形态、情感和社会为基础,认为西方数学本身是一种强有力的符号技术,所以从三个方面出发提出了三维六种价值观,就是意识形态维度的理性主义和客体主义、情感维度的控制性和发展性、社会维度的开放性与神秘性。

马:佘老师,您说的这六种价值观我知道,比如,意识形态中的理性主义强调的是论证、推理、逻辑分析和解释,涉及理论、假设和抽象的情况,而客体主义价值观就更加强调欣赏和创造数学对象、客体化过程和应用,侧重类比的思维等。但总觉得有些难以理解,在教学中很难判断教师倾向于哪一种价值观。甚至,我也会怀疑数学教学中真的存在价值观吗?

佘:这确实是一个数学教育中价值观研究会遇到的困难。事实上,我们刚开始进行"价值观与数学"(VAMP)研究时,询问过很多数学教师是否知道自己在教学中传递价值观,以及传递的是什么样的价值观等问题。当时,很多教师就认为数学是无价值观的,数学教学过程也是价值中立的。但事实上,数学课堂中确实存在价值观的传递,传递来源包括我们的数学课程标准和数学教师的教学。一个明显的例子是很多成年人谈起数学,就很厌恶数学,就是因为他们在学生时代中获得了不太理想的价值观,但这确实表明价值观传递得很有效!

刚刚提到的六种数学价值观,其实在毕晓普的那本《数学文化适应》中有具体和详尽的描述。比如,在数学课堂教学中,如果教师倾向于理性主义,教师通常会鼓励学生们在数学课堂上就其中一个问题的解答或者证明展开辩论,特别强调数学的证明,也会给学生演示数学历史上证明的一些经典案例,例如,毕达哥拉斯定理的不同证明,还会组织学生讨论不同证明的美丽和优雅,在中国数学教科书中好像叫勾股定理,文化不一样!而倾向于客体主义的教师在教学中通常会鼓励学生寻找不同方法来表达思想。比如,用几何图形来说明代数关系,给学生展示历史上不同文化群体的数学,并一起讨论所选择的符号的简洁性问题等。

事实上,在《数学文化适应:关于数学教育的文化透视》中最重要的并不是价值观,而是六种具有普遍性的数学活动,毕晓普认为在不同的"culture"里一定有计数、定位、测量、设计、游戏、解释六种活动,它们导致这些文化的人们设计出自己的独特的数学思维和方法。这里的"culture"不仅仅是我们所指的"文化",还有男生和女生是不同的"culture",小学课堂和中学课堂也是不同的"culture",中英文间的差异同样是你之后在学位论文研究中要注意的地方。

马：谢谢佘老师！看来数学教育中的价值观研究是毕教授在 20 世纪 80 年代末期在涉及数学教育的文化学研究时明确提出的，并且在后来的研究中不断发展起来。

佘：其实，毕晓普在早期进行教师决策研究时，就已经注意到价值观和信念等在教师决策中的作用，到后来 20 世纪 90 年代中期重新专注于数学教育中的价值观研究时，他用了一个词，叫"回归"！他认为数学教育中的价值观是教育通过数学培养的深层情感品质，它比陈述性和程序性知识更为内化，体现在选择性的存在、选择权与选择、偏爱与一致性等特点。其实，我认为在某种意义上，价值观代表的是个体在社会文化语境中的情感结构，例如，信念和态度等的内化。从操作上理解，数学教育中的价值观其实是文化群体中的成员用来定义数学的不同属性及其相对重要性的工具。

建议你可以参考 2008 年出版的一本关于毕晓普的纪念文集《数学教育中的几个重要问题》(*Critical Issues in Mathematics Education*)[①]，它可以算是我们这个"学术共同体"给毕晓普准备的 70 大寿的"礼物"，它对毕晓普的学术贡献介绍得相对具体。里面有一篇价值观研究的关键论文《数学教学与价值教育：一个需要研究的交叉点》(*Mathematics Teaching and Values Education*：*An Intersection in Need of Research*)。那篇论文中，毕晓普详细地说明了数学教育中价值观研究主要有情感领域和价值观教育、数学教育的情感方面，及数学教育的社会文化方面三方面的理论来源，他第一次把价值观区分为一般教育价值、数学价值和数学教育价值三类。但是，这些不同类别的价值观彼此间并不互相排斥，一些价值观都可以归于两个或三个类别。例如，创造力的发展及其相关价值可以是数学价值观和数学教育价值观，也可以是一般教育价值观，这都依赖于我们所理解的社会文化背景。其实，他提出这三类价值观概念时，是把它们看成数学课堂中的价值观的，也就是说我们在课堂中观察到的每一位教师的决策背后都隐含着多种价值观类别，所以，涉及教师在课堂外的工作时，教师可能会遇到其他不同的价值观。

---

① CLARKSON P, PRESMEG N. Critical issues in mathematics education ［M］. Dordrecht: Springer, 2008.

马：看来毕教授对数学教育中的价值观的研究是偶然，也是一种必然！您刚刚说到毕教授在早期就认识到价值观和信念在教师决策中的作用，那么价值观和信念，还有我们在谈教育目标时常说的情感、态度，这些概念间有什么区别吗？

佘：这些概念和它们的关系是很复杂的。不妨从稳定性上来理解，态度是一个中介范畴，它比情感更稳定，但不如信念或价值观稳定，说到信念和价值观，这两个概念在日常生活中其实经常交替使用。但经过我们长达20年左右对价值观的研究，还有我们参与研究的人员间的交流，我们现在对这两者区别是越来越清晰了。我们可以拥有各种信念，但只有当我们必须作出选择的时候，价值观才会发生作用。也就是说，信念涉及我们认为正确的事物，比如，数学教师可以相信学生使用图形计算器可节省出更多的时间来从事高阶思维的数学活动。价值观就代表了教师对相关信念的重视程度。例如，教师更重视的是技术的使用、高阶思维的培养，还是教学效率等。关于这些概念的区分，可以参考我们写在《价值观教育与学生幸福感国际研究手册》（*International Research Handbook on Values Education and Student Wellbeing*，2010）①中的第七章《数学教育与学生价值观：数学幸福感的培养》（*Mathematics Education and Student values：The Cultivation of Mathematical Wellbeing*）。如果找不到这章节的英文资料，我可以通过邮件发给你！

马：感谢佘老师。张老师，刚才佘老师提到的文献资料应该都是英文的，那我们国内有没有关于数学教育中的价值观研究比较有参考性的中文文献呢？我之前也在中国知网查过，但很遗憾没有找到这方面的重要论文。

张：国内相关文献不多！我和唐恒钧，还有佘老师我们三人在前两年合作写过一篇《数学教育中的价值观研究趋势及其启示》，发表在2016年《小学教学（数学）》第11期上，文章对数学教育中的价值观的意义和内涵、主要内容和方法进行了梳理，也提出了一些相应的启示。虽然，那篇论文发表在面向小学教师的期刊，但《小学教学（数学）》的影响力不可忽视，它的发行量很大！这篇文章对你的研究和快速了解数学教育中的价值观研究一定有很大参考价值。

唐：张老师说得很对。比如，里面就明确指出价值观是文化的核心，人的价值

---

① LOVAT T, TOOMEY R, CLEMENT N. International research handbookon values education and student wellbeing [M]. Dordrecht: Springer, 2010.

观就像一个方向盘,指引着人们行动的方向。当前数学教育中的价值观研究的内容主要集中在课程标准与教材中的价值观、数学课堂上师生的价值观,以及利用价值观的已有成果改进数学课程与教学三方面,在研究方法上主要是内容分析法,课堂观察(或者利用拍照、录像等)、访谈及问卷、教师反思日记等手段收集相关数据以及国际比较方法等。那年还有我们三人合作的从数学价值观念、数学教育价值观念和数学教学观念三个维度对我国义务教育数学课程标准进行分析的研究论文发表。这三个维度就是受毕晓普已有分类的启发,其中数学价值观念维度采用的就是毕晓普的六种数学价值观,①论文发表在国内有重要影响力的学术期刊《课程·教材·教法》上,应该是很有价值的中文参考文献。另外,我也推荐一篇英文论文《从文化到幸福感:数学教育价值观的部分故事》(*From culture to well-being: a partial story of values in mathematics education*)。② 它从毕晓普自己的视角阐述了数学教育中的价值观发展,对你的研究很有参考价值。对了,佘老师,还有一个好消息要告诉您!我们一起合作撰写的《中国、澳大利亚数学课程标准中的价值观念的比较研究》③和《小学生的数学学习价值观及其教学启示》④已分别于 2018 年 3 月和 10 月发表于两个有重要影响力的学术期刊《比较教育研究》和《课程·教材·教法》上了。

佘:这确实是个好消息,希望我们以后继续保持在学术上的密切合作!其实,近年来,我们一直在尝试着探索数学教育中价值观研究的新领域。其中的一个想法是通过推测性的"思想实验"方法,从预期课程、实施课程、获得课程三个水平来开发以价值观为核心的数学课程。比如,在预期课程上,我们甚至主张数学课程可以从数学价值观开始。具体可以参考我们的《以价值观为核心的数学课程会是怎样?》

---

① 唐恒钧,佘伟忠,张维忠.什么样的数学和数学教育是重要的——基于义务教育数学课程标准的分析[J].课程·教材·教法,2016,36(10):58-62.

② BISHOP A J. From culture to well-being: a partial story of values in mathematics education [J]. ZDM Mathematics Education, 2012(44):3-8.

③ 唐恒钧,张维忠,佘伟忠等.中国、澳大利亚数学课程标准中的价值观念的比较研究[J].比较教育研究,2018,40(3):18-25.

④ 唐恒钧,佘伟忠,张维忠.小学生的数学学习价值观及其教学启示[J].课程·教材·教法,2018,38(10):82-85.

（*What would the mathematics curriculum look like if values were the focus*？）。[1]

马：佘老师，以价值观为核心的数学课程还真的是一个比较新颖的想法，它所采用的"思想实验"相信也是数学教育中价值观研究的一个比较新的研究方法，那么，除了刚刚唐老师提到的视频分析、课堂观察、访谈之类的方法收集数据外，还有其他新的研究方法吗？

佘：事实上，研究方法是毕晓普在之后十多年来关注的重点。比如，我们发现"角色扮演"的体验能帮助人们更深刻地理解价值观及其在数学教学中的作用。"角色扮演"具体是让参与的人们分成两组，一组扮演"学生"，另一组扮演"研究观察员"，它的核心就是体验扮演一个具有特定价值观的"学生"或者"研究观察员"的感受，以及确定可识别的行为是否更可能与特定的价值观相关联。这种方法我们在第十三届国际数学教育大会上有过详细的说明，你可以参考大会的论文集，里面有详细的介绍。

马：好的。其实我前两个月搜索过毕教授的相关专著和论文，大概有上百篇，很遗憾目前已收集到只有四五十篇，里面包括唐老师刚刚提到的那篇《从文化到幸福感》，很惭愧还没来得及阅读。其实，我觉得数学教育中的价值观研究主要还是为了通过研究来提高实践中教师的教学质量，那么在教学实践中教师如何能根据实际情况有效地进行价值观教学？

佘：我们当初选择研究价值观和数学教学时，一部分原因就是价值观在数学教育教学中具有公认的意义，学校数学教学有深远的影响，但并未得到很好的研究，常常被教师和研究人员们忽视。事实上，教师在课堂教学中进行价值观教学，这是文化反映教学理念突出的地方，教师在教学中有丰富的数学任务和活动可选择。但明确地进行价值观教学并不是说我们应该完全地忘记数学概念，关键的是确定数学课堂上价值观教学中要使用哪些数学概念，考虑特定的数学概念和活动来确定教授特定价值观的程度。所以，毕晓普提出把普遍的数学概念和数学价值观两个结构结合起来创建数学教学中实施的数学价值观课程体系。其中，价值观维度主要是我们之前谈到的六种数学价值观，内容维度是计数、定位、测量、设计、游戏、解释六种数学

---

① SEAH W T, ANDERSSON A, BISHOP A, et al. What would the mathematics curriculum look like if values were the focus? [J]. For the Learning of Mathematics, 2016(3):14-20.

活动。这两个维度结合起来可以确保每种数学价值观可通过数学链展开,为教师在教学实践中教授相应的价值观时要采用哪些数学活动与任务提供工具。

例如,以瑞典数学课堂中的价值观教学为例,教师很重视教科书的使用、丰富的数学任务、基于批判性数学思维的数学项目和基于技术的学习四种方式。在教科书的使用上,瑞典教师几乎是完全依赖教科书来制定教学计划。所以,学生解决数学教科书问题就成为了数学课堂文化的组成部分,教师也分析通过教科书可以实现哪种价值观。至于丰富的数学任务,它们的核心目的是通过富有挑战性的方式向学生介绍关键的数学思想,这些数学任务多数是开放式的。如果呈现得好,就能促进教学中学生的数学讨论,充当不同数学主题间的桥梁。项目工作可以在社会语境中开启数学内容的新话语。例如,在项目中要求学生制作新闻海报,目的是让学生获取如何使用"有效算术"的洞察力,这个项目中传递的是数学价值观是理性主义、应用、控制性、进步性和开放性等,还通过学生话语表达重视数学应用性。至于技术学习设备的使用,比如,数学教师为了让学生通过不同方式来学习分数,他向学生布置的任务是要求学生制作"私人教习"的影片,展示怎样以及为什么要进行分数计算的不同阶段。学生们通过成对的工作和扮演不同的角色,他们能接触到书籍、白板、手机、纸张及彩色钢笔来制作其教学短片。这项工作促进了重视理性主义、控制性和进步性的价值观。

马:这确实能帮助数学教师教授相应的价值观。在教学实践中,数学教师怎样才能利用已有研究成果提高学生的数学价值观水平?数学教育中价值观研究有什么发展趋势呢?

佘:如果要提高学生的数学价值观水平,当然需要先了解现在数学课程和教学中现状,还有师生原有价值观念和水平,所以,这些都是当前研究中很重要也是很急迫的问题。不知道你知不知道毕晓普在借鉴了布卢姆(Bloom, 1913—1999)等的教育目标分类学和医学教育中的"幸福感"的基础上,发展出了一个"数学幸福感"(Mathematical Well-Being,简称MWB)观念,在我之前说的《价值观教育与学生幸福感国际研究手册》这本书的第七章也有详细介绍。这个模型就描述了每个阶段的学习者理想的结束状态,对确定和发展学生的数学价值观水平是有用的。例如,如果要把学生的数学幸福感提升到阶段三,教师就可以采用一些数学教学活动,帮助学习者对数学活动的欣赏和享受得到发展,达到让学生主动探索这些活动及其价值关系的程度。教师可以通过在数学教学实践中明确:战略性和创造性地教授价值观来促进这种发展。我们发现,这确实能确定学生对价值观的水平和通过适当的活动帮助学生进入下一阶段。

事实上,近年来,各国的政府已经越来越重视通过学校教育实现理想的价值观教学。这种发展趋势与促进数学课程改革的文件中数学教学的文化方面是相关的,例如,南非国家教育计划中的价值观、教育和民族宣言,新加坡的一套共同价值观等。这些政策的明确性可能代表了为了保护本民族文化和生活方式免受全球化威胁所做出的反应。在新形势下,学校数学教师将获得有更多的机会考虑如何通过他们的课程和教学来传递价值观,以及传递何种价值观能够培养学生更积极的人生态度和数学幸福感。

另外,对于你的学位论文的研究,你可以思考一句话,这句话是从我认识毕晓普开始,他就经常谈道:"我们为什么要教孩子数学?难道我们要每个孩子成为数学家吗?不可能的,我们的社会不需要这么多数学家,只要我们教他们怎么去应用数学就行了。"毕晓普教授的很多看法和思想都可以从这句话出发来理解。事实上,在他之后的十几年,除了进行价值观的研究外,通常是教导学生怎样去做研究,所以你可以分不同的阶段来进行研究,最好能够理出一条清晰的思想发展脉络。在接下来几个月的研究中,有任何疑问或者缺乏一些资料文献,都可以发邮件给我,我可以代你和毕晓普教授交流。如果你有机会去伦敦的话,欢迎你约毕晓普教授一起打高尔夫球。他从澳大利亚退休后,每周都会打一次高尔夫球,可以出去走走,以前我也经常在和他打高尔夫球的过程中讨论我的论文框架!

马:好的。谢谢佘老师的指引!

佘:谢谢你对数学教育中的价值观研究的热爱,也谢谢张教授和他的团队对毕教授和我们研究的关注,这是一个很有前景的研究方向,需要更多的数学教育研究者的投入。

张:时间过得很快,在近两个小时的访谈中,佘教授从数学教育中的价值观研究的缘起,到相关研究的发展,最后结合当前各国数学教育研究的现状指出了数学教育中的价值观研究的未来方向。为我们深入理解数学教育中的价值观研究现状及趋势以及毕晓普学术思想转向的动因、背景、主要内涵及所产生的影响提供了重要帮助,再次感谢佘教授! 同时也希望我们之间的合作再次结出丰硕的果实!

# 第二章

# 多元文化数学案例

从多元文化数学的视角出发,数学教学应该联系儿童在每天接触的社会和物理世界中获得的直接经验,还应该联系他作为一个成员的更广泛的社会。鉴于目前数学课程教材中体现多元文化数学的素材仍偏少,本章首先从多元文化的视角对历史上我国藏族、维吾尔族、蒙古族、羌族、侗族等一些民族数学文化题材进行梳理与评介;其次展示以数字和几何图案为主要内容的非洲多元文化数学;再次挖掘影视中的多元文化数学素材。

# 第一节　我国少数民族生活中的多元文化数学

在我国已经有学者对藏族、维吾尔族、蒙古族、黎族、羌族、侗族等一些民族的生活中数学文化进行了研究,尽管这些民族数学文化研究还较为零星,但也取得了一些成绩。对国内外民族数学文化研究做出综述与评介,能让人们感受到民族数学文化的魅力,而且进一步挖掘多元文化数学会使我们的教与学变得更加丰富多彩。①

我国少数民族生活中蕴藏着丰富的多元文化数学,它们主要表现在建筑、服饰、绘画、计量单位及天文历法、宗教等方面,不同的民族因其地理环境和历史发展过程不同而具有不同的数学文化特征,使之成为具有自己特色的文化现象,这些特征体现了数学文化随着民族的产生、生存、进步的进程而发生和发展。正如曾任国际数学教育委员会秘书长的豪森②教授所言:"不管是发达国家还是发展中国家的大多数人民,民族数学对于他们的一生需要和应用是必不可少的。"黄秦安③也认为:"数学课堂上发掘传统民族文化中的数学元素,可以唤醒学习者深层的文化自觉和潜能,激发原初性数学思维与意识,有利于形成根植于社会意识和文化心理的具有个性化和民族思维风格的数学思维与认知方式,并有助于更好地理解多样化的、不同类型的数学文化。"

## 一、维吾尔族人生活中的数学文化

早在公元 9 世纪,在吸收我国中原文化和阿拉伯、印度文明的优秀文化基础上,

---

① 张维忠. 少数民族生活中的数学文化[J]. 数学文化,2011,2(3):35 - 40.

② 张奠宙,丁尔升,李秉彝,等. 国际展望:九十年代的数学教育[M]. 上海:上海教育出版社. 1990:81 - 82.

③ 黄秦安. 数学文化视域下数学课堂模式的多元建构[J]. 数学通报,2021,60(8):11 - 15.

具有悠久历史的维吾尔族人创造出了自己的数学文化,其广泛体现在新疆维吾尔族等各民族的现实生活与实践当中。比如在新疆做馕的土炉灶形状"托努尔"(Tonur)或"塔努尔"(Tanur)就是典型的台体,清真寺庙建筑、吐鲁番的高昌高塔、维吾尔族人的坟墓地建筑、乌鲁木齐二道桥国际大巴扎(见图2-1)等都包含着各种多面体、旋转体等立体图形,砍土镘(Ketman,用来挖地的工具)、坎儿井(Kariz)地下水利工程(见图2-2)、窑洞房(Kemer oy)、阿拉巴(Araba 或 Arava 或 Harva)车轮等也都蕴藏着丰富的几何知识。

图2-1　二道桥国际大巴扎　　　　　图2-2　坎儿井

此外,维吾尔族的传统服饰、家庭装饰品以及手工艺品中无处不在的几何纹样,乃至其民族乐器都包含着丰富的数学文化。①

素有"丝绸之路活化石"之称的艾德莱斯丝绸与新疆地毯、和田玉一起并称为"新疆三宝"。这些艾德莱斯丝绸或图案不同或工艺不同或色彩不同或样式不同,都充分展现着维吾尔族人民的智慧和高超的技艺,是民族文化的瑰宝,这个有两千多年的非物质文化遗产,是维吾尔族人民的符号和象征。艾德莱斯服饰中有许多几何图案:三角形、菱形、正方形、长方形、平行四边形、圆等,还有平移、旋转、对称等几何变换。在这之中把菱形图案作为边框设计是十分常见的,菱形中的图案有些通过对称、平移就可以得到,有些则需要通过相对复杂的矩阵变换、复合变换才能得到。不可否认,艾德莱斯服饰体现了几何学基础,集美学、纺织、刺绣于一身。

---

① 阿力木·阿不力克木.多元文化整合数学教育理论[J].数学教育学报,2010,19(4):31-35.

新疆还是世界地毯的发祥地,新疆地毯素以历史悠久、技艺高超而驰名于世。新疆少数民族地毯尤其是维吾尔族地毯是一种传统的文化象征,具有鲜明的民族特色和精巧的工艺水平。新疆地毯亦称东方地毯,式样、图案和色彩均富有浓郁的民族特色和地方风格,花纹对称、整齐,线条细腻。新疆地毯在制作过程中涉及许多几何知识,如形态构成中运用了许多点、线、面等几何元素,几何图形里填入了品类繁多的纹饰,结构严整而富于韵律,体现了维吾尔族祖先的数学应用与思维特点。新疆地毯的建造涉及勾股定理、圆形、三角形、多边形、比例、对称、旋转、黄金分割等数学知识(见图2-3)。研究者们进一步深度挖掘发现,一些新疆地毯的图案设计还遵循了九宫八位格律体,即图2-4中A、C、E、G为偶数,B、D、F、H为奇数,其中A、C、E、G的图案形状是一致的,也是对称的,B、D、F、H的图案形状是一致的,也是对称的。从地毯的制作技艺中可以得知维吾尔族对数学知识有较好的理解和应用。[1] 刘超等[2]曾以维吾尔族为代表对新疆的民族数学文化作了深入系统的研究,充分展示了维吾尔族文化中的数学知识。刘超[3]还通过大量文献检索、田野调查等厘清了包含数学知识的少数民族物质文化和非物质文化载体,并进行整理汇总;在此基础上,结合课程标准要求以及现行国家统编教材相关内容或具体知识点,开发了适切新疆少数民族儿童实际的问题情境设计、情境教学案例等多元化的数学课程资源,收到了良好的教育教学效果。

| A8 | H1 | 6G |
| --- | --- | --- |
| B3 | 5 | 7F |
| C4 | D9 | 2E |

图2-3                                    图2-4

① 常宁,汪仲文等.基于民族数学背景下的新疆少数民族数学教育——以维吾尔族数学文化为例[J].北京教育学院学报(自然科学版),2016,11(2):48-53.
② 刘超,张茜,阿依古再丽.维吾尔族数学文化调查分析[J].兵团教育学院学报,2012(6):9-16.
③ 刘超.新疆少数民族数学课程资源开发与利用研究[J].数学教育学报,2016,25(3):76-80.

## 二、藏族人生活中的数学文化

众多学者对藏族特有的算术、代数、几何在其传统生活中的体现进行了分析探讨,诸如林林总总的记数方法与藏文数字,三阶纵横图与数字喜好,西藏地名与数字,藏族文学作品与数字,节日、丧葬、名字、建筑,等等。对藏族古代的对称图形进行的研究,反映出藏族先民很早就有了对称的观念,以及对对称图形的喜爱。现有研究表明在唐卡(图2-5)①、壁画的制作过程中采用了大量轴对称、中心对称、等腰三角形等几何元素,甚至在现实生活中广泛使用了"三角形的稳定性"等数学原理。藏族文化中充满了函数思想和数理逻辑。黄明信的《西藏的天文历

图2-5 唐卡

算》以及黄明信、陈久金的《藏历的原理与实践》,运用了大量的代数、三角等数学专业知识,从中可以看出藏族丰富的数学文化知识。② 藏族人生活中的数学文化更多

---

① 唐卡(Tang-ga)也叫唐嘎、唐喀,系藏文音译,指用彩缎装裱后悬挂供奉的宗教卷轴画。唐卡是藏族文化中一种独具特色的绘画艺术形式,其题材涉及藏族的历史、宗教、政治、文化和社会生活等诸多领域,具有鲜明的民族特点、浓郁的宗教色彩和独特的艺术风格。每一部唐卡画作中都能反映出藏文化的历史渊源和兴旺发展轨迹,涉猎覆盖藏族人民从古到今利用自然、改造环境、藏医藏药、游牧生活、农耕文化等各行各业的交替演变,是藏族文化历史、宗教信仰、道德素养、民俗传承等综合反映,是藏民族最具精神内涵和神秘色彩的珍贵财富。唐卡传统上全部采用金、银、珍珠、玛瑙、珊瑚、松石、孔雀石、朱砂等珍贵的矿物和藏红花、大黄、蓝靛等植物为颜料,以示其神圣。这些天然原料保证了所绘制的唐卡色泽鲜艳,璀璨夺目,虽经几百年的岁月,仍能保持色泽明亮。所以唐卡被誉为藏族文化博大精深的百科全书和中国民族绘画艺术的珍品。

② 周开瑞,周一勤,王世芳. 藏族远古数学述略[J]. 西南民族学院学报,1992(3):42-48.
大罗桑朗杰,华宣积. 藏族喜用纵横图[J]. 西藏大学学报,2001,16(4):37-42.
大罗桑朗杰,华宣积. 藏族古代的对称图形——雍仲符号和菱形研究[J]. 西藏民族学院学报(哲学社会科学版),2003(6):19-22.
大罗桑朗杰,华宣积. 藏族史前文化中的几何图形[J]. 西藏大学学报,2003,18(1):28-34.
王琼. 藏族传统生活中的数字文化[J]. 西藏大学学报,2007,22(2):39-43.
索朗. 藏族传统数学初探[J]. 西藏研究,2008(4):80-85.
王琼,罗布. 藏族传统文化中蕴含的数学思想[J]. 西藏研究,2009(1):52-58.

地体现在藏族与汉族的文化交流和互通中。比如,由汉族地区传入西藏的"三阶纵横图"大量存在于西藏的唐卡、壁画中,且对西藏的天文、历算、藏医学、数学等产生了深远的影响,在西藏数学史上占有重要的地位。藏族九宫图来源于汉族地区的九宫图,这表明九宫算在向藏族的传播过程中出现了本土化的现象。藏族数学文化充分反映了中华民族的智慧和古代数学成就。①

服饰是一种物质文化,民族服装是一个民族传统文化和审美意识的具体表现,是一个民族最具特色的文化载体之一,也是一个民族的标志。薛德军等②通过对甘肃舟曲藏族女性服饰中蕴涵的数学文化探析发现:舟曲藏族女性服饰中蕴涵着极其丰富的数学文化,一是服饰及装饰中很多地方运用了黄金比例,同时也体现了数学的对称美、和谐美;二是服饰的装饰锦带、银盘和肚兜等图案色彩明亮和谐,做工精细,运用了数学的基本图形,并通过对称和旋转、平移和相似等变换构成了内涵丰富的几何图案,让原本简单的图形变得丰富多彩、美观大方;三是服饰中的比例和图案的完美结合充分体现了数学的内在美;四是服饰上的几何纹样图案蕴涵了数学的对称关系、图形符号、和谐的几何美等,承载了当地藏族传统和现代数学文化,无论从哪一个角度欣赏,它都恰到好处,不论从哪一方面分析,它都内蕴深厚,含义隽永,具有永恒的魅力。这些数学文化的体现与运用都与她们的生活居住环境、生产方式、传统文化、宗教信仰以及与其他民族的文化交融息息相关。这些数学文化及其思想方法能长期在藏族女性服饰中得到运用,洋溢着藏族人民的智慧,体现着藏族人民的科学意识和精神,从数学科学侧面进一步展现了藏族传统文化的深厚底蕴和内涵。

陈婷等③采用文献法和田野调查法,挖掘了藏族生活中的几何图案和代数知识两方面的数学文化内涵,寻找与学校中小学数学教学的融合点,以藏族中小学学生所熟悉的藏族数学文化为背景,创设问题情境,设计出"简单乘法的运算以及乘法口诀""九宫图中的数学知识""图形的平移、旋转和轴对称"等数学教学案例,不仅

---

① 夏吾才让.论藏族历算与周边数学文化的交融[J].西北民族大学学报(自然科学版),2005,26(1):17-20.
② 薛德军,杨美主.甘肃舟曲藏族女性服饰中蕴含的数学文化探析[J].数学教育学报,2018,28(2):82-86.
③ 陈婷,魏元芳.藏文化数学元素融入中小学教育研究[J].民族论坛,2016(8):93-97.

传承了藏族数学文化，还促进了藏族地区数学课程与教学的改革。薛德军等①通过分析近代甘肃甘南藏区迭部县民间度量衡文化，探索其由来、用途、度量方法及度量单位换算等，从数学角度反映它们所蕴涵的数学文化内涵及底蕴，尝试将民族数学文化与现代数学理论知识有机结合应用到数学教育教学中，激发学生学习数学的兴趣，提高其探究能力，增强民族文化自信，发挥其文化育人的价值。

## 三、蒙古族人生活中的数学文化

代钦②对蒙古族传统生活中的数学文化进行了挖掘。蒙古族的传统建筑——蒙古包，本身就具有黄金比例结构，其民族服饰的制作和图案艺术的创作不仅要遵循黄金比例的要求，更要符合数学的简洁、对称、和谐等标准，有较高的美学价值。其中一些数字的哲学意义，鹿棋盘、建筑、图案艺术等所运用的几何知识以及生活中的数学计算，也都很好地体现了数学的简洁美、对称美。这不是偶然的巧合，而是客观规律使然。在蒙古族天文历法运算的纵横图中，从 1 到 9 的每一个数字不但有运算作用，还有着哲学、宗教、天文知识和美学意义；蒙古族人传统生活中在某些方面受到了各民族的数学文化影响。

图 2-6　蒙古包

刘冰楠与代钦③从数学角度对蒙古族传统工艺美术中存在的几何图案进行解析，并对其进行分类，发现：蒙古族工艺美术中的几何图案由点、线、面等不同形式的组合与变化构成，形成了轴对称、中心对称、完全对称、特殊角的旋转变换等美丽的图案。图案的设计也凸显了黄金分割等美学特征，使得设计出来的图案符合人们视觉审美的特点。除此之外，蒙古

① 薛德军,李继慧.甘南藏区迭部度量衡中蕴含的数学文化探析[J].中央民族大学学报(自然科学版),2021,30(4):76-82.
② 代钦.艺术中的数学文化史[M].北京:商务印书馆,2022:183-193.
③ 刘冰楠,代钦.蒙古族工艺美术中的数学文化——以几何图案的解析为中心[J].民族论坛,2018(3):102-107.

族工艺美术品本身的造型有些也呈现了以上的特点,并以圆形为多。

在以往的研究中,虽然有些涉及蒙古族传统工艺美术,但是从数学文化的角度对蒙古族工艺美术中的图案进行几何解析的甚少,中小学数学教科书中融入民族特色的数学知识亦如此。对于蒙古族传统工艺美术中所蕴涵的几何知识不容小觑,这些知识看似简单,实际却包含了先民对几何知识最原始的创造。从蒙古族儿童思维发展的现状来看,在中小学有效地融入具有民族特色的工艺美术品图案是十分必要的。通过这些生活中常见的,具有民族特色的图案去学习几何知识,是数学教学生活化的直观体现。例如,在蒙古族小学讲关于图形的初步认识时,可以通过向学生展示具有自己民族特色的图案来认识三角形、四边形、圆等图形。又如,在蒙古族中学讲解三角形的稳定性时,可以结合三条腿的器皿进行说明,并向学生阐释,蒙古先民的创造。再如,在初中教学几何中的黄金比例时,可以用蒙古族传统工艺美术和蒙古包的结构等来举例说明。同时,精美的对称图形也可以激起学生对数学的兴趣,教师可以根据实际情况进行展示。除此之外,在编写中小学蒙古文数学教科书时,编写者也可以考虑将蒙古族传统工艺美术图案加入教科书中,通过教科书的力量,使自己民族的传统文化得以传播,同时加强了学生的民族自信心。

## 四、苗族人生活中的数学文化

苗族人生活中的数学文化突出表现在苗族人服饰中(图 2 - 7)。肖绍菊等[1]在研究苗族服饰的过程中发现,服饰中有许多基本几何图形,如三角形、正方形、长方形、平行四边形、五边形、六边形、菱形、圆、螺旋线、星形线、玫瑰线等。通过进一步深入访谈得知,苗族的刺绣师傅们有些根本不知道什么是菱形,什

图 2-7　苗族服饰

---

① 肖绍菊.苗族服饰的数学因素挖掘及其数学美[J].贵州民族研究,2008(6):106-112.

么叫几何,他们只是从前辈们那里学来了刺绣的方法。由此可见,数学文化在苗族人民的生活中早已存在。不仅如此,他们还把这些最基本的图形通过连接、堆积、组合,构成更复杂的纹样,如太阳纹、锯齿纹、网纹、菱形八角花、回纹、水波纹、卷蔓、鱼纹、蝶纹、龙纹等,从而形成一道独特、亮丽的黔东南苗族服饰风景线。

罗永超等[①]进一步研究发现:苗族银饰造型生动、熠熠生辉,展示出一种有着丰富内涵的苗族文化;苗族银饰图案中有三角形、正方形、平行四边形、正五边形、正六边形等平面图形,还有圆、椭圆、螺旋线、星形线、玫瑰线等曲线;苗族银饰是一种没有文字但却有着丰富内涵的几何教材。通过解读苗族银饰中的几何元素,不失时机地将其引入苗族学生的数学课堂,让学生在自己熟悉的文化生活中学习数学,可切实提高苗族地区的数学教学质量。

此外,周开瑞等[②]对苗族十二路酒歌中历史最长、篇幅最大、内容最多、流传最广的《开亲歌》所反映的数学知识进行了探讨。这些数学知识主要为歌棒上的刻木记数和降聘礼过程中的算术四则运算,体现出苗族先民在很早以前就具有颇强的心算能力和一定的数学修养。张和平等[③]借鉴人类学和数学人类学的研究方法,深入苗族聚集区域访问调查,整理了苗族人生活中所用的基数、序数和相关运算、度量衡和几何知识,以及数字习俗文化。发掘了苗族人生活中形成的数学思想和方法,包括数学符号化、"筹算"中的推理过程和随机思维决策模型等;并对苗族文化中的数学与古代典籍《九章算术》《几何原本》和《周易》的共通之处作了初步的探讨。这为苗族地区数学教育提供了难得的数学课程资源。杨孝斌等[④]基于罗永超等[⑤]对苗族数学文化与数学情境教学的研究进行了苗族数学文化进入数学课堂的

① 罗永超,肖绍菊.苗族银饰几何元素探析及在课堂教学中的应用[J].数学教育学报,2016,25(1):94-98.
② 周开瑞,周群体,周一勤.苗族《开亲歌》与数学[J].西南民族学院学报(哲学社会科学版),1993(5):28-31.
③ 张和平,唐兴芸.苗族文化中的数学智慧——兼谈与古典数学的共通性比较[J].贵州民族研究,2012,33(1):62-68.
④ 杨孝斌,黄晚桃,罗永超.苗族服饰图案中的乘法公式——民族数学文化进课堂的教学设计与实践反思[J].中小学课堂教学研究,2017(2):14-18.
⑤ 罗永超,张和平,肖绍菊.苗族数学文化与数学情境教学[M].北京:民族出版社,2012.

实践探索,收到了良好的教学效果。石丹丹等[1]用文化回应教学理念探究了苗族文化与数学知识在教学中融合的方式,从教学前制定教学目标、教学中创设教学环境、教学后应用数学知识三个环节探讨了促进苗族文化融入数学教学,力求民族地区的数学教学模式个性化、多样化、本土化,助推文化间相互渗透的相关问题。

## 五、侗族人生活中的数学文化

侗族文化又称为"鼓楼文化",不仅因为鼓楼是侗族所特有的建筑,更主要的是鼓楼是侗族古代建筑的杰出代表,是侗族的全部精神性的文化结晶,是最具有象征性的文化符号,以鼓楼为中心几乎可以统观侗族文化的全部。鼓楼建筑(包括侗族民居)属于浙江省余姚县河姆渡村发现的新石器时代遗址——河姆渡文化的"干栏式"建筑。鼓楼是侗族先辈在广泛吸收其他民族建筑精华的基础上,融合本民族的文化特征和理念,与自身的风格渗透、交织在一起,形成的体现完美而成熟的建筑技艺,并有浓郁的民族气息的古代建筑(图2-8)。鼓楼建筑雄伟、壮观,占地面积百余平方米,高数十米不等。如此高大的建筑,其整体以杉木做柱、枋,凿榫衔接、横空斜套、纵横交错,结构严谨牢固,不用一钉一铆。一般鼓楼,整栋楼自下而上每层翘檐递缩,构成一个等差数列。按鼓楼的楼体外形(或角)分类主要有:六角形(银潭鼓楼)、八角形、四角形、七角形(三宝鼓楼)等,还有一些特殊形状的鼓楼,如纪堂鼓楼是下四角、上八角形。鼓楼的建造涉及三角形、多边形、多面角、扇形、勾股定理、数列、比例和三角函数等数学知识。由此可见,鼓楼简直就是一部经典数学,而这部典籍是中华民族之瑰宝,她由没有文字的侗族人民像传承侗族大歌那样口传心授顽强地传承下来,这就是鼓楼数学文化,

图2-8　侗族"鼓楼"

① 石丹丹,吴桂婷.文化回应性教学理念下苗族文化融入数学教学的路径研究[J].教育观察,
2022,11(26):60-63.

这就是侗族数学文化。① 进一步的研究表明,侗族古老的乘法计算中 2 与 $\frac{1}{2}$ 起到了关键性的作用,既克服了没有"九九表"的困难,又不陷入乘法意义中的连加运算。侗族的这些计算在鼓楼建筑中留下更多的印记,它折射出了中华民族早期的数学文化,是人类文明童年时期数学文化的结晶。②

此外,欧明杰③的研究表明侗族鼓楼不论是其外观或是其内部结构都蕴涵了丰富的数学知识,涉及了对称、相似、旋转、平移、数列等几何和代数的基本知识。鼓楼似乎就是一部有待于人们进一步"翻译"的古典数学。这说明侗族人已经掌握了相当的数学知识。吴秀吉与罗永超④进一步研究了侗族风雨桥建筑艺术中的数学文化。侗族特有的桥梁建筑——风雨桥,它承载着侗族数学文化的发展。从侗族风雨桥建造技术对数学的基本运算及一些数学思想在实践中的应用可以发现其表现出的古朴的数学思想。风雨桥建筑技术反映了古代侗族人民对古朴数学有了较好的理解和应用,她把侗族古老的数学思想融入建筑应用中,以建筑艺术为载体并很好地传承了人类古老的数学文化。

图 2-9　铜鼓

罗永超⑤认为侗族除了特有的鼓楼外,民居、民间工艺(图2-9)、服饰及刺绣等都是侗族数学文化的重要载体,侗族从日常生活中的基本运算到生产实践的数学应用所表现出来的古朴的数学思想方法具有鲜明的文化特征,这说明古代侗族对经典数学有了较好的理解和应用,她再现了中国古代数学应用之一斑。古老的侗族传承着人类古老的数学文化。

① 罗永超.鼓楼人类文明"童年时期"数学文化的结晶[J].数学通报,2007,46(11):9-11.

② 罗永超.侗族数学文化中的 2 与 $\frac{1}{2}$ 及相关计算[J].凯里学院学报,2008,26(3):13-15.

③ 欧明杰.侗族鼓楼中的数学知识[J].凯里学院学报,2008,26(3):8-12.

④ 吴秀吉,罗永超.侗族风雨桥建筑艺术中的数学文化[J].数学通报,2019,58(5):10-13.

⑤ 罗永超.侗族数学文化面面观[J].数学教育学报,2013,22(3):67-72.

流行于黔东南侗族地区的"三三棋",是伴随着侗族民众生产与生活实践而发展起来的一种娱乐项目,也是一项民族民间传统体育活动。杨孝斌等[①]通过对"三三棋"的取胜技巧及其游戏公平性的讨论发现,"三三棋"中蕴涵着排列组合、概率、运筹优化方法等丰富的数学元素。进一步研究发现,"三三棋"在儿童规则意识形成、民族文化的保护与传承、儿童思维能力的培养以及校本课程资源的开发与利用等方面具有一定的教育与应用价值。张和平[②]也结合侗族数学文化的挖掘进行了民族地区地方数学课程资源开发的研究。

## 六、彝族人生活中的数学文化

彝族人生活中的数学文化主要表现在毕摩文化艺术中。彝族毕摩从事的宗教仪式活动中,插枝仪式首当其冲,插枝法依据所从事的内容形式各异,错综复杂。独具特色的各类插枝图有算术和几何方面的诸多数学思想,阿牛木支从数学角度逐一对其进行了辨析。在算术方面,其"以一而九,反本归一,以生倍数"的数理起源,特别是用数项级数求有限和的"消患仪式插枝图"及应用奇偶性确定分检竹条数目的占卜卦算等形式中的数理逻辑是相当有趣和明晰的。在几何图形方面,净灵仪式场中的插枝图以中间小长方形为中心,四方构成了对称的几何图形,展示了数学的对称美。训导仪式中的内位核心图围成一个椭圆图形,中间三种符号说明了该椭圆图形树枝数及其插枝的过程。同时,从该椭圆图中也可以看出,彝族毕摩对基本几何图形的巧妙组合能力,已达到较高的艺术境界。祝福仪式中的插枝图构成一个矩形,让四角的四簇树枝数目分别对应相等,充分显示出对称性、均衡美和稳重感,给人以直观的平面视觉效果。彝族毕摩从事宗教活动中,都要通过插枝仪式,达到与神灵沟通的目的。由此而来,彝族毕摩插枝仪式活动既是数码游戏网络和运算法则的简单描摹,又是各种几何图形能力的传承和

① 杨孝斌,张和平,罗永超.侗族"三三棋"中的数学元素及其教育价值[J].凯里学院学报,2022,40(3):12-18.
② 张和平.苗侗民族地区地方数学课程资源开发模式构建[J].教学与管理,2012(1):102-103.

延拓。①②③

## 七、壮族人生活中的数学文化

近年国内对民族数学文化的研究,较多涉及苗族、藏族、蒙古族、黎族等民族,而对涉及人数众多、物质文化较丰富的壮族的特色文化中蕴涵的数学文化研究却不多。周润与陆吉健等借助浙江师范大学和广西壮族自治区建立的支教结对平台,对壮族猜码、铜鼓、干栏式建筑、壮锦、绣球、天琴等六种壮族特色文化进行数学文化的挖掘,整理出其中的数学逻辑思维、割圆术、黄金分割、几何图形、几何变换、立体模型制作、中心对称等壮族数学文化。④

几何作为数学中比较直观的数学知识,历来是学生数学学习兴趣启蒙的最佳之选。另外,几何图形的变换既是研究数学的重要工具,也是数学研究中一个复杂而重要的课题。它在壮族特色物质文化中也有着丰富的体现,特别是全等变换中的平移、旋转(中心对称)和反射(轴对称),以及相似变换。

图 2 - 10 铜鼓上的全等变换

图 2 - 10 是壮族铜鼓的纹路图。该纹路图是由多个同心圆构成的多个圆环,其中有 4 个比较明显的圆环是由同一类图形按圆形走势旋转变换而成。这 4 个圆环中,比较整齐划一的是从内至外的第 2 个圆环,这个圆环是由"点+2 个同心圆"类图形按圆形走势排列而成,其实这既可以看成由一个"点+2 个同心圆"图形按正多边形平移变换而成,也可以看作按圆形走势旋转变换而成(其中还有中心对称这一特色的旋转变换)。但其他 3 个圆环中的图形就只能看作由一个图形按圆形走势旋转变换而成,只是从内至外会越来越复杂。同时,在该纹路图中,除了存在平移变换

① 阿牛木支.试谈彝族天文学与数学之间的联系[J].凉山民族研究,1995(4):160-164.
② 阿牛木支.略论彝族几何的形成[J].凉山民族研究,1996(6):168-173.
③ 阿牛木支.彝族毕摩插枝仪式中数学知识的应用[J].西昌学院学报(自然科学版),2005(4):75-77.
④ 周润,陆吉健,张维忠.壮族数学文化面面观[J].中学数学月刊,2014(9):48-49.

和旋转变换(中心对称),还存在第三种全等变换——反射变换(轴对称),反射变换(轴对称)在下面壮锦中的体现更加明显。

图2-11是一块壮族的壮锦。远看时,这块壮锦的中央是一块颇具特色的六边形图形;近看时,这个六边形图形又有着更加丰富的内涵,可以看作是由上下2个等腰梯形组成,也可以看作是由4个直角梯形组成。如果看作是由上下2个等腰梯形组成,那么下面的等腰梯形可以看作是由上面的等腰梯形通过反射变换(轴对称)而来;如果看作是由4个直角梯形组成,那么整个图形可以看作由左上角的直角梯形通过反射变换(轴对称)和旋转变换(中心对称)而来。而且,从整体来看,整块壮锦也是具有反射变换(轴对称)和旋转变换(中心对称)的。

图2-11 壮锦上的反射变换

图2-12 壮族干栏式建筑中的相似变换

图2-12是壮族乡村中尚存的干栏式建筑,其中包含着三角形、正方形、梯形等多种几何图案。这些图案除了部分有着显然的对称变换,还有着相似变换。

事实上,上述多种变换存在于一件艺术品中的情形在壮族的物件中是非常普遍的。比如,壮族绣球(图2-13)上的反射变换(轴对称)和一般旋转变换;壮族天琴(图2-14)上的平移变换、旋转变换(中心对称)和反射变换(轴对称);壮剧头饰(图2-15)上的相似变换等。

图2-13 壮族绣球

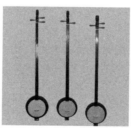

图2-14 壮族天琴

图2-15 壮剧头饰

我国《义务教育数学课程标准(2022年版)》在小学阶段将"图形的运动"作为图形与几何学习领域的四大内容之一,在初中阶段将"图形的变化"列为图形与几何学习领域的三大内容之一,其中涉及了平移、轴对称、中心对称、相似等数学变换。① 从对壮族文化中一些壮族特色物质文化的介绍、分析中可以发现,这些物质文化中蕴涵着丰富的几何元素和几何变换。诚然,要使民族数学较好地进入少数民族数学课堂或汉族数学课堂,并与学校数学有效地融合,还需要对上述民族数学进行必要的教育学转化。对民族数学进行必要的教育学转化,可以从数学知识角度提炼与梳理民族数学中蕴涵的数学元素与思想、基于认知水平的民族数学分析两个方面来进行。对此,张维忠等立足于壮族数学文化的讨论提出了基于认知水平分析的民族数学导学模式,精髓在于"民族数学素材"加"认知适切引导";其突出的优点是发挥民族数学素材的作用,强调"数学来源于生活",关注数学审美欣赏指导,注重数学观察分析能力的培养,引导学生做数学的发现者和思考者;其目的是让学生学会学习、学会观察、学会审美;其操作要领主要表现为"欣赏教学,先观察后教学",极大地提升了数学教与学的质量。②

## 八、畲族人生活中的数学文化

畲族人自称"生哈"或者"山哈",喻意自己是住在山里的客人。畲族总人数746 385人(2021年),主要分布在浙、闽、赣、皖、粤等七省80多个县(市)的部分地区,其中90%以上居住在浙江、福建地区。畲族没有自己的文字,其文化表征只能通过口授身教和图案记录形式流传下来,因此服饰成为传承畲族文化的主要载体,具有"活化石"的意义,彰显着畲族传统文化的内在精髓。畲族服饰不仅体现了特定的居住环境、生活习性、物质水平、意识观念,承载着历史的沉积,附着了畲族的信仰、传统、民族气质,还蕴涵着丰富的数学元素和数学思想。③ 余鹏等④对浙江省

① 中华人民共和国教育部. 义务教育数学课程标准(2022年版)[M]. 北京:北京师范大学出版社,2022.
② 张维忠,陆吉健. 基于认知水平分析的民族数学导学模式——基于壮族数学文化的讨论[J]. 中学数学月刊,2015(12):1-3.
③ 黄丽虹,张维忠. 畲族服饰中的数学文化及其对数学教育研究的启示[J]. 丽水学院学报,2019,41(4):41-45.
④ 余鹏,张维忠. 畲族数学文化面面观[J]. 中学数学月刊,2016(4):35-36.

景宁畲族自治县进行了调查、研究发现畲族剪纸、服饰等有丰富的数学文化。

剪纸，畲族民间俗称"zān huā""jiǎo huā"。畲族的剪纸在唐朝时期已经非常流行，题材多为民间常用的花鸟、人物、吉祥物等，制作简单、生动、古朴。在后来的发展过程中，畲族人把剪纸与其他的民族传统文化相结合，使畲族的剪纸更具有民族特色和地方特色，常以各种花草和凤凰为图案进行剪纸。比如菊花隐喻畲族人可以长寿，兰花、梅花隐喻畲族人坚强和高洁的品质。凤凰作为一种吉祥物是畲族文化的主要表现题材之一。畲族剪纸主要运用于生活、信仰和礼仪三个领域。

图 2-16 是畲族生活中的常见剪纸，先剪出一个直角扇形，再在扇形中作出各种图案，内容包括龙凤、蝴蝶、花草、鱼、喜字等。经过实地考察和文献考证了解畲族人剪直角扇形的方法有两种。一种方法是用一张长方形纸，任选一个直角沿角平分线对折（90°折成 45°），继续沿角平分线对折（45°折成 22.5°），依此继续对折下去直到纸张很难再折为止，从对折的直角顶点任选长度用剪刀直线剪断，展开后就会得到

图 2-16

一个粗糙的扇形。从这种畲族剪纸法中我们可以看到其所运用的原理就是：一段弧线如果我们把它无限分割下去，那么就会得到这段弧线的长就是许多很小的近似线段的长的总和。这是数学中常用的极限思想，同时也是弧长公式的一种推导方法。另一种方法是"四合一圆"法，当人们需要较多的扇形来剪纸的时候就会先剪出一个圆，然后把这个圆沿直径对折再对折剪出四个相同的直角扇形。这是通

图 2-17

过数学中的拼凑法或补全法，将一个非特殊的图形转化为我们常见的数学图形的方法。

畲族有自己的服饰，并且被列为中国的非物质文化遗产。据浙江、福建等五个省的调查，发现畲族的服饰基本相同，其特色主要体现在女性的服饰上，色彩斑斓、五颜六色，以凤凰形态贯穿全身，故称为"凤凰装"（如图2-17）。"凤凰装"主要包括两部分：头饰和服饰。头饰又称"凤冠"，由银钳栏、国铮、银链、奇喜牌、古钱、头面、银金等组合成凤凰翅

首的姿态；服饰由上衣、彩带、裙子、围身裙、鞋子等组成。

图 2-17 中的围身裙，畲语称之为"拦腰"，是由长约一尺，宽约一尺五的麻布刺绣而成，大多染成蓝色或者青色，缝上彩色丝带，绣上各种各样精美的图案。图中围裙上的图案是畲族女性服饰中非常常见的一种刺绣图案，该图案是在一个正方形中绣上四个半径等于正方形边长一半的直角扇形，然后在中间部分绣上一个和

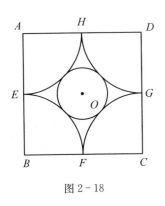

图 2-18

每条弧都相切的圆，如图 2-18 所示的几何示意图。但是怎么能刺绣出一个正好相切的圆呢？根据畲族人介绍，他们刺绣都是先用图纸画出相应的图案，然后把图案粘在布料上刺绣。其中的小圆求法更简单，因为正方形边长已知，所以扇形半径也可以得出，然后求出对角线 BD 的长度，小圆半径就等于 BD 的一半减去扇形半径，最后根据半径在图纸上画出圆即可。

## 九、其他少数民族生活中的数学文化

云南西盟佤族、德宏傣族生活中的数学文化。余开龙等①及周长军等②分别对西盟佤族及德宏傣族的数学进行了调查，分析了佤族、傣族数的概念和构造规律，生活中运用的长度、面积等计量单位和加减运算。在傣族的数的进位制中，有二进制、三进制、六进制、十二进制、二十进制、四十进制等，但十进制与汉族一样被广泛应用。佤族、傣族生活中的数学文化主要是通过建筑、服饰、餐具等所反映的几何知识，以对实体的再现为主。

黎族数学文化。王奋平与陈颖树③通过对海南黎族数和度量衡（黎族的结绳、刻木记数的方法一直沿用至 20 世纪 40 年代），历法（由于海南岛黎族聚居的南部地

① 开龙，李胜平，哪嘎.西盟佤族传统民族数学调查报告[J].思茅师范高等专科学校报，2008(2)：11-13.
② 周长军，申玉红，杨启祥.云南德宏傣族文化中的数学因素调查分析[J].数学教育学报，2010，19(3)：56-59.
③ 王奋平，陈颖树.聚焦黎族数学文化[J].数学教育学报 2010，19(4)：70-72，91.

区属于热带气候,四季不分明,一年中随时都可耕种,24 节气是中国古代以长安(今西安市)地区的气候特点为标准制定的气候变化规律,对地处热带的黎族同胞影响很小,季节只划分为"热月"和"冷月"),数的进制(如黎族人民在收割水稻时把两把水稻放在一起成为"一束",还有数量计算单位"部"和"攒"之间的关系,"二部"为"一攒"等),几何知识(黎族同胞的生产、生活中很多地方都体现出对几何知识的应用,如黎锦图案、纹面图案、新石器时代的石器形状等)等方面的研究探讨了黎族数学文化。

水族数学文化。水族作为一个民族,有着自己的文化。在他们的风俗习惯、语言和民间工艺中反映出了数学文化。吕传汉等最早开始对水族数学文化作系统研究。① 水族中的原始数学概念反映在流传于民间的水族古歌,水语系统具有一套较为完整的自然数计数词汇,最高计数单位可达"万万",但无"亿"这一词汇。水族的铜鼓、古墓、民间工艺品等都有着丰富的几何图形。韦志托的研究表明:在水族的建筑、服饰、石雕、竹编、银饰、天文历法等方面,及日常生活中在记数、运算法则、几何概念上,都蕴涵大量的代数与几何知识;在基数、序数及其运算和度量运算以及数字习俗方面都有自己独特的表现形式。② 杨孝斌等③在前人研究的基础上,通过大量的田野调查,从水族语言文字、记数习惯、数字习俗(数字崇拜)、生活用品(包括各种度量器具及度量单位,如木桶、铜鼓、竹编等)、干栏式建筑、服饰、天文历法等方面进一步挖掘、整理出水族的数学文化资源。这一研究为开发水族数学文化课程资源并引入中小学数学课堂,增强水族学生的民族认同感,提高水族地区数学教学质量作好了充分准备。彭乃霞等④强调在数学课堂教学中渗透水族文化,不但使得水族文化得到传承和发展,而且水族马尾绣饰、水族木房吊脚楼等图片的展示,使学生更加感受到水族文化中蕴藏的数学美,提高了学生学习数学、探究蕴涵在现实生活中的数学的兴趣。杨孝斌等⑤通过对贵州水族文化生活中数学问题的

① 吕传汉.文化背景与民族教育[M].贵阳:贵州教育出版社,1991.
② 韦志托.水族传统生活中的数学文化初探[J].数学教育学报,2013,31(3):5-9.
③ 杨孝斌,罗永超,张和平.人类学视域下的水族数学文化研究[J].数学通报,2016,55(8):9-16.
④ 彭乃霞,韦牛妹.情境认知理论视角下水族文化在数学课堂教学中的渗透研究[J].数学通报,2019,58(6):35-38.
⑤ 杨孝斌,黄晚桃,吴才鑫等.民族数学文化课程资源开发与利用的实践探索——以水族数学文化为例[J].中小学课堂教学研究,2019(4):3-6,21.

研究,将其开发为数学课程资源,编撰成数学教学案例并加以实践。教师在教学轴对称、平方差公式、等比数列等知识点时引用相关案例,激发了各学段学生的数学学习兴趣,促进了数学教学质量的提升。

布依族数学文化。布依族数学文化随着民族的产生、生存、进步的进程而发生和发展,它以本民族民间故事、民间歌谣等作为传承的载体,显示了顽强的生命力。充满概率论原理的鸡骨占卜,其比汉民族商代烧灼龟甲或牛、羊、鹿等动物的肩胛骨得兆更为简便易行,是布依族先祖的智慧结晶。① 孙健②认为布依族数学文化是布依族人民在长期的生产生活中形成的具有数学特征的文化形式,是其传统文化的重要组成部分。布依族数学是一种生活数学、情景数学,主要包括数的表示和运算、度量单位、数字崇拜、历法、几何图形等方面。彭光明等③进一步以布依族文化为切入点,开展了布依族数学文化与数学教育融合的实践研究。该研究以布依文化为切入点,将其中蕴涵的数学元素及原理融入数学课堂,构建了"文化引导—问题探究—过程展示—解法讲评—迁移巩固—课后反思"的"文化教学六步"教学路径,开发了民族数学校本教材,以布依文化为依托、数学知识为载体,编写百余篇布依数学教学案例,形成了具有布依族特色的数学教育资源。实践表明,挖掘布依文化中的数学元素,开发成数学教学资源,有力地提升了民族地区学生的数学学习效果,提高了教师专业素养,丰富了学校文化氛围,助推了民族地区数学教育发展。这一研究以"布依文化中的数学智慧融入中小学数学教育实践探索",曾获 2018 年国家基础教育教学成果二等奖。④

瑶族数学文化。徐婉羚等⑤对瑶族特色娱乐活动、瑶族刺绣、铜鼓文化、建筑四方面进行了数学文化探析,整理出其中数学逻辑思维、概率论、二分法、图形变换、

① 张洪林,蔡金法,汪秉彝. 数学教育的跨文化研究[M]. 重庆:重庆大学出版社,1999:212 - 221.
② 孙健. 布依族数学文化研究——以黔西南布依族苗族自治州为例[J]. 贵州民族研究,2018,39(10):115 - 119.
③ 彭光明,熊显萍,王美娜. 布依文化融入中小学数学课堂教学的举措与实践——以黔西南州布依地区学校为例[J]. 数学教育学报,2019,28(5):98 - 102.
④ 陈婷,覃若男. 多维聚焦:中国少数民族数学教育的改革与发展——第十四届国际数学教育大会"中国少数民族数学教育改革与发展"特色主题活动综述[J]. 数学教学,2021(11):11 - 15.
⑤ 徐婉羚,陆吉健,张维忠. 瑶族数学文化面面观[J]. 中学数学月刊,2015(2):57 - 59.

图形组合、几何应用、作圆方法、割圆术、黄金分割等瑶族数学文化。潘掖雪等①以贵州瑶族地区为背景,从课堂教学整体生态观出发,结合民族文化元素搜集、课程资源整合等方面探索了民族文化融入中学课堂教学的实施途径;通过部分中学数学教学案例详细阐述了民族文化融入中学数学课堂教学的具体操作过程;在分析当前民族地区教育教学特点的基础上,从增强教师的民族意识,充分挖掘瑶族数学文化以及加强人文素养与数学学科间的联系等三个方面给出了相应的建议,为瑶族文化融入中学课堂特别是中学数学课堂的具体实践提供相应的参考。

鄂伦春族数学文化。吴志丹②对鄂伦春族文化中呈现出来的数学端倪进行了数学文化的初步整理和探讨,内容包括:几何图形、日期计算、计数计量方法以及数学在建筑、狩猎、绘制地图中的简单运用,并揭示出这些数学文化建构与该民族的生存关系。

达斡尔族数学文化。黄永辉等③从达斡尔族游牧和狩猎文化衍生的建筑设计、服饰纹样创作、生活用品、工艺品创作、游戏竞技和天文历法等六个方面阐述了达斡尔族生活中蕴涵的几何观念、几何元素、数学规律、数学变换、数学原理及数学计算等数学文化。

白族数学文化。杨梦洁④等借鉴人类学的研究方法,采用田野调查法,深入云南大理白族地区,整理民间的素材,通过对白族的宗教文化、民族服饰、建筑装饰、民俗风情、白族语言等载体所蕴涵的数学元素进行研究,挖掘出众多潜藏在白族文化中的数学文化。

此外,景颇族、土家族等富有特色的少数民族锦缎中也蕴涵着丰富的几何图形等。

---

① 潘掖雪,周锦程,武小鹏.民族文化融入中学数学课堂教学的研究与探索——以贵州荔波县瑶族文化为例[J].黔南民族师范学院学报,2021,41(2):72-78,113.
② 吴志丹.鄂伦春族生存发展与数学文化构建[J].沈阳师范大学学报(社会科学版),2008,32(3):160-162.
③ 黄永辉,王君,张俊超,等.达斡尔族生存发展中的数学文化研究[J].边疆经济与文化,2020(1):56-61.
④ 杨梦洁,王彭德,杨泽恒.白族文化中数学元素的挖掘[J].数学教育学报,2017,26(2):80-85.

# 第二节　非洲文化中的多元文化数学

"分形",这是一个数学几何概念,而非洲的头发编织风格能体现这一概念。如果学生梳着美丽的发辫,教师可能告诉他们,"你的辫子是分形的一个例子"。这是孩子在数学中看到自己的一个好方法,如同数学就在自己身体里流淌! 公元 4 世纪的马里古代手稿可以让今天的学生看到古代非洲人民的智慧是人类数学学科历史重要的一部分。数学教学中可以使用不同文化群体为参照对象,向学生展示他们与数学的联系,这种教学方式我们也叫作"民族数学"。①

历史学家已经普遍承认,非洲尤其是东非与南非地区是人类起源地之一。在多元文化的观点下,所有文化背景中的数学成果都在数学发展史中占有一席之地,作为人类起源地的非洲当然有其应有的位置。事实上,几千年以来,非洲数学一直在数学发展史中占据重要位置。在古埃及出现了最早的计数系统,此后的发展中非洲数学也一直起着举足轻重的作用。首任非洲数学联合会主席亨利·霍格恩德(Henri Hogbe-Nlend)就提出了"非洲是否也应该被视为世界数学的发祥地"这样的问题,后来很多专家学者的研究都给出了肯定的答案,尤其是在几何形式与图形方面。②

耿秀芳与代钦③通过对扎斯拉维斯基的《非洲计数:非洲文化中的数字和图案》的评介与分析认为,非洲传统生活中的数学文化是极其丰富的,尤其以数字和几何图案为主要内容。图 2 - 19 呈现的是保存在大英博物馆的来自肯尼亚康巴的雕刻

---

① KING J E. 教育者应当在学科、社会和学生的文化中找到联结[J]. 闫予沨,王成龙,译. 教育学报,2014,10(6):3 - 8.
② 章勤琼,张维忠. 非洲文化中的数学与数学课程发展的文化多样性[J]. 民族教育研究,2012,23(1):88 - 92.
③ 耿秀芳,代钦. 非洲传统生活中的数学文化教育[J]. 内蒙古师范大学学报(教育科学版),2015,28(6):38 - 41.

葫芦瓶,上面的数字和符号常与故事有关。

更具体的,比如,非洲不同地区对于数字好恶有差异。在约鲁巴,数字4是一个神圣数,当地一周有四天,每天供奉一位神主,四位神主决定他们的一切;他们认为世界有四个方向,故他们的每一座城市都有四扇门,并由四位神主把守。南氏的霍利斯人,认为占卜中2、3、5、8、10都是幸运之数,尤其是3和5,而1、4、6、7、

图 2-19

9都是不幸之数。图2-19所示的肯尼亚康巴的雕刻葫芦瓶之数中,1是最不幸的,4的不幸程度最轻。查加人认为偶数是幸运的数,奇数是不幸的数。卡姆巴人认为7是一个永久之数,既重要又邪恶,如一周是七天,也有人认为7不好,但说不出原因。如在一堂数学课上,有一道算术题,一个人有7条鱼,吃了3条,还有几条,一个学生说:"他会死"。乌干达人认为9很重要,多用于占卜,且奇数是美好的象征,偶数有厄运。基库尤人计数要比实际少一个,用4代表女孩,5代表男孩,他们对于动物的统计不用个数表示,而以动物各自名称、颜色和大小等来识别,因为用数字表示会有厄运。

非洲人还擅长图案的设计,主要体现在房屋的结构、面具的雕刻和润色、雕塑作品及日用装饰上。例如,建筑中的几何图案。非洲原始的屋子是圆形的,是传统社会的建筑模型,也是当时科技发展水平的体现,其主要材料是茅草。当周长一定时,圆形的面积是最大的。有限的材料和当地气候是人们选择圆形屋子的原因之一。屋顶是圆锥形的,墙壁是圆柱形,屋顶要超出墙壁一部分,这样可以挡雨。蜂窝房是查加人特有的建筑,一般建在斜坡上并用树干及树枝做依靠。在稳固的前提下,人们开始注重房子的永久性和美观。

《非洲计数》全书记载了非洲数学文化相关知识,共分为八个部分。第一部分,作者介绍了非洲数学的发展历史;第二部分有三章,分别讲述了非洲数学系统的构建、非洲人的计数方式以及传统非洲生活中与数字有关的禁忌和神秘主义;第三部分有四章,分别讲述了非洲的时间概念、数字和金钱、度量衡以及通过刻棒和结绳来记录时间和事件的文化现象;第四部分有三章,主要介绍了非洲生活中的游戏,比如木板游戏和幻方游戏(Magic Squares);第五部分,主要介绍了非洲建筑和艺术

中的图案;第六部分和第七部分,主要是对尼日利亚西南部以及东非这两个地区进行的区域性研究;最后一部分是对非洲数学发展的回顾和展望。[①]

事实上,从几何图案和数学游戏等角度来看,非洲撒哈拉沙漠以南的居民的文化活动非常活跃,形式丰富多样,在这种丰富的文化与社会背景下,体现出了当地居民对想象、创造、探索形式与图形的广泛兴趣。通常认为,严格意义上的几何思维只有在古希腊才真正得到发展,但事实上,在非洲的历史上,这种类似的思维方式很早就出现了。一般而言,人类最初是在他们的日常劳动中学习几何的,南非喀拉哈里(Kalahari)沙漠的狩猎者们在打猎时必须学习识别不同动物的足迹。通过这些足迹,他们可以得到足够多的有助于狩猎的信息,如可以辨别是何种动物经过,经过的时间有多久,以及动物是否饥饿等信息。在这种推断过程中,体现了严密的分析方法和理性精神,因此有研究者指出"在古希腊哲学学校中建立起来的科学的理性传统,很可能在很久以前,非洲的这些沙漠狩猎者们就已经在实践活动中加以应用了。"此外,在非洲发现的几百年甚至几千年以前的岩画与岩石雕刻中,很多就已经出现了几何结构。在这些岩石雕刻中可以明显看出其中的直线、曲线、四边形、圆形等图形以及平行、垂直、旋转、对称等关系。在另外的一些考古发现中,在非洲人使用过的陶罐与金属器皿上都有几何图案的花纹,而这些器皿本身就具有非常精致的几何形状。

尤其需要指出的是,在非洲考古出土的易腐材料编成的器具,如篮子、纺织品、木制物品等都具有丰富的几何元素。在非洲特勒姆(Tellem)的发现为我们提供了极为重要的人类早期在几何上的探索与发现,在马里共和国中部的班加卡拉(Bandiagara)悬崖上的洞穴中的考古发现显示了非常清晰的几何形式、图形以及对称。这些洞穴中最早的建筑物是由泥浆线圈制成的圆柱体仓廪,年代大概是在公元前3世纪到2世纪。在11世纪的时候,如今已经在特勒姆消失的多贡人可能从南部的热带雨林地区进入了这里。一直到15世纪,特勒姆人一直将死者存放在这些遗留下来的仓廪以及在山洞中新建的建筑物中。与死者一起埋葬的还有一些农业器具、狩猎工具以及家用物件,比如木制枕头、碗、弓箭、锄头、乐器、篮子、葫芦、

---

① ZASLAVSKY C. Africa counts: number and pattern in african culture [M]. Chicago: Lawrence Hill Book, 1999.

皮制凉鞋、靴子、包、臂环、羊毛与棉花毯子、头巾、帽子、外衣以及纤维围裙等。洞中发现的这些物件保存得相当完好，是迄今为止发现的南非撒哈拉地区保存下来的最早的物件。有关考古学家与纺织专家指出，"其他任何地区的棉纺织品都没有像这里这样，展现出这么丰富的线性和几何样式，由于所有织物只用了靛蓝这一种颜色，因此其丰富性就体现在设计的样式上。设计中体现出的正是对图形组合的无限可能的追求，而这是今日几何乃至数学领域仍在不断寻求的。"①

　　非洲的文化既悠久又丰富。在非洲这个多重而复杂的社会背景下，人们对于想象和创新一些装饰品的兴趣非常浓厚，因而在非洲文化中主要是以原始艺术和手工艺品为代表。正是这种文化传统和背景促进了非洲的几何发展。勾股定理着实可以从非洲人民生活中经常所用的装饰品上镶嵌的一些图案中体现出来。

　　非洲地区的很多艺术品都呈现了中心对称关系，这种中心对称关系在非洲成为了证明勾股定理的良好素材。图 2-20 就是非洲的装饰品上所出现的几种中心对称图形的图案。

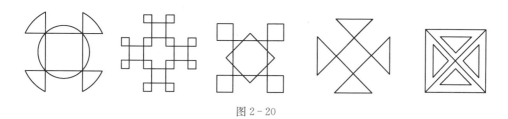

图 2-20

　　通过这几种中心对称图形所具有的特点，可以得到启发，构造出另外一种具有中心对称的图形，如图 2-21 所示。从图上可以观察出这四个圆是中心对称的，然后把这个图形中的四个圆的圆心连接起来，就会得到一个正方形，接下来将这个正方形的边与圆的交点交错连接起来，就可将这个正方形分成四个部分，很容易看出被分成的四部分图形是全等的，如图 2-22 所示。

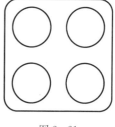

图 2-21

① GERDES P. Geometry from africa: mathematical and educational explorations ［M］. The Mathematical Association of America, 1999.

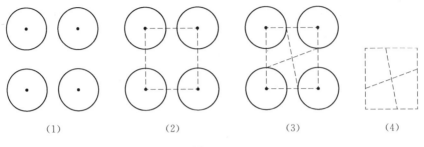

图 2 - 22

接下来可以通过图 2-22(4) 中的四部分图形的旋转变换得到另一种证明勾股定理的方法。因为这四个部分是旋转对称的,所以通过一种旋转会得到令人意想不到的结果,比较有动态美效果的一种证明勾股定理的方法如图 2-23 所示。

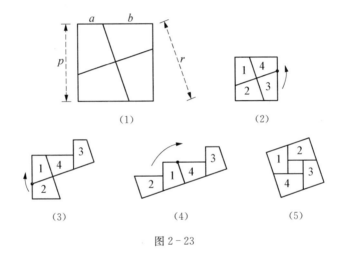

图 2 - 23

如图 2-23(1) 所示,可设正方形边长为 $p$,交叉的线的长度为 $r$,先将其第三部分逆时针旋转 180 度,得到如图 2-23(3) 所示的图形,接下来再将第二部分顺时针旋转 180 度,之后再将第一和第二部分联合在一起顺时针旋转 180 度就会得到如图 2-23(5) 所示的图形,结合图 2-24 所示的解析,你一定会有一种恍然大悟的感觉。

此外,还可以通过非洲地区人们日常生活中所用的地毯垫子上面的花纹,再找到一种证明勾股定理的方法。如图 2-25 所示,这个镶嵌着钩子形状的方形图案便是非洲地区制作地毯的结构花纹。

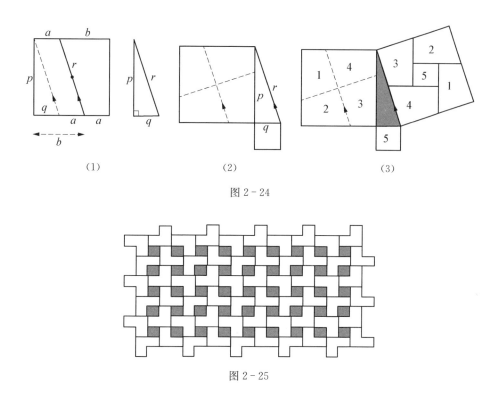

图 2 - 24

图 2 - 25

将上面的图案截取一小部分,所截取的这一部分要包含四个钩子图形,并且具有对称关系的特点,如图 2 - 26;然后将四个顶点连接起来,就会获得一个正方形,通过出入相补的原理发现,这个新构造的正方形的面积与原图的面积是相等的;再构造出一个以 $a$、$b$、$c$ 为边长的直角三角形,这个新构造的直角三角形将为下面勾股定理的证明做好重要铺垫。

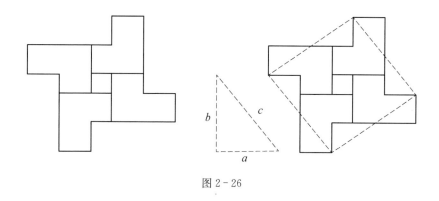

图 2 - 26

根据图 2 - 27 的分解发现，以 $c$ 为边长的正方形的面积等于小正方形的面积与两倍四边形面积之和，即 $c^2=2ab+(b-a)^2=a^2+b^2$，如此便有了图 2 - 26 中新构造的直角三角形三边之间的关系式，也就得到了勾股定理的合理证明。

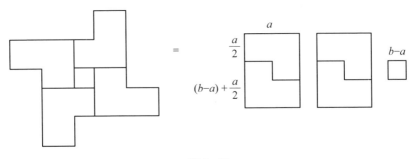

图 2 - 27

根据以上介绍的非洲文化背景下所产生的勾股定理的几种证明方法来看，其体现了非洲这一地区和民族的特殊文化传统，人们不禁会感叹原来非洲文化中勾股定理的证明是如此之精巧，这种证明并不是通过逻辑推演的方法得到的，而是以直观的操作来确认勾股定理的真实性，进一步展示了在非洲多重而复杂的文化背景下勾股定理所蕴含的特殊的文化价值和艺术魅力。如果学生能够通过上述的背景知识切入勾股定理的学习，不仅可以促使学生感受到数学与人类生活的密切联系，而且可以让学生真正体会到数学的文化价值。事实上，21 世纪以来的数学课程改革一开始就提倡让人人学有价值的数学，人人都能获得必需的数学，让数学通过与生活结伴而变得生动，让教科书与生活"联姻"而变得有趣。也许多元文化数学的进一步挖掘会使我们数学的教与学变得更加丰富多彩。①

---

① 裴士瑞，张维忠. 非洲文化中的勾股定理[J]. 中学数学教学参考，2010(6)：66 - 67.

## 第三节　影视中的多元文化数学

作为舶来品的中国电影,通过衍生、发展、困境和转型等,现在已进入一个适应转型期。《当代电影》杂志社主编皇甫宜川在 2015 年 11 月举行的"新媒体时代的影像教育与创作教学研讨会"上指出:"新媒体不仅意味着传播手段的更新,更意味着行为、思维方式与哲学观念的转变……学界应该站在美学与哲学的高度重新思考影像与人、影像与生活的关系……"①随着大数据时代的到来,各类影视中更是渗透了数学思想和方法,融合数学原理进行构造的电影涌入时代潮流、利用数字技术的影视剧作更是让人一饱眼福。那么,影视中能蕴涵怎样的数学,数学与影视文化的相关性如何,以及利用数学化思维对中国未来影视文化进行思考又有何不同?

### 一、一部充满众多数学元素的影视佳作:《盗梦空间》

由克里斯托弗·诺兰编剧与导演的好莱坞大片《盗梦空间》于 2010 年在全球热映,除了扣人心弦的故事情节外,影片中充满众多数学元素,如公理体系、不可能图形、分形几何等,数不胜数。②

1.《盗梦空间》简介

《盗梦空间》又名《奠基》(Inception),是由克里斯托弗·诺兰编剧与导演的,是诺兰继《蝙蝠侠前传 2:黑暗骑士》后再次给我们带来的惊喜,该剧剧情扑朔迷离,悬案迭起,带领观众游走于梦境与现实之间。多姆·柯布是一个经验老到的窃贼,在人们精神最为脆弱的时候,他潜入别人梦中,窃取潜意识中有价值的信息和秘密。

---

① 袁佳,陈昱旻. 新媒体时代的影像教育与创作教学研讨会综述[J]. 当代电影,2015(12):188 - 189.

② 陈虹兵,张维忠.《盗梦空间》中的数学文化[J]. 数学文化,2011,2(1):32 - 34.

在他看来,人类思维所能产生的能量是不可限量的——人们靠思维就可以建造城市,可以穿越时空,回到过去重新制定社会的法则。人们甚至可以通过思维来进行犯罪。只可惜,面对如此宝贵的财富,大多数人不知道如何获取。而柯布却恰巧拥有这样奇特的技能。他利用人们做梦的时候,从他们的潜意识里盗取秘密。因为往往人们在做梦的时候,精神防线是最脆弱的。柯布把自己这种绝技称作"摄梦术"。不过,虽然柯布的特殊技能令他在这个贪婪的世界中成为了一个成功的商业间谍,但他也为此付出了沉重的代价。柯布成为企业间谍中令人垂涎的对象的同时,也让他失去了所爱的人,并成为一名国际逃犯。如今,柯布接受了一项新任务,这是他的一次救赎的机会,但是他要做的是潜意识犯罪中最不可能的境界:植入意念,要让一个大企业的继承人自愿解散公司。如果他能够成功,这将会是一次史无前例的完美犯罪。但无论"盗梦小组"如何精心策划,这次任务过程中一直有一个神秘敌人如影随形,而这个神秘人只有柯布能够感应到其的存在。因为犯罪现场存在于人的思想中,他找到了自己的伙伴,要制造几乎不可能制造出的 3 层梦境,在不断躲避潜意识里的守护者的攻击时,他们有一些人进入了潜意识的边缘,看到了他潜意识里的妻子和孩子,他将会怎么选择?会留在那里和妻子在一起,还是会回到现实?无论答案是什么都让人揪心撕肺。

2. 从公理体系到非欧几何

影片中柯布一直问:究竟什么是真实?这是一个哲学问题。转化成数学问题就如思考一个命题是否正确。当阐述一个命题正确的时候,我们的逻辑系统建立在几条公理之上,该命题可通过公理的推导得出,这便是我们所说的公理体系。只有接受公理的假设时,定理才是真的。问题在于公理本身往往也只是假设,真假是不可证明的。通常我们的逻辑认知都基于欧氏空间,而在一个弯曲的空间中,如果还用欧氏空间的逻辑进行思考,必定会产生悖论。在对欧氏几何平行公设的研究过程中,非欧几何诞生了。一维时,欧氏空间是直线,非欧空间可以是圆圈。二维时,欧氏空间是平面,非欧空间可以有

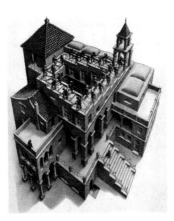

图 2-28 升与降

多种。比如埃舍尔的"升与降"(如图 2-28),其实

就是数学中的麦比乌斯环面;而电影《盗梦空间》中整个巴黎街区上下对折的震撼场景,其实可以看成一个球面。所以柯布的真实世界应是欧氏空间,而梦中的世界是非欧空间。如果我们为每一个空间都设置坐标系的话,那么欧氏空间的坐标轴是直线,而非欧空间的坐标轴会弯曲成一个圆。

在自然界,数学可以生动地推理出一些人们无论如何也无法想象的,或者在现实空间认为不可能的事实。柯布所展示的盒子世界,把巴黎折成了一个盒子,大地变成盒子的内表面,天空位于盒子的中心,世界变得像万花筒一样,其实就是球形的非欧空间。埃舍尔(Escher)的"升与降",指出了梦中悖论的存在。在那个空间的高度方向弯曲成了一个圆,这样楼梯的最高点和最低点具有同一高度,所以才能连接上。在那样的空间中,依然有向上和向下的方向,但意义已不同,向上和向下不代表高度的增减,而是指从两个不同的方向画圈。①

在《盗梦空间》中,造梦师设计迷宫的核心思想就是将敌人困在一个圈中。造梦师如果想把一个人困住,就要给他一种无限的错觉。其实我们也可以把人的思想描述成一种几何结构。迷宫般的逻辑结构是存在的,埃舍尔楼梯对应着逻辑上的循环悖论,最典型的便是"鸡生蛋,蛋生鸡"的例子,将它们分开来看都是正确的,但是放在一起便出现了一个先有鸡还是先有蛋的问题。造梦师就利用非欧空间的弯曲性,将敌人永远地困在自己制造的梦境当中。

伽利略曾说:"我们生活在受精确的数学定律制约的宇宙中,而数学正是书写宇宙的文字。"数学是人类文化的重要力量,对人们的观念、精神、思维方式的养成起着重要的影响。特别是两千多年前古希腊文明的重大成果——欧几里得几何,作为其精髓的公理化方法,更是对人类理性思维的形成一直是起着关键的作用。但欧氏几何研究的只是用圆规和直尺画出的图形,这样的图形是简单的或平滑的。受认识主、客体的限制,欧氏几何就具有很强的"人为"特征。这样,欧氏几何就只能是人们认识、把握客观世界的一种工具,而不是唯一的工具。②

3. 从分形世界到缩放时间

分形几何在《盗梦空间》中也得到了充分的应用。例如,阿里阿德妮把柯布带

---

① 高斯控.《盗梦空间》用数学思想来理解[J].新知客,2010(9):69-73.
② 张维忠.文化视野中的数学与数学教育[M].北京:人民教育出版社,2005:11-12.

到某街区,关上门,变成两面对立的镜子。根据反射原理,两面镜子之中出现了数不清的人像。因为镜子可以在镜子中成像,于是就有了镜中镜……随着镜子层数的加深,镜中像会越来越小,但即使是极小的一个像,经过放大,里面还是有镜中镜……这种自相似性就是分形。

类似地,整部影片最让人难以理解的梦中梦,也有分形的逻辑特征。分形结构对应着无穷的递归逻辑。在分形理论中,分形是一种具有无限嵌套层次的结构,自相似是它最主要的特征。把分形分成大大小小不同的层次,各层次之间互相相似,并且都和整体相似。整体分成的部分之间不再是等同的,而是相似的,并且各个层次的部分都以不同的相似比存在于整体之中。① 分形几何目前广泛应用于日常生活和科学研究中,让学生学习分形几何的初步知识,将给学生带来一种全新的认识,帮助他们实现从欧氏几何领域向分形几何领域认知的初步跨越,使得创新思维得到很好的培养。

《盗梦空间》里另一个有趣的设定就是梦中时间流逝变慢,而且梦中梦里时间流逝的速度会更慢。例如,现实时间的5分钟等于梦里时间的1小时,而5分钟的梦境时间又等于二级梦境中的1天,以此类推,时间随着梦的级数呈现几何级变长的状态。

其实日常生活中很多人都有体会,有时候明明做了一个很长的梦,醒来之后却发现自己只睡了很短的时间。事实上,不是时间变慢了,而是接受信息的速度变快了。梦境时间流逝变慢是一种错觉,是因为我们以清醒时的时间标准去感知梦中情节而产生的错觉。在《盗梦空间》中,梦境中的时间比现实世界要慢得多,而且还存在一个所谓的"缩放效应",即如果梦境中又出现了梦,时间流逝的速度会更慢。

4. 对数学教学的启示

《盗梦空间》是一部挑战人类固有思维的电影,乍看之下似乎与数学教育,尤其是中学数学毫无关系,其实不然。数学的高度抽象性,决定数学教育应该把发展学生的抽象思维能力定为其目标。从具体事物抽象出数量关系和空间形式,把实际问题转化为数学问题的科学抽象过程中,可以培养学生的抽象能力。② 因此,结合对这部电影的分析,将从以下两方面给中学数学教学带来启示。

首先,有助于提升学生的数学情感教育——激发学生学习数学的兴趣,激励学

---

① 舒昌勇,包韬略. 分形的文化价值管窥[J]. 数学通报,2008,47(1):19-21.
② 俞求是. 试论数学的科学性及其特点与数学教学[J]. 数学教育学报,2008,17(5):13-18.

生学会思考和提问。

《盗梦空间》作为好莱坞大片在我国热映,必定吸引众多学生观看影片,而以中学生目前的认知水平,要看懂影片是十分困难的。教师可以充分利用学生的好奇心,对影片作适当解释,可以活跃课堂气氛,学生将会大大拓展知识面,了解欧氏几何的公理体系以及非欧几何产生的原因。这对建立学生正确的数学观将产生显著的影响,让学生看到数学神秘而有趣的一面。数学学习将不再是枯燥乏味的,以此激发学生学习数学的兴趣。另外,"学起于思,思源于疑",如同非欧几何的发展,都是从思考与质疑开始的。以此激励学生学会思考,学会质疑和提问,真正学会数学,而不只是学会应试。

其次,有助于提升学生的数学思维能力——拓宽学生的思维,发展学生的抽象能力与辩证思维。

分形几何发展迅猛,让中学生初步了解分形几何知识是十分必要的。以影片中的镜像分形为例,引出分形的特点,通过计算机作分形图,让学生体会递归思想、掌握迭代方法;同时,在分形的计算机生成中,学生会发现许多结构复杂的分形图都能以非常简单的方法定义(即对应着一个简单的映射),经过反复迭代而产生,从而昭示"简单中孕育着复杂"的深刻哲理,使学生的辩证思维得以发展。

除了分形之外,球面几何也在影片中多处展现。人民教育出版社出版的普通高中数学 A 版教材选修 3-3 的全部内容都围绕"球面上的几何"。教学时,如果直接画球体研究显得缺乏创造性的话,教师可以用电影中的情节导入,介绍球面上的距离和角等概念,并利用电影中迷宫的特点,让学生类比现实空间,进而探索球面上距离的求法,球面三角形的性质及正余弦定理等。

如果说分形几何和球面几何是高中数学的内容,有一定复杂性,运用不那么直观的话,那么,梦中时间与镜像在初中数学中将得到直观简单的运用。梦中时间与现实时间的关系,影片中运用了几何级数描述。教师可以对影片中的例子稍加改动作为浙江教育出版社出版的七年级数学"§2.5 有理数的乘方"中的例题。通常学生对枯燥的数字计算不感兴趣,但如果给定前几层梦境的时间变化规律,让他们找出规律,并且计算现实世界的 1 分钟,相当于某一层梦境的多少时间,学生一定会非常感兴趣,并在不知不觉中巩固了找规律以及计算乘方的方法。

镜中镜成像可以作为浙江教育出版社出版的九年级数学"§4.6 图形的位似"

的情境导入。教材中该项内容的引入是运用图 2 - 29 所示的五角星构成的位似。虽然简洁直观,但学生不免心中有疑问:为什么要将五角星按这样的位置摆放呢?这个图形看起来没有现实意义,因此学生不知道为什么要学习位似。而我们如果运用图 2 - 30 所示的《盗梦空间》中的截图引入课题就不一样了,无论是柯布本人还是旁边的柱子,都明显地表现出了位似的视觉特点。学生因为对镜中镜这一奇特现象的兴趣,可以很快记住位似的特点,并且知道学习位似是有现实意义的,于是学生在课堂上会更容易集中注意力。

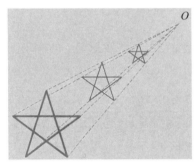

图 2 - 29　　　　　　　　　　　　图 2 - 30

# 二、影视与数学的进一步思考

## (一) 数学在影视中的运用

广义来说,数学是研究数量、结构、变化、空间以及信息等概念的一门学科,是以数学思想、精神、方法、技术、理论等为有机组成部分的一个具有强大功能的动态系统。数学涉及包括哲学、艺术、历史、经济、教育、政治及各门自然科学。[①] 影视是以拷贝、磁带、胶片、存储器等为载体,以银幕、屏幕放映为目的,从而实现视觉与听觉综合观赏的艺术形式,是现代艺术的综合形态,包含了电影、电视剧、动画等内容(本文特指电影和电视剧)。[②] 影视属于艺术领域,涉及数学的思想、精神、方法、技术、理论等内容,如电影编剧中渗透了数学思想、情节安排中运用了数学知识、影视

① 张俊青. 数学文化的含义及其哲学分析[D]. 太原:山西大学,2005:5.
② http://baike. haosou. com/doc/5408334-5646312. html.

布景中体现了数学原理等。

在电影编剧中渗透数学思想，使电影精炼紧凑。我国一级导演瞿俊杰曾高度赞同"编剧妙在会乘法，最忌加法"，这自然使人联想到是几何代数中的加减乘除。翻阅优秀的电影剧作，发现这些作品不仅篇幅精练，既点明了环境、背景，又交待了事件，而且刻画的人物形象能推动情节的发展。如此环环相扣，引人入胜，有道是：一石数鸟，一举两得，事半功倍。这不正是数学里"乘法"的妙处吗？①

在情节安排中运用数学，使电影产生了别样魅力。一部作品的成功在很大程度上是依赖于素材的裁剪与编织情节的写作方法，它是事件在时间中的设计。正如亚里士多德（Aristotle，前384—前322）②所说："一个美的事物、一个活东西或一个由某些部分组成之物，不但它的各部分应有一定的安排，而且它的体积也应有一定的大小……因此，情节也须有长度，正如身体，亦即活东西，须有长度一样。"桑弧③在1947年导演的经典电影剧作《太太万岁》中，巧妙地把一种叙事节奏按照黄金分割比例进行安排，赋予了作品某种节拍，使得这部中国喜剧的创新之作产生了别样的魅力。剧情中，"唐志远公司倒闭"是全片的一个最主要的黄金分割点（如图2-31），是多米诺效应的爆发点，更是创新剧作与传统模式的分界点。同时，全片最大的笑料的戳穿点"海风触礁"设在另一个黄金分割点上（如图2-32），以达到平衡叙事节奏、吸引观众的注意力的目的，使观众在前半段的平静中依然能笑着坐在椅子上。

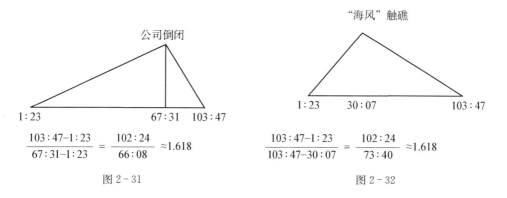

$$\frac{103:47-1:23}{67:31-1:23}=\frac{102:24}{66:08}\approx1.618$$

图2-31

$$\frac{103:47-1:23}{103:47-30:07}=\frac{102:24}{73:40}\approx1.618$$

图2-32

① 瞿俊杰.电影剧本与数学[J].电影艺术,1982,27(11):62-63.
② 罗念生.罗念生全集（第1卷）——亚里士多德[M].上海:上海人民出版社,2004:41.
③ 徐立虹.电影剧作中的黄金分割论《太太万岁》叙事节奏的比例安排[J].影视传媒,2014(9):188-189.

在影视布景中体现数学原理,使影视画面异常唯美。一般说来,影视自身所蕴含的外在美感表现主要包括画面和声音。影视透过影像画面的构造活动即摄影构图来体现构图的好与坏,这直接影响了影视作品的艺术价值。古希腊毕达哥拉斯学派认为"美确实在于各部分之间的比例对称""一切部分之间都要见出适当的比例",事实上影视画面空间内部如物象形状、体积、位置、方向、亮度、色彩和运动速度、走向等造型元素结合关系上的相近或相似也符合了毕达哥拉斯学派的观点,适当的比例使画面匀称,给观众以平衡感。2015 年,电视剧《琅琊榜》热播,并以不同于过往古装剧的品质和特质,使得收视率在同时段电视剧中名列前茅,并被网友称为古装剧中的气质类型剧。大家称赞的所谓美极了的画面,其实是利用了数学中各角度的切割、对称、三分法、黄金螺旋等方法(如图 2 - 33 至图 2 - 38 所示),因此给观众带来了独特的视觉效果。

图 2 - 33

图 2 - 34

图 2 - 35

图 2 - 36

图 2 - 37

图 2 - 38

2016 年 1 月 4 日在中国大陆上映的由英国广播公司出版的电视系列剧《神探夏洛克：可恶的新娘》，这是《神探夏洛克》播出三季以来，推出的首部时长达 90 分钟的特辑。这是一部时空穿越剧，同时又带有《盗梦空间》与《黑客帝国》结合的感觉。该剧于 2015 年 2 月拍摄完毕，但为了达到最佳观感，后期的特效制作又花了近一年的时间，用大量的手绘特效还原了一百多年前真实的伦敦街景。从 2010 年开播以来《神探夏洛克》系列剧集在英国电影和电视艺术学院电视奖中已获得了包括最佳剧集在内的 10 个奖项，高端的制作水平以及一流的配乐、摄影、剪辑和道具为该剧画面带来的美感甚至超过了很多好莱坞大片，这其实是数学原理在该剧中的运用体现：布景方面利用了黄金三角的角度和比例为画面加框；用对称原理进行构图，把主体人物夏洛克放在两条黄金分割线的焦点处；将持有培养皿的手和人物面部放在黄金螺线上，并用大光圈虚化背景以突出人物；并且在黄金螺线旋紧处突出忧郁的眼睛；同时，垂直黄金分割线也是画面的明暗分界线（如图 2 - 39 至图 2 - 42 所示）。

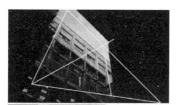

S2E1 Power Station
利用黄金三角的角度和比例为画面加框

图 2 - 39

S2E1
Buckingham Palace
对称构图。将主体人物夏洛克放在两条黄金分割线焦点处

图 2 - 40

S1E3
Hospital Lab
持培养皿的手和人物面部放在黄金螺线上，并大光圈虚化背景突出人物

图 2 - 41

S2E3
Therapist Room
黄金螺线旋紧处突出忧郁的眼睛；垂直黄金割线也是画面的明暗分界线

图 2 - 42

除了电视剧中的布景运用了数学原理,电影的布景也大量运用了数学原理。比如电影《血色黄金》中人物的构图就采用了黄金螺线的方法,使主体都落在黄金分割点上,整体画面层次分明。另外,张艺谋的早期作品《大红灯笼高高挂》中的画面具有很高的欣赏价值,其整体画面极其和谐,作品中对于空间和建筑的表现,就是利用画中画、景中景的数学对称原理进行的构图。

值得指出的是,电影特效中的数学方面,数字技术更为电影打开了迷人世界。电脑特效在电影院里打开了一个全新的迷人世界。这些特效从根本上说是建立于数学之上,利用数字技术为电脑模拟真实世界提供了重要的途径。由美国洛杉矶大学的三位数学家:阿莱卡·迈克亚当斯(Aleka McAdams)、斯坦利·奥舍尔(Stanley Osher)和约瑟夫·特朗(Joseph Teran)共同完成的文章《惊涛骇浪、恐怖爆炸、滚滚浓烟以及更炫的:视觉效果产业中的应用数学与科学计算》,充分体现了数学在电影特效方面的应用。

20世纪70年代,美国好莱坞科幻电影大师乔治·卢卡斯拍摄了《星球大战》,标志着电影艺术进入了一个全新的数字时代。《星球大战》虚拟了太空世界,将故事背景设置在战乱纷飞的银河系;随后,迪士尼公司制作了电影史上第一部全3D动画长片《海底总动员》,其中漂亮得让人窒息的画面层出不穷:海洋学校明丽的色彩,整个海洋都暗下来的时候马林和多瑞凝望着那一枚散发着星月光辉的椭圆形亮球,海流中浩大的海龟群。色彩的变化,美得让人无法形容,视觉上的愉悦感,让人好像经历了一场梦幻般的体验。从《星球大战I:幽灵的威胁》到《星战前传II:克隆人的进攻》,乔治·卢卡斯第一次抛开传统的胶片电影机并全面采用了数字拍摄设备,整部影片没有一寸胶片,全部影像都用"0"和"1"来记录和表现,使得该影片成为了第一部没有胶片的真人表演电影。这种放映形式节省了完成数字影片制作后必须"数转胶"的程序成本和再次大量拷贝到影院的时间和费用,同时保证了影片影像质量的始终如一。近日播出的《星球大战7:原力觉醒》(以下简称《星战7》)已超过《阿凡达》获得北美影史的冠军。《星战7》是2013年5月开拍,2014年11月杀青,一年半的时间结束了拍摄,却又用了一年多的时间进行后期制作。影片的特效和节奏都掌控得不错,各色战机、飞船空中大战,第一帝国暴风级的装备与冷血的作风制作出一场场规模浩大的场面。在美国视觉效果协会(Visual Effects Society)公布的第14届视觉效果协会奖提名中,《星战7》更是以7项提名领跑。其中,最佳真人电影视觉效果,最佳真人电影 CG 动画角色、最佳真人电影 CG 背景、最佳视觉效果合成都体现了数字技术对电影的深刻影响,尤其是科幻类电影。

### (二)数学与影视的相关性

随着大数据时代的发展与数字技术的进步,数学理论、数学思想也将更深入地渗透于各方各面。就艺术而言,"艺术家们也开始使用数学的语言和思想,并将其贯穿于艺术生活之中"。影视是在各种艺术的交叉点上诞生的,而绘画、建筑之类的艺术又是在数学发展的基础上焕发新的生命力。因此我们有理由确信,年轻的影视与古老的数学之间,存在着某种必然的联系。

#### 1. 民族性与国际性的统一

年轻的影视与古老的数学自诞生起,就是民族性与国际性统一的标志。数学既是历史的,也是当下的;既是国际的,也是民族的。它的发展、壮大,一方面记录着世界与本民族的重大历史事件和人物,体现了时代的烙印;另一方面展现了数学的民族文化特色,蕴涵着国际数学思想和数学价值。影视的民族性,从根本上来讲就是如何在银幕上体现民族文化的问题。一方面,影视作品越具有民族性也才越具有国际性;另一方面,影视更需要对于民族的历史和现实进行深刻反思,运用现代意识对于传统文化进行观照与超越。换句话说,对于传统文化的继承是影视作品民族性的沃土,对于传统文化的超越则是影视作品时代性的需要。[①]

#### 2. 艺术性与娱乐性的统一

影视与数学集内在艺术价值与外在效益娱乐于一体。就拿电影来说,从世界电影的百年史可以发现,电影与生俱来便具有双重属性:艺术性与娱乐性、文化性与商业性、审美价值与商品价值。因此,影视作品既不应该一味媚俗使影视沦陷为低俗的商品,完全漠视它的文化功能和审美功能,也不应该拘泥闭塞、裹足不前,完全否认它的娱乐功能和商品属性。正如数学一般从内在思想维度上带有自身独特的审美价值,影视作品在商业属性上也带有经济效益。从根本上来讲,商业性与艺术性就犹如影视发展的左右臂膀,左臂指向影视腾飞发展的方向,右臂指向影视发展前进中踏实的双脚。在追求完美艺术时,需要影视作品所带来的经济效益作为

---

① 彭吉象.跨文化交流中华语电影的历史与未来[J].北京大学学报(哲学社会科学版),2000,37
  (4):211-219.

支撑;而要影视作品获得的经济效益不断攀升,则需要影视作品在艺术性上也不断提升。

### 3. 多元化与个性化的统一

影视与数学不但要吸收各国各民族的文化精髓,而且要在融入多元环境的同时展现自身的特色,体现个性。影视从诞生到发展,始终是一门与现代数学技术紧密结合的艺术。而数字技术的运用,对影视艺术的发展,对影视文化的创新,甚至对于影视美学观念的演变,都有着不容忽视的重大影响。重视数学对影视文化的发展意义重大,能对不同文化影视中的民族性和人文性有更加准确的认识,并能进一步增进对人类所有文化的尊重与理解,把多元化看成是人类生活不可或缺的、有价值的一部分。与此同时,影视作为一种艺术,归根结底是影视艺术家审美意识与艺术创造力的对象化,必然具有艺术的独创性。影视作品凝聚着他们对生活的独到发现和深刻理解,渗透着他们独特的审美体验与艺术追求,展现了他们鲜明的创作风格和艺术个性。正如数学课程标准中所倡导的理念:"人人都能获得良好的数学教育,不同的人在数学上得到不同的发展。"[1]数学属于所有人,属于社会,渗透在我们生活的各个方面,使我们每一个人都离不开它。它也正是在对社会、生活和个人的影响中发展着自己,体现着自己的独特价值。

### (三) 数学对影视发展的启示

齐民友先生[2]甚至指出:"历史已经证明,而且将继续证明,一个没有相当发达的数学的文化是注定要衰弱的,一个不掌握数学作为一种文化的民族也是注定要衰弱的。"数学以其特有的文化性和民族性根植于各个国家和地区中。那么,从数学与影视文化的视角看,对进一步发展中国未来影视有如下启示与借鉴。

### 1. 深入挖掘影视文化价值

数学的发展、壮大是有原因的,其中最为主要也最为关键的是数学能够通过不断渗透提升自身的价值,以此加深各领域对它的关注度。中国电影早已摘除"电影沙漠"的帽子,但是由于自身起步和发展都很缓慢,在大数据的刺激下,正处于适应转型期。如何在激烈的世界电影中崭露头角,不断壮大甚至引领国际,关键之处在

---

① 中华人民共和国教育部. 义务教育数学课程标准(2011年版)[M].北京:北京师范大学出版社,2011:2.
② 齐民友. 数学与文化[M].长沙:湖南教育出版社,1991.

于提升影视文化的价值。可以借用数学技术观念,对美学领域进行再思考,正如皇甫宜川[①]所说:"站在哲学和美学的高度去审视电影新媒体的艺术效果";也可以利用海量数据,进一步对有别传统渠道的网络商业影视文化进行规划,让影视文化回归理性,避免"泛娱乐""泛商业文化";还可以借助数学本身的特性——严谨性和逻辑性,培养人们的抽象思维和逻辑思维能力,学会深入地辩证分析。

### 2. 注重横向借鉴和纵向超越

面对传统与现代的冲撞,发展我国影视既需要我们横向借鉴,又需要我们纵向超越。正如乐黛云[②]提到的"欧洲文化发展到今天之所以还有强大的生命力,正是因为它在不断地吸收其他文化的成果使自己不断丰富、更新和发展。"我国影视可以通过积极地学习新的技术和了解科技发展动态,以启蒙者的姿态赋予自己时代的责任感;同时,通过积极地实践,做新知识的实践者,不断提高自身技术。比如吸收引进美国大片《星球大战》中的魔幻场景制作的技术,根据数学研究分形全息技术,在实践中形成自身的电影制作技术。

### 3. 加强影视美学的创新

追求发展创新是建立在坚持共同的普适价值与人类共同遵守的规则的基础之上,再根据自身的特色进行创新。创造新的世界,创造新的人物,这不仅仅是要改变影视艺术的样式,更希望提高影视艺术的美学高度。突破现有文化的制约,就必须将民族美学传统和现代影视文化融会起来,借鉴吸收国外电影中富有表现力的艺术手法,加强民族平面、空间艺术,体现浓郁的民族特色与风格和鲜明的时代意识。因此,应积极做一些尝试,在影视中多考虑影视个体的民族化,体现文化的多样性,比如,在导演和特效部门之间增加视效总监的职位(既懂技术又懂艺术,同时能从两个角度给导演提出意见和建议,又能把导演的想法翻译成技术语言给特效艺术家们),多方合作沟通,体现对影视美学的重视并积极合作创新。当然,在影视上体现文化多样性并不是随意的,需要从多个方面进行深入思考,借鉴数学的多样性就是一个参考。

---

① 袁佳,陈昱旻.新媒体时代的影像教育与创作教学研讨会综述[J].当代电影,2015(12):188-189.
② 乐黛云.多元文化发展中的问题及文学可能做出的贡献[J].中国文化研究,2001(1):9-15.

### 4. 强调人文情怀特色

多元交叉的文化一方面促进了具有民族特色影视流派的形成,另一方面对创作出具有国际水平的优秀影视具有重大影响。我国作为一个地域辽阔、民族众多的国家,其民族性和人文性更为强烈,大多希望通过影视作品来展现我国人民的精神气质和人文情怀。影视作品制作人应该自始至终把满足人的精神文化的需要作为他们工作的出发点和落脚点,因为影视的繁荣是为了人民,影视的繁荣要依靠人民,影视繁荣的成果要为人民服务,更要与人民共享。纵观世界电影史,曾长期称雄的美国"西部片"、富有东方特色的日本电影,以及20世纪七八十年代异军突起的"新德国电影运动",都在一定程度上说明了电影越有民族性才越有国际性这样一个道理。因此,在欧美特技的浪潮当中,我们也应该有自己的雄心和抱负,不能仅满足于在夹缝当中求生存,而要把这条充满人文情怀的特色民族电影之路走得更潇洒、走得更自信,任何时候都不要失去自成一格的风格。①

---

① 张维忠,刘艳平,徐元根. 数学与影视文化[J]. 中学数学月刊,2018(1):1-4,8.

# 第三章
# 民族数学及其教育学转化

由于多元文化数学含义之一是指不同文化群落或人群(如少数民族或原住民)里所产生与使用的数学。从这个层面上讲,多元文化数学的含义可以说是"民族数学"的进一步发展。民族数学也是多元文化数学教育的重要载体。如将源自不同文化的民族数学素材纳入课程教学之中,从而对不同文化背景的学生作出正确评价,增强学生的自信——并学会尊重有差异的人和文化,这有利于学生将来更好地适应多元文化的环境,而这种"多元文化"的观点正是未来社会的一个必然要求。[①] 在学校数学教育中强调民族数学,一个不可回避的价值性问题是:民族数学究竟能为学生的学习带来什么? 民族数学为人们提供了认识数学和数学教育的新视角,同时也具有重要的教育意义,有研究者甚至将其作为基础性的教学手段之一。[②] 但是,民族数学要有效地融入课堂教学必须进行教育学转化。本章将在对国外民族数学研究的理论与实践作出评介的基础上,进一步讨论民族数学的教育学转化问题。

---

① 张维忠,陈碧芬.民族数学与学生理性精神培养[J].中学数学教学参考(中旬),2017(9):1.

② LAWRENCE S. Ethnomathematics as a fundamental of instructional methodology [J]. ZDM, 2001,33(3):85-87.

# 第一节　民族数学研究述评

目前,国际数学教育改革充分体现了数学与数学教育研究的文化相关性。数学教育研究,也已经由只注重个别学生的学习活动转移到了更为重视从社会-文化的角度对学生的学习活动进行分析,即从各种不同的角度从事数学教育的文化研究。① 民族数学由于对社会文化特别关注,已经受到了国内外数学教育研究者的高度重视,并取得了不少研究成果。这里主要对近 30 年来国外民族数学研究的主要内容与特点进行梳理和分析,探讨民族数学的概念及其相关问题,以期对我国民族数学研究及少数民族数学教育提供启示与借鉴。②

## 一、关于民族数学概念的相关讨论

1984 年第五届国际数学教育大会(ICME - 5)上出现了对"民族数学"的讨论,次年,"民族数学国际研究小组"正式成立,自此民族数学成为一个专门的研究领域,逐渐受到广大学者的关注。然而,对于什么是"民族数学",至今都没有统一的定义。笔者试从民族数学的主题和民族数学与数学的关系两个方面展开讨论。一方面,爱舍尔夫妇③④基于非西方文化的视角将"民族数学"定义为"对没有读写能力人群的数学思想的研究",他们认为(数学)思想存在于所有文化中,但是这些思

① 张维忠,汪晓勤. 文化传统与数学教育现代化[M].北京:北京大学出版社,2006:3.
② 张维忠,程孝丽.国外民族数学研究述评及启示[J].西北民族研究,2017(2):218 - 225.
③ ASCHER M, ASCHER R. Ethnomathematics. In Powell A. B. & Frankenstein M. (ed) Ethnomathematics: challenging eurocentrism in mathematics education [M]. New York: State University of New York Press, 1997.
④ ASCHER M. Ethnomathematics: a multicultural point of mathematics ideas [M]. California: Cole Publishing Company, 1991.

想着重强调和表达的方式，以及所处的特殊背景，在各种文化中都有很大的不同。巴顿(Barton)①进一步指出"民族数学"涵盖了各种文化习俗中的数学思想和数学实践。在他看来，人类学研究已经把重点聚焦在民族文化群体中形成的数学直觉思维和认知过程。格迪斯②③则从教育的角度将"民族数学"定义为一个用来描述暂时性数学术语的短语(如原住民的数学、口头数学、非正式的数学等)，认为"民族数学"是隐藏在实践范例中孤立的数学思想，是生产技术中"凝固的数学"。与格迪斯不同的是，德安布罗西奥④将"民族数学"与不同的价值体系相联系。他更多的是从社会人类学的维度进行多次探讨，将"民族数学"的定义从不同文化群体的数学方法，包括计数、测量、关系、分类和推断，到文化实践的知识体系和思维模式，进而表述为数学史和人类文化学的交叉点。可以看出，民族数学的主体已从作为特定文化群体的数学这个初始概念走向一个更宽泛的视角：不是数学知识本身，而是数学知识的动态体系，是包罗万象的历史和哲学。

基于此，要回答"什么是民族数学"这个问题，首先要分析的是民族数学的主题是什么？是数学思想的研究，还是实践的综合体，抑或是知识体系？不妨借鉴德安布罗西奥的观点，把它放在一个更广阔的情景下理解，解决问题的关键是调和数学思想、知识体系和社会三者的关系，也就是说在使用"学校数学"的时候依旧保持民族数学特定的文化。

另一方面，关于民族数学与数学的关系，德安布罗西奥、格迪斯和巴顿纷纷表示民族数学不是数学或数学研究，它更像是人类学和历史学。其中，德安布罗西奥⑤从知识积累的特点和认知特点两方面指明数学是内部发展的理性产物，而民族数学是社会变化中的实践产物，更加重视使用者的心理——情感因素。另外两位

① BARTON B. Making sense of ethnomathematics: ethnomathematics is making sense [J]. Educational Studies in Mathematics, 1996,(31):201-233.

② GERDES P. Ethnomathematics and mathematics education [C]. In Alan J. Bishop(ed). International Handbook of Mathematics Education [A]. Kluwer, 1996.

③ GERDES P. How to recognise hidden geometrical thinking? A contribution to the development of anthropological mathematics [J]. For The Learning of Mathematics, 1986,6(2):10-12.

④ D'Ambrosio, Ascher. Ethnomathematics: a dialogue [J]. For the Learning of Mathematics, 1994,14(2):36-43.

⑤ D'Ambrosio U. Etnomatematica: raizes socio-culturais da arte ou tecnica de explicar e Conhecer [M]. Campinas, Sat Paulo, 1987.

学者都尝试跳出西方文化的范畴,格迪斯把民族数学与"民俗数学"和"土著数学"联系在一起,从而暗示其不同于"世界数学"或"学校数学";在巴顿①看来数学是西方文化中一种特殊的知识范畴,属于数学家的领域,有着特定的历史,而民族数学是对没有读写能力群体的数学思想的研究,并且这些数学思想可能是不分门别类的或是具有"数学"标签的知识。可见,民族数学作为一种研究范式要比传统数学、种族数学或是当代多元文化下的数学要宽泛得多。在一定程度上,可以说世界上所有存在的数学形式都是民族数学。

关于民族数学的界定经历了漫长的过程,实质上,关于什么是"民族数学"及其与数学的关系问题,更应该思考什么是"数学"这个本质问题。在没有明了什么是"数学"的前提下去探讨什么是"民族数学",必然会产生百家争鸣的现象,也不会有令人满意的答案。然而,尽管研究者们尚未明确什么是"数学",也很难准确地反映"民族数学"的本质属性,但不可否认的是数学和民族数学真实的存在,以及它们在人类文明进程中发挥了重要作用。正因如此,民族数学也越来越受到各个研究领域的重视,特别是文化人类学、数学人类学、民族学、哲学、数学和数学教育等领域,体现了多学科交叉研究的特点与趋势。

## 二、民族数学研究的主要内容及特点

20世纪八十年代到九十年代,国际民族数学研究主要表现为三个取向:非西方社会中的数学知识,社会中不同族群的数学知识和传统文化中的数学知识②。其中非西方文化中的数学相对于希腊数学或西欧数学而言,意图摆脱对数学认识的欧洲中心主义;社会中不同族群的数学即"本土数学"或"土著数学",相对于主流数学而言,旨在解冻少数族群中的数学(体系);传统文化中的数学,强调不同文化群体都有其独特的数学化方法。鉴于此,有学者将民族数学大致分为非西方文化中的数学,少数族群的数学和通俗数学三类。这就要求研究视角的广泛性,不仅要关注

---

① BARTON B. Making sense of ethnomathematics: ethnomathematics is making sense [J]. Educational Studies in Mathematics, 1996,(31):201 - 233.

② BISHOP A J. Cultural conflicts in mathematics education: developing a research agenda [J]. For the Learning of Mathematics, 1994,14(2):15 - 18.

不同文化族群中的数学的差异，而且要关注类似"街头数学"等的日常生活中的数学，传统文化中被遗忘的数学以及类似印加文化与非洲文化中被压制的数学等。

目前，民族数学研究已经有所拓展，从最开始的理论探讨与争辩逐渐转向实践导向的研究，特别是数学教育背景下的民族数学的研究也不单局限于民族文化中的数学元素、数学思想的挖掘和其教育学转化，以及民族数学在数学教育中的实践，研究者们开始关注民族文化价值观对数学教育的影响等。

### （一）聚焦民族文化中的数学元素与数学思想

民族文化中的数学元素、数学思想的挖掘和其教育学转化一直以来是民族数学研究最重要的内容之一，这也是民族数学进入课堂教学的基本前提。从上述民族数学研究的三大取向和研究者（主要是数学家和人类学家）的研究可以发现，素材的挖掘主要有两方面的探索。其一，从文化传统中挖掘素材。如爱舍尔①就南美洲印加文化中的结绳文字探索其蕴涵的逻辑数值系统，发现印加人在没有文字记录的背景下，使用（多彩的）空间阵列打结的方法表示、存储和计算数据。事实上，古秘鲁人早在15世纪就已掌握计算机系统结构化的编码信息，他们使用类似于现代计算机编译的二进制数学方法，以打结的形式将信息编译成数字和叙述语言。同时，他们对交叉分类、层次分类、定量表示与节点求和，以及数值标记计数法等也有一定的了解。可以说印加的数值系统是综合的、多方面的和复杂的，与同一时期的西方数学截然不同。同样地，在非洲的 Bushoong 和 Tshokwe 两个村庄中，当地居民的沙土绘画也蕴涵了丰富的高等数学知识，特别是 Tshokwe 居民对沙子绘图的运用比较成熟。年长者通过在沙子上构造一组点阵后同时移动无名指和食指画出与点等距离的运动轨迹，以绘图的形式吸引当地居民听他们讲故事。研究者发现这些图形的运动轨迹都是一条围绕设定点运动的连续封闭曲线，其隐藏了相关的几何思想和拓扑思想。② 这些涡卷线状图案和有趣的一笔画作图游戏无疑是非洲学生学习数学的良好素材。

其二，从日常生活中挖掘素材，生活中的民族服饰、传统工艺和民间游戏等无

---

① ASCHER M. The logical-numerical system of Inca quipus [J]. Annals of the History of Computing, 1983,5(3):268-278.

② ASCHER M. Graphs in cultures (II): a study in ethnomathematics archive for history of exact sciences [J]. Archive for History of Exact Sciences, 1988,39(1):75-95.

不蕴涵了独特价值的数学文化。比方说非洲莫桑比克传统的工艺,如锯子、鱼篓和瓶子等日常生活用品,就隐含了最佳的数学解法。① 如果对当地居民在编织竹篮时通常要打的一种"结"分析,可以挖掘出一种较为直观的勾股定理的证明方法。此外,他们在建造房屋的过程中运用了丰富的数学知识,尽管他们自身没有意识到这些数学知识的存在。其看似简单的矩形地基的建构,所运用的原理正是学校数学中的欧几里得几何内容。再者,一群巴西学生在数学专业课程中研究当地葡萄酒产量,通过应用当地移民发明的"用平均锥的程序粗略地估计葡萄酒桶的体积"的技巧去探索形如截锥的葡萄酒桶的体积,②这种具有特定文化的数学模型的建构,让巴西学生在做数学的同时体验这个特殊群体的文化特点,理解文化元素塑造的数学思想。

不少研究者认为民族文化中的数学,与学校数学相比,缺乏一定的科学性和系统性。确实,我们应当思考"民族文化中的数学概念和体系是否存在? 对于那些没有文字的民族,口传心授的数学能否称得上是数学?"显然,这要求我们具体情况具体分析,也表明将民族数学进行教育学转化的必要性和重要性。从学习心理学角度而言,通过教育学转化,把这些质朴的数学元素转化成为符合学生认知的逻辑体系将有利于学生的数学认知发展。同时,一些研究者在长期的田野研究后指出,不少民族文化中还是存在比较深厚和成熟的数学体系,尽管这些体系是隐含的。特别地,爱舍尔③在南美洲的研究结果否定了土著族群数学必定幼稚、缺乏推理与抽象,以及不涉及符号只限于数字的观点。在西方数学科学实践风靡的当代社会,民族数学为数学课堂的教学活动提供了除西方数学之外的教学素材、教学途径和方法论。因此,收集那些几千年前产生于不同文化却已流失于时间长河之中的传统案例以及日常生活经常使用却异于学校数学的例子,还是很有必要的。这些具有历史形式和特定文化特点的数学案例蕴涵了特定文化群体的数学观点、数学思想以及数学知识,在激发学生学习兴趣的同时,能够增强学生的民族自尊和文化自

① GERDES P. Geometry from Africa: mathematical and educational explorations [M]. Washington, D.C.: The Mathematical Association of America, 1999.

② BASSANEZI R C. Ensino-aprendizagem commodelagem matemática [M]. São Paulo, SP, Brazil: Editora Contexto, 2002.

③ ASCHER M, ASCHER R. Code of the quipu: a study in media, mathematics, and culture [M]. Ann Arbor, University of Michigan Press, 1981.

尊,进而使得数学学习更加有效。

### (二)民族数学在数学教育中的实践

#### 1. 民族数学在数学教育中的立场

毋庸置疑,民族数学在数学教育中的地位意味着其在该领域未来的发展,研究者们对此也展开了激烈的讨论。斯科夫斯莫斯(Skovsmose)在 20 世纪末就提出民族数学研究要重视民族数学与数学教育之间的关系,妥善处理非西方数学的历史、传统文化,以及认知、文化与环境之间的联系。在此基础上,贾马(Jama)①尝试用社会活动和当地的方法解决日常生活中的数学问题,论述了文化活动进入教学大纲的可能性,以非洲犄角为例建议用方言创造新的数学术语,编写新的数学教材和准备丰富的课堂活动。罗兰兹和卡尔森(Rowlands & Carson)②进而提出四种可能性:民族数学取代学校数学课程,作为学校数学课程的补充,作为学校数学的跳板和为教师备课服务。他们强调教师或有能力的同伴应将学生已有的学术知识、科学概念的脉络与其日常生活熟知或自发的概念联系在一起。这也是民族数学进入学校数学的前提假设。

另一方面,来自民族数学不同研究领域的研究者亚当(Adam)、阿兰圭(Alangui)和巴顿③针对罗兰兹(Rowlands)和卡尔森的观点作出了积极的回应。在他们看来,把民族数学思想整合到学校数学的可能性最大,那种用民族数学取代学校数学的观点并不现实。但是,这种整合的可能性的前提是关注学生的社会文化因素,并且将它们全面地融入学生的学习环境中,包括数学认知与数学知识,课堂文化和数学学习的方法。也就是说,学校中的数学学习并不是学生获取数学知识的唯一来源,学校以外的日常生活和文化传统也是数学知识的宝藏,而且更贴近学生的生活。

---

① JAMA J M. The role of ethnomathematics in mathematics education cases from the horn of Africa [J]. ZDM, 1999,31(3):92-95.
② ROWLANDS S, CARSON R. Where would formal, academic mathematics stand in a curriculum informed by ethnomathematics? A critical review of ethnomathematics [J]. Educational Studies of Mathematics, 2002,(50):79-102.
③ ADAM S, ALANGUI W, BARTON B. A comment on: rowlands & carson "where would formal, academic mathematics stand in a curriculum informed by ethnomathematics? a critical review of ethnomathematics"[J]. Educational Studies in Mathematics, 2003,(52):327-335.

另外,有研究者指出民族数学的研究不应局限于数学教育背景,应该放在更广阔的学科背景下。基于德安布罗西奥的文学素养、数学素养和技术素养三科课程项目,奥利(Orey)和罗莎(Rosa)①建议从民族数学的视角看待三科课程项目,同时把这三种素养作为交流、分析和使用材料的工具,帮助学生处理日常生活中的信息、解释和分析生活中的模型,以及使用不同的工具解决问题等。事实上,研究者们已经广泛地探讨了民族数学的跨学科性。如民族数学是民族学和数学交叉的产物;民族数学是数学教育与数学文化人类学;民族数学是数学史和数学哲学的范畴等。概括地讲,民族数学一方面表现为数学、历史、数学史和数学教育,另一方面表现为文化人类学、民族学、民族科学和民族志。当然在一定程度上,民族数学研究也证明了把所有这些学科看作是一个大的"学科集合",是不可能也不合理的。② 鉴于此,应该把民族数学看作是一门综合性学科来辅助学校数学而不是取而代之。

历史证明每一种文化必有其存在的意义。所以,我们不能盲目地把(西方)学校数学课程运用到非西方文化中,也不能将数学教育局限于某一特定文化中的民族数学,更不能通过一种文化中的数学概念去定义另一种文化中的数学概念,否则会阻碍学生接触更系统科学的数学知识体系。因此在数学教育过程中,也许"中庸之道"是最佳的选择,两者相辅相成,共同促进学生的学习。

2. 民族数学在课堂实践和课程设置中的运用

对一些"民族数学家"而言,③④民族数学是具有教学意义的,也是一种最基本的教学方法(论)。在他们看来,民族数学研究的一项重要工作就是探索有效的民族数学教学方式,将民族数学有效地、融洽地整合到数学课堂、数学教材和数学课

① ROSA M, OREY D C. A trivium curriculum for mathematics based on literacy, matheracy, and technoracy: an ethnomathematics perspective [J]. ZDM, 2015,(47):587-598.

② ROHRER A V, SCHUBRING G. The interdisciplinarity of ethnomathematics: challenges of ethnomathematics to mathematics and its education [J]. Revista Latinoamericana de Etnomatemática, 2013,6(3):78-87.

③ D'AMBROSIO U. Ethnomathematics: link between traditions and modernity [M]. Rotterdam/Taipei: Sense publishers, 2006.

④ SHIRLEY L. Ethnomathematics as a fundamental of instructional methodology [J]. ZDM, 2001,(33)3:85-87.

程中。同时教育研究表明，①学生数学学习的成功和课程中情景的增加存在一定的联系，当文化和语言实践运用到课堂时，当地学生的数学表现会有所提高。

　　亚当②总结前人的研究后提炼出 5 种可能的民族数学课程模型，并且通过改编李普卡的初始模型，构建了一个以数学思考为核心链接的课程模型，帮助学生知道人们是如何在他们的文化中数学地思考，如何运用这些认识去学习学校数学，和增强他们在未来任何情境中数学思考的能力。澳大利亚学者迪肯森－琼斯（Dickenson-Jones）③在探讨民族数学思想融入到西方数学课堂文本的方法过程中时，以回旋镖为例，构建了将本土文化实践整合到数学课程的五种模型（分离、迁移、集成、关联和整合）。夏威夷地区的民族数学研究团队则尝试开发一系列的具有太平洋地区特色的民族数学课程，旨在将体验学习、地方本位学习和海洋与航海结合起来，通过亲身体验，帮助学生解决日常生活和社会生产中的问题，让学生对数学和当地文化有一个更全面的认识。④ 可见，实施民族数学课程有许多途径，在马尔代夫的研究中，民族数学是作为一种教育工具来帮助学生理解什么是数学和帮助学生将数学知识内化。实验数据也显示，在深受传统教育影响下的马尔代夫，教师和学生是能够接受和理解民族数学方法的。澳大利亚学者把民族数学的课堂转化模型作为数学教师识别民族数学课程中不同种类的土著文化习俗的工具。

　　除此之外，有学者⑤将民族建模（Ethnomodeling）作为民族数学的教学工具。他们认为民族建模就是翻译和详尽描述任何特定文化群体的成员解决日常生活中的问题的过程，即利用数学模型来解读、分析、诠释和解决现实世界中的问题或是数学化中的现象。拉丁美洲的众多学者经过调查发现数学建模中的民族数学背景

---

① LIPKA J, ADAMS B. Culturally based math education as a way to improve Alaska native students' mathematics performance [A]. Athens, Greece: Appalachian Center for Learning, Assessment, and Instruction in Mathematics [C], 2004.

② ADAM S. Ethnomathematical ideas in the curriculum [J]. Mathematics Education Research Journal, 2004, 16(2):49-68.

③ DICKENSON-JONES A. Transforming ethnomathematical ideas in western mathematics curriculum texts [J]. Mathematics Education Research Journal, 2008, 20(3):32-54.

④ FURUTO L. Pacific ethnomathematics: pedagogy and practices in mathematics education [J]. Teaching Mathematics and Its Applications, 2014, (33):110-121.

⑤ ROSA M, OREY D. Etnomodeling as a pedagogical tool for the ethnomathematics program [J]. Revista Latinoamericana de Etnomatemática, 2010, 3(2):14-23.

的迁移是十分有用的，并以此记录和研究不同传统中的数学方法和思维。①②③ 这也为解决文化、经济、政治、社会和环境中的数学问题提供了有力帮助。应当指出，在涉及民族建模的时候，我们要明白教学不仅承担了知识的传递作用，而且是知识的创造活动，换言之，这种数学教育方法较好地反驳了填鸭式的教学方式。

鉴于上述研究，不难发现民族数学研究的范式主要是质的研究。研究者大多采用的是人类学、民族学和社会学等的研究方法，通过田野调查，理论扎根实践，在实践中建构。尽管个案研究的普适性有待商榷，以及考虑到民族数学的文化特性不能简单地被移植或是借鉴，但是他们的研究为民族数学整合到数学课堂、数学教材和数学课程提供了理论框架和实践范式，对其他民族的数学教育有一定的参考价值。需要注意的是，我们不能只强调民族数学的区域性和文化多样性，而忽略各个民族的文化中也可能存在相同的数学知识，就好比无论是中国少数民族服饰和建筑的几何图形，还是非洲纺织品和面具上的几何图形，都隐含了平移、对称、反射和相似等几何变换。

### （三）关注民族文化价值观

从文献分析来看，近几年的民族数学研究开始关注民族文化价值观对数学学习的影响，比如由于长幼有序的观念给澳洲土著学校中拥有亲戚关系（或者有辈分差异）的学生在合作与讨论活动等带来影响；又如由于地理环境差异导致数学学习的侧重点不一样，在一些文化环境中代数是极为重要的，而在另一文化环境中也许帮助学生如何找到回家的路更为重要，即几何与模式也许是更重要的。

上述现象也是文化回应教学法想要解决的问题。作为多元文化教学的有效实践，同时也是实施民族数学教学的基本途径，文化回应教学法在数学教育中越来越受到重视（进一步论述见本书第七章）。如弗纳（Vernera）等研究者基于民族数学、建构主义和数学教育的文化回应教学方法的理论，为职前和在职教师建设了"文化

① BASSANEZI R C. Ensino-aprendizagem com modelagem matemática［M］. Sao Paulo, SP: Editora Contexto, 2002.

② FERREIRA E S. Os índios Waimiri-Atroari e a etnomatemática. In Knijnik, G.; Wanderer, F., Oliveira. C. J. (Eds.). Etnomatemática: Currículo e Formao de Professores［M］. Santa Cruz do Sul, RS: EDUNISC, 2004.

③ ROSA M, OREY D C. Cultural assertions and challenges towards pedagogical action of an ethnomathematics program［J］. For the Learning of Mathematics, 2007, 27(1): 10 - 16.

背景下的几何教学"课程。在分阶段设置的课程中,师生(多元文化群体)共同分析和建构多元文化中的几何知识,教师引导学生独立或合作探索几何饰品中的共同历史、数学和文化根源成分,同时鼓励学生以选定的文化为主题设计一张海报并作成果汇报。一位以色列学生表明"跨文化的传播能促进共享对称的几何符号模式(如规则的多边形、圆形结构),然而这些符号在不同文化中有不同的内涵。"研究证明,该项课程实施不仅提高了教师文化回应教学的意识和传授技能,而且使得学生的个性和文化身份再次或重新受到肯定,增强了学生的自信心和自尊心,同时也让学生学会尊重所有的人类和文化。①

此外,有研究者指出土著文化与西方传统教育体系的价值观和实践的不相容性可能是导致多元文化群体学生成绩差异的部分原因。澳大利亚的土著教育改革中,强调学生的价值观和态度对数学学习影响的重要性,进而要求教师转变教学观念,提高文化能力,在教学中实施文化回应教学方法和基于地方本位的教学方法,以缩小学校数学与生活、文化的差距。② 无独有偶,古藤(Linda Furuto)③也强调了地方本位学习和体验学习在太平洋乃至全球社区的重要性,明确指出价值观教育是实施民族数学和文化回应教学策略的理论方法,课程设置必须要充分考虑当地的文化理念,如尊重长辈和保护环境等。另外,他所在的民族数学研究团队把文化价值观如何影响教学、学习和课程作为民族数学研究的基本项目,可见民族数学研究已经渗透到文化价值观领域。

一般而言,文化价值观植根于一个文化群体,作为文化群体中的一员会无意识地继承该社会中的文化传统与理念,并无形地影响其学习认知、思维方式和学习方式,形成具有渗透性和非规范性特点的知识结构。因此,在民族数学教育过程中,应该适当考虑文化价值观的教育,取其精华,去其糟粕,在需要的时候,把这种认知结构作为数学学习的出发点。

---

① VERNERA I, Khayriah Massarwea, Daoud Bshouty. Constructs of engagement emerging in an ethnomathematically-based teacher education course [J]. The Journal of Mathematical Behavior, 2013,3(32):494 - 507.

② OWENS K. Changing the teaching of mathematics for improved indigenous education in a rural Australian city [J]. Journal of Mathematics Teacher Education, 2015,18(1):53 - 78.

③ FURUTO L H, et al. Pacific ethnomathematics: pedagogy and practices in mathematics education [J]. Teaching Mathematics & Its Applications, 2014,(33):110 - 121.

# 三、民族数学研究的启示

民族数学研究近 30 年来,可以说研究方法不断完善,研究领域不断拓展。通过对民族数学相关研究的整理和分析,期望民族数学研究未来可以在以下三方面进一步深化。

## (一) 平衡思辨研究与实证研究两种研究方法

自古至今,我国科学研究的特点是重思辨轻实证,在民族数学研究中亦是如此。从文献数量和内容上可以看出,国内研究者基本通过考察研究少数民族中的建筑、饰品和传统工艺等,探索、挖掘(和转化)民族文化中的数学元素和思想,从而形成研究成果,只有少部分学者会将其运用到课堂或课程中。国外研究者比较重视田野调查,且时间一般不少于一至两年,扎根实践,在实践中建构理论。

思辨研究和实证研究本身没有优劣之分,各有利弊,然而在民族数学研究过程中,须权衡好两种研究方法,使民族数学研究更扎实和深入。一方面,研究者不妨以更开阔的视野和胸怀看待民族数学(不局限于某个特定文化群体,也包括非西方文化中的数学、传统文化中的数学和日常数学),从哲学、数学史等角度进行多方面的探讨(包括宏观和微观、历史和现实)。另一方面,研究者可以真正地扎根于特定文化群体的生活,进行长期的实地考察研究,结合主位研究(以"局内人"的身份)与客位研究(以"局外人"的身份)①理解他们的文化及文化中的数学,将研究结果上升至理论高度。

## (二) 注重民族数学思想与数学元素的挖掘及其教育学转化

鉴于民族文化中的数学存在科学的和非科学的,显性的和隐性的,因此民族数学在进入课堂之前必定要进行挖掘、筛选和教育学转化,把朴素的民族数学转化成为教学形态的数学。我国民族数学在这方面的研究尚存在两方面的不足。

首先,国内民族数学的研究侧重少数民族数学研究,窄化了民族数学的内涵,在此基础上的素材挖掘也就多数体现在少数民族文化的特点,殊不知汉族乃至其

---

① ROSA M, OREY D C. Ethnomodeling as a research theoretical framework on ethnomathematics and mathematical modeling [J]. Journal of Urban Mathematics Education, 2013, 6(2):62 - 80.

他民族文化中也有形式多样且有教学价值的数学素材。所以,关于民族数学研究不应只关注少数民族数学,应当从广阔的视角看待其他民族文化中的数学,让学生意识到人类各民族中有很多"不同的数学"。

其次,国内研究者的素材挖掘与转化局限于日常生活的民族服饰、传统工艺、传统建筑等物质,忽略了日常生活中的数学问题和传统文化中的数学,如街头数学、游戏数学、民间习俗中的数学等。另外,教育者和学习者的文化价值观是影响数学教与学的重要因素,不同的价值观亦是不同文化的冲突,从各个民族的传统文化中收集和挖掘数学思想与元素,让学生从自己的或其他文化中重新探索数学和重构数学,或许可以解决因为文化和价值观的不相容性引发学习的成绩差异显著的问题。

事实证明,具有教学形态的民族数学,不仅方便教师的教和学生的学,而且使学习内容更贴近学生的生活与文化背景,让学生体会到有意义的数学。

### (三)加强文化回应教学方法的应用

对于我国少数民族而言,西方数学的"强权"与汉族文化的主流性使得少数民族文化的数学还未得充分重视与传承。基于此,当今数学教育的一个重要组成部分是帮助学生修复他们的文化尊严。无论是在少数民族地区还是汉族地区,教育者应当积极探索文化回应教学法,创设民主、包容、尊重的学习环境,让学生在合作与对话中根据自身不同的经验建构知识,享有公平的教育机会。在具体实施过程中教师应注意以下三个方面。① 首先,了解和关心学生。每个学生在进入课堂之前就已具备丰富的文化知识和生活经验,因此教师应该了解、尊重并且理解学生的文化差异,将教学与学生的文化和生活经验相结合,使得学生领悟数学的价值和尊重那些异于自己的文化。其次,相信学生的学习能力并且对学生保持较高的数学期望。再者,将民族数学视为数学教学的脚手架,通过情境化帮助学生开展积极主动的探索,构建属于自己所领悟、理解的数学知识。

总的来说,未来民族数学的研究,在研究方法上需要加强并完善实证研究;在研究内容上,主题有待进一步丰富与拓展,需要进一步从偏向少数民族数学研究的

---

① UKPOKODU, O N. How do I teach mathematics in a culturally responsive way?: identifying empowering teaching practices [J]. Multicultural Education, 2011,18(3):47 - 56.

主题,拓展为被忽略了非西方文化中的数学和通俗数学。民族数学研究者、数学教育研究者和人类学家等应当形成一个研究团队,致力解决目前研究中存在的问题,促进民族数学研究的深入与少数民族教育的发展。在教育全球化的时代,我们应该思考这样一个问题:我们的下一代要学什么样的数学,是民族的还是西方的(或者是希腊的)? 如奈斯比特(John Naisbitt, 1929—2021)提出的那样:"我们的生活方式越趋同一,我们对更深层的价值观,即宗教、语言、艺术和文学的追求也就越执着。在外部世界变得越来越相似的情况下,我们将愈加珍视从内部衍生出来的传统的东西。"①

---

① 约翰·奈斯比特,帕特里夏·阿伯迪妮. 2000 年大趋势[M].周学恩,译.北京:中共中央党校出版社,1990.

## 第二节　民族数学的教育学转化

从上述民族数学的研究反思近、现代数学课程改革，"欧美中心"倾向仍十分明显，诸如把基于西方文化的数学课程搬到非洲土著文化中等，这是"欧美科学霸权"在数学教育中的反映。民族数学的研究进一步瓦解了数学知识的普遍性和中立性，取而代之的是数学的文化性、价值相关性。不同的文化传统在数学中有不同的表现形式，只有将数学课程与各民族不同的文化传统联系起来考虑，数学课程与教学改革才可能是成功的。

### 一、民族数学与数学课程的整合

论及民族数学对数学课程的影响，并不是说要以民族数学代替学校数学，而是就数学学习而言，我们不仅应当看到学校中的数学教学，而且也应看到整个文化环境，特别是日常生活的影响。这也就是说，学校中的数学学习不应被看成是学生数学知识的唯一来源，恰恰相反，很多数学知识都是从学校以外的日常生活中获得的。罗兰兹等[①]人指出，那种认为民族数学应当代替学校数学的观点只能是一种臆想。比较普遍并能让人接受的观点是应当在数学课程中渗透民族数学的观点。关注学生的社会文化因素，而这种文化因素应当包含注入到学习环境中的所有方式，包括对数学的认识、数学内容、教室文化以及数学学习方式。下面给出两则民族数学与数学课程整合的典型案例。

---

① ROWLANDS S, CARSON R. Where would formal, academic mathematics stand in a curriculum informed by ethnomathematics? A critical review of ethnomathematics [J]. Educational Studies of Mathematics, 2002(50):79 - 102.

### (一) 莫桑比克农民建造房屋

莫桑比克数学家与数学教育家格迪斯①指出,"在各种文化中,数学思想和方法都各不相同……教师应当从不同的文化背景中寻求合适的活动并加以分析,找出适合于整合进教学中的活动,从而创造出真正丰富并富有刺激性的环境来帮助学生发展他们的潜能。"他以非洲莫桑比克农民构造矩形地基的方法为例指出了民族数学整合进数学课程的可能性。虽然与我们平常认为的"正统数学"的表现形式有所不同,但是在莫桑比克农民建造房屋的过程中的确蕴涵了丰富的数学知识,这可以认为是他们的"民族数学"的表现形式。当我们细致分析这样的行为并挖掘其中的数学内涵,将可以作为数学课程的良好素材,从欧氏几何到向量的表示方法,都可以在其中找到联系。而构造矩形地基这一过程非常简单,完全可以在数学课堂上展现出来,给学生一个"再创造"的过程,让其在这一过程中深刻体验"数学化"。从非洲莫桑比克农民建造房屋这样一件平常的事件中,我们可以毫不费力地找出可以并且应当整合进数学课程的诸多理由,因此我们可以说,尊重不同民族的文化差异,探索不同民族中存在的数学思想,对我们的数学课程与教学改革有重要的理论价值和实践意义。具体来讲,在非洲撒哈拉以南,传统的房屋大多建有圆形或者矩形的地基。在莫桑比克农村,建造矩形地基通常有两种方法。来自其他文化环境中的人可能会对他们构造矩形的方法感到奇怪,因为他们并不是以构造直角的方法来构造矩形。

方法一:人们首先找来四根竹棍,分为两种长度,分别是矩形地基的长与宽,每种长度各两根(图 3-1);然后分别以长度相同的竹棍为对边构成一个四边形(图 3-2);接下来在对角线上拉上绳子,调整四边形,使得两条对角线刚好相等,沿着四条竹棍画上直线,矩形的地基就可以确定了(图 3-3)。

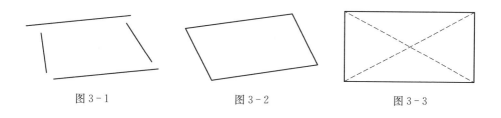

图 3-1          图 3-2          图 3-3

---

① GERDES P. Ethnomatics and mathematics education [A]. Bishop. A J. International Handbook of Mathematics Education [C]. Kluwer, 1996:909-930.

方法二:人们先找来两根同样长的绳子,在它们各自的中点处打上结(图3-4);再找来一根竹棍,长度刚好是地基的一边,平放在地上,两端分别系上两条绳子的一端,确定两个点(图3-5);然后把两条绳子拉直,确定另外两个点,把四个点连接起来,就确定了矩形的地基(图3-6)。

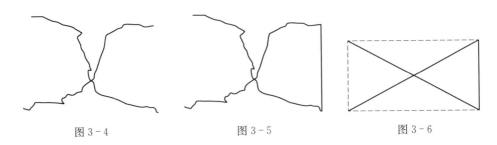

图3-4　　　　　　　　　图3-5　　　　　　　　　图3-6

可以看出,在莫桑比克农村,人们在构造矩形时,并没有构造直角的过程,而不难发现,在他们的所作所为的背后,其实包含了欧几里得几何的知识。

在方法一中,隐含了以下两个定理:一是对边相等的四边形是平行四边形;二是对角线相等的平行四边形是矩形。

在方法二中,同样隐含了一个定理:对角线平分且相等的四边形是矩形。

当在中学数学课程中教授欧氏几何的时候,这样构造矩形的方法将可以给我们提供一些参考。苏联数学家亚历山大洛夫(А. Д. Апександров, 1896—1982)曾经提出在欧氏几何体系中,可以用"矩形公理(记为 RA)"代替"第五平行公设"。表述如下:

RA:在四边形 $ABCD$ 中,如果有 $AD=BC$,且 $\angle A$、$\angle B$ 为直角,则有 $AB=CD$,且 $\angle C$、$\angle D$ 也是直角(如图3-7)。

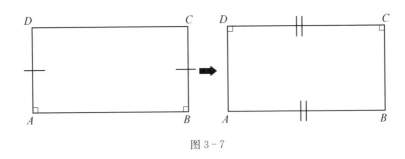

图3-7

事实上,在莫桑比克传统的建造房子的技巧中所隐含的知识可以用来表述经转换的"矩形公理"。

RA1:在四边形 $ABCD$ 中，如果有 $AB=CD$，$AD=BC$，且 $AC=BD$，则有 $\angle A$、$\angle B$、$\angle C$、$\angle D$ 都为直角（如图 3-8）。

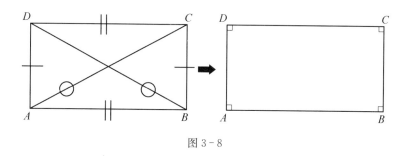

图 3-8

RA2:在四边形 $ABCD$ 中，如果 $AC$、$BD$ 交于点 $M$，且 $AM=BM=CM=DM$，则有 $\angle A$、$\angle B$、$\angle C$、$\angle D$ 都为直角，且 $AB=CD$，$AD=BC$（如图 3-9）。

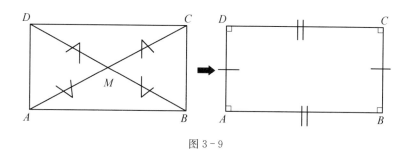

图 3-9

如果以这种非洲地区传统的建房方法作为"矩形"这一教学内容的素材，将可以大大激发学生的学习兴趣，培养数学思维能力，并达成教学目标。

事实上，这一素材对于我国高中数学课程改革有一定启示作用。向量是《普通高中数学课程标准（实验）》必修数学 4 中的重要内容，是近代数学中重要和基本的概念之一，是沟通代数、几何与三角函数的一种工具，有着极其丰富的实际背景。上述两种建造矩形地基的方法与向量也有着深刻的联系。①

再来看方法一，如果矩形的长跟宽分别用向量 $\boldsymbol{p}$、$\boldsymbol{q}$ 表示，则方法一相当于命题

① ZHANG W Z, ZHANG Q Q. Ethnomathematics and its integration within the mathematics curriculum [J]. Journal of Mathematics Education, 2010(1):151-157.

$|p+q|=|p-q|\Rightarrow p\perp q$（图 3-10），证明这一命题并不困难。

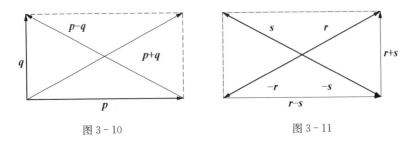

图 3-10　　　　　　　　　　　　　图 3-11

因为 $|p+q|=|p-q|\Rightarrow(p+q)^2=(p-q)^2\Rightarrow p^2+q^2+2pq=p^2+q^2-2pq\Rightarrow pq=0\Rightarrow p\perp q$，所以命题成立。

方法二则相当于命题 $|r|=|s|\Rightarrow(r+s)\perp(r-s)$（图 3-11）。这一命题也容易证明。

因为 $|r|=|s|\Rightarrow r^2=s^2\Rightarrow r^2-s^2=0\Rightarrow(r+s)(r-s)=0\Rightarrow(r+s)\perp(r-s)$，所以命题成立。

在此可以看出，虽然与我们平常认为的"正统数学"的表现形式有所不同，但是在莫桑比克农民建造房屋的过程中的确蕴涵了丰富的数学知识，这可以认为是他们的"民族数学"的表现形式。当我们细致分析这样的行为并挖掘其中的数学内涵，将可以作为数学课程的良好素材，从欧氏几何到向量的表示方法，都可以在其中找到联系。而构造矩形地基这一过程非常简单，完全可以在数学课堂上展现出来，给学生一个"再创造"的过程，在这一过程中深刻体验"数学化"。

从非洲莫桑比克农民建造房屋这样一件平常的事件中，我们可以毫不费力地找出可以并且应当整合进数学课程的诸多理由，因此我们可以说，尊重不同民族的文化差异，探索不同民族中存在的数学思想，对我们的数学课程有重要的参考价值和实践意义。中国文化源远流长，有着悠久的历史传统，可以找出许多能够整合进数学课程的内容。如可称之为"国粹"的麻将，如果细致挖掘其中包含的数学知识和文化内涵，同样可以为数学课程提供良好素材。[①]

**（二）非洲日常用品中的几何变换**

非洲是人类文化的发祥地之一，但其在数学上的贡献却未得到人们的充分重

---

① 章勤琼. 麻将中的数学与文化[J]. 数学教学，2007(8)：46，15.

视。特别是,当学校数学主要体现的是一种西方数学的状况下,学生经过学校学习后甚至会认为,数学与非洲等非西方文化是没有多少关联的。① 但有学者对非洲文化的深入研究后指出,这里的纺织用品中所展现的丰富的几何样式是其他文化所无法比拟的,其设计中还体现出了对图形组合的无限可能性的追求,这也是几何学乃至数学领域仍在不断寻求的。② 从某种意义上讲,"几何学是研究图形在变换过程中的不变性质",③几何图形的变换既是数学研究的重要工具,也是数学研究中一个复杂而重要的课题。然而,这些复杂的数学元素却非常普遍地出现在非洲日常用品中。特别是全等变换中的平移、旋转(中心对称)和反射(轴对称),以及相似变换。

图 3-12 是一块来自非洲的门板。两侧门框各雕刻有 6 个头像,这 12 个头像从纵向看形象各异,但如果将左右两侧的头像对应起来看,又是一一对应的。换言之,左侧门框的头像可以经过平移变成右侧门框上的头像。门板中间共有 3 行 6 列共 18 个人物。这 18 个人物各有不同,但其中第一行和第二行相应列的人物在神态、形象上又是极为相似的,或者说第二行的人物可以近似地看作第一行人物向下平移后的结果。

图 3-13 是非洲的一张做工精致的座椅,这里显示了更为复杂、严格的平移变换。无论是椅背还是椅身都是由相同的人物形象平移叠加而成,每个人物的手又是其上一层中相应人物的脚。在这个艺术品中,人们可以找到更多的基本图形,也能找到更多的平移模式。

图 3-14 的面具是一张人脸,并用曲线描绘人的皮肤纹路。从数学的角度看,这是一个以鼻梁所在直线为对称轴的轴对称图形。如果说五官及其位置呈左右对称是由于对人脸自然状态的刻画,那么皮肤纹路的左右对称则体现了人们对"对称美"的一种追求。

---

① PICCOLINO A V. Integrating multicultural activities across the mathematics curriculum [J]. NASSP Bulletin, 1998,82(597):84-84.
② GERDES P. Geometry from Africa: mathematical and educational explorations [M]. The Mathematical Association of America, 1999.
③ 张奠宙,孔凡哲,黄建弘,等. 小学数学研究[M].北京:高等教育出版社,2009.

图 3-12　门板上
的平移

图 3-13　座椅上的
平移

图 3-14　面具上的
轴对称

图 3-15　面具上的
相似变换

　　图 3-15 的面具中包含着圆、正方形、四边形、三角形等多种几何图案。这些图案除了显然的左右对称外，还包含了相似变换。在自上而下的第二个图案中，用两条对角线将正方形分成 4 个大三角形，又在左右两个大三角形中分别画了一个小三角形。不难发现，小三角形是与大三角形相似的，是一种相似变换。

　　图 3-17 截取自一个非洲面具（图 3-16）的中间部分。这部分由半径逐渐增大的 3 个同心圆组成（依次记作：$O_1$、$O_2$、$O_3$），其中 $O_1$ 和 $O_2$ 之间的圆环被分为 8 个大小、形状完全相同的弓形。$O_2$ 和 $O_3$ 用同样的小花朵加以装饰。这些弓形和花朵以圆心为中心呈中心对称。另外，从图 3-16 中还可以发现，该面具的上、下两部分中，除左右两侧均用花朵按直线形排列勾画外，其余部分都用 $O_3$ 的部分圆弧经

图 3-16　　　　　　　图 3-17

平移后得到。同时,该面具的装饰物品的位置还呈现出左右对称的特点。可见,在这个面具中蕴涵了数学中三种全等变换,即旋转变换、平移变换和反射变换。

　　事实上,上述多种变换存在于一件艺术品中的情形在非洲是非常普遍的。比如,巴穆利克(Bamulike)族面具(图3-18)上的平移、轴对称;东正教十字架(图3-19)上的轴对称;非洲面具(图3-20)上的轴对称、中心对称以及相似变换等。

图3-18　巴穆利克　　图3-19　东正教的　　图3-20　非洲面具
　　　　族面具　　　　　　　十字架

　　要使上述民族数学较好地进入课堂,并与学校数学有效地融合,还需要对上述民族数学进行必要的教育学转化。①

　　1. 提炼与梳理民族数学中蕴涵的数学元素与思想

　　我国《义务教育数学课程标准(2022年版)》②在小学阶段将"图形的位置与运动"作为图形与几何学习领域的两大主题之一,在初中阶段将"图形的变化"列为图形与几何学习领域的三大主题之一,其中涉及了平移、轴对称、中心对称、相似等数学变换。从对非洲一些日常用品的介绍、分析中可以发现,这些物品中蕴涵着丰富的几何元素和几何变换。在利用这些民俗数学教学图形的运动与变化时,首先要提炼与梳理不同的民俗数学素材中所蕴涵的数学元素。具体而言,要根据数学知识将民族数学素材归类。比如,图3-12、图3-13属于平移,图3-14属于轴对称,

① 唐恒钧,陈碧芬,张维忠. 数学教科书中的多元文化问题[J]. 现代中小学教育,2010(7):28-31.
② 中华人民共和国教育部. 义务教育数学课程标准(2022版)[M]. 北京:北京师范大学出版社,2022.

图 3-17 属于中心对称,这些都属于全等变换的素材;图 3-15 则属于相似变换,除此以外的其他图形则至少包括两种类型的变换。

其次,从知识结构角度将上述民族数学素材进行排序。具体地,几何变换从知识难度而言包括变换中形状与大小均不改变的全等变换;只改变大小、形状不变的相似变换;形状、大小都变,但线段连接方式不变的拓扑变换等。在中小学阶段仅涉及前两种变换,其中最为常见的是全等变换。全等变换中以平移最为直观,以轴对称(反射)最为基础。因为,平移除了形状、大小不变外,连图形的方向都不改变,所以最为直观。而平移、旋转(中心对称)只要通过两次反射变换就可以实现同样的效果,因此三者中以反射变换为基础。基于上述分析,可以将上述素材进行排序:首先分成单一变换(图 3-12—图 3-15,图 3-17)与多重变换两大类(图 3-16,图 3-18—图 3-19);其次,在单一变换中,又以图 3-12,图 3-13 最为直观,以图 3-14 最为基础,之后的图越来越复杂与综合。

2. 从教学的角度来思考民族数学的呈现问题

另一方面,从教学的角度来思考民族数学的呈现问题,要从学生认知难度出发设计知识链和问题链。具体地,可以包含以下任务:

任务 1:平移变换的学习

由于学生最容易操作和观察的是平移,因此应首先让学生思考以图 3-12 和图 3-13 为素材背景的相关问题,要求学生观察这两件物品中的基本图形和变化规律,以此学习平移,并归纳出平移的三个特点:图形大小、形状、方向均不发生变化。教学中,图 3-12 的观察可以由教师来引导发现,在图 3-13 的观察过程中教师的引导作用应有所下降,以增加学生观察的自主性。

任务 2:反射变换、中心变换的学习

在学习平移之后,要求学生观察并说出图 3-14、图 3-17 的基本图形和变化规律,从而归纳出反射变换、旋转变换过程中大小和形状不变,但方向发生变化。由于在这些任务中,学生的数学活动经验有较明显的相似性,均是观察图形中的基本图形,然后分析这些基本图形之间的关系。因此,学生在完成任务 2 时可以借助任务 1 中所积累的活动经验,教学中教师的引导作用要进一步下降,通过问题来驱动学生的观察与思考。

任务 3:全等变换的综合学习

向学生呈现图 3-16、图 3-18、图 3-19,让学生尽可能多地发现其中的几何变换,并向全班同学解释自己的发现。在组织这一学习任务时,教师要放手让学生去发现基本的图形及其变换模式,更要鼓励学生解释自己发现的几何变换。另外,这一阶段还可以引导学生去发现反射变换在其中的基础性作用。

任务 4:相似变换的学习

如果是在初中阶段,还可以让学生通过图 3-15、图 3-20 学习相似变换,可以作为学习"相似形"的载体。

## 二、民族数学视角下数学课程改革的三个基本认识

由前面的论述及案例可以发现,具有教学意义的民族数学广泛地存在着。但目前的学校教育缺乏主动应对多元文化的观念,在数学教育中的突出表现是缺乏对多元文化数学的判断、选择和认同,缺乏对各民族数学文化的理解和接纳。因此,为了提高学生的文化批判与选择能力,从民族数学研究的角度改进数学课程无疑是十分必要的。这一点也正是《全日制义务教育数学课程标准(实验稿)》所提倡的:"由于学生所处的文化环境、家庭背景和自身思维方式的不同,学生的数学学习活动应当是一个生动活泼的、主动的和富有个性的过程。"①在《义务教育数学课程标准(2022 年版)》中明确指出,"数学承载着思想和文化,是人类文明的重要组成部

---

① 中华人民共和国教育部. 全日制义务教育数学课程标准(实验稿)[M]. 北京:北京师范大学出版社,2001.

分","在教学中让学生接触社会、经济、文化和科学等多个领域的真实情境,……要注重情境素材的育人价值,要深入挖掘数学的文化价值与育人价值,要注重选取中华优秀传统文化中的数学文化素材,帮助学生了解和领悟中华民族独特的数学智慧,增强文化自信和民族自豪感。"①《普通高中数学课程标准(实验)》中亦明确指出:"数学是人类文化的重要组成部分。数学课程应适当反映数学的历史、应用和发展趋势,数学对推动社会发展的作用,数学的社会需求,社会发展对数学发展的推动作用,数学科学的思想体系,数学的美学价值,数学家的创新精神。数学课程应帮助学生了解数学在人类文明发展中的作用,逐步形成正确的数学观。"②站在民族数学及其教学意义的角度,在数学课程改革过程中应形成以下基本认识。

**(一) 充分认识数学发展的文化多元性**

学生会有一种观念:数学即是百年之前就由白人(如牛顿、高斯)创造完成的。改变学生的这种观念,使他们认识到各种文化在数学创造中的贡献具有十分重要的作用。数学的发展具有文化多元性,一个数学分支往往以不同的时间产生于不同的文化之中。巴比伦人创造了一个有价值的数字系统,知道用不同的方法解决二次方程(这种方法直到公元16世纪才被改进),知道直角三角形的三边关系,这个直到有"毕达哥拉斯定理"后才被了解。埃及人研究几何、提高分数和圆周率的精度,是为了增加建筑结构的复杂性,因为这些都是建筑发展的工具。印度人则发展了数字系统,研究了更具理论性的数学。我们可以发现数学在不同文化中的发展,注意到文化给数学发展带来的影响。

又如,古希腊和古中国分别形成了以《几何原本》和《九章算术》为代表的古代数学,其中一个主要原因是文化传统的差异,即前者崇尚理性而后者崇尚实用。可以认为,数学之间差异的深层原因就在于文化传统的不同。文化传统是一种内在于人心的东西,盖指一个民族各种思想规范、观念形态的总体特征,它大体可分为四个组成部分:价值体系、知识经验、思维方式、语言符号③。可见,文化传统不仅存在于历史中,同样也存在于当代人们的思想观念之中,并在人们的现实生活中得到反映。

① 中华人民共和国教育部. 义务教育数学课程标准(2022年版)[M].北京:北京师范大学出版社,2022.

② 中华人民共和国教育部. 普通高中数学课程标准(实验)[M].北京:人民教育出版社,2003.

③ 冯增俊. 文化传统与现代教育改革[J].教育研究,1992,3(4):13-17.

希腊人因为发展了适合如今基本使用的更精密的数学形式而被大加赞赏。然而,尽管希腊人有数学之父的感觉,但希腊人的大多数数学却是向埃及人学的。埃及人的数学比希腊人的先进,希腊人经常受教于埃及人。亚里士多德的老师欧多克斯(Eudoxus of Cnidus,前408—前355)当时是位著名的数学家,在希腊任教,他以前就曾在埃及学习。有传说,泰勒斯(Thales,前624—前546)走遍了埃及和美索不达米亚的广阔土地,学习了那里的许多数学知识。"一些传言甚至赞许毕达哥拉斯,他为了得到知识曾远到印度,这可能可以更好地解释印度哲学和毕达哥拉斯哲学信仰的相似性。"

在数学课程中充分展示数学发展的文化多元性,有利于提高学生对数学学习的整体认识。如探索伊斯兰教的艺术和设计世界,就会把数学、历史、美学以及宗教的迷人世界一起带入课堂。展示伊斯兰教的设计不只是介绍模式、对称、变化和等价的空间观念,同时也有其他学校主题的延续,特别是艺术、宗教、历史和社会研究。这样就提供了一个数学与其他学科产生联系的机会,也提供了一个与来自不同文化背景的学生相互合作和共事的机会。通过这种活动,学生不仅能为自己的文化而骄傲,还能学会对其他文化成就的尊重与欣赏。事实上,将多元文化数学的材料(如将一个民族或国家的多种文化中的数学观点或多种文化团体——如编织竹篮的工人、陶工、房屋建造者等使用的数学)整合进课程,以此促进相互的理解、尊重以及对文化活动的价值感,将会给所有学生的文化背景以价值,提高所有学生的自信,并使学生尊重所有种族和文化。这样能帮助所有的学生将来更有效地应对多元文化社会环境,同时扩大学生对数学是什么以及数学与人类需要和活动间关系的理解。

### (二)重视对学生文化背景的理解

数学课程应重视对学生文化背景的理解并将其与学校课程相联系。有大量证据表明,全世界学校的数学课程都关联了欧洲的思想,这给来自不同文化背景的学生的数学学习带来了许多麻烦。数学课程应通过没有偏见的数学题材的引入,努力提高学生的文化意识水平和发展学生的自尊心。例如,由于不同民族文化中"不尽根数的估算"产生的历史渊源不同,解决策略更是灵活多样,尝试从多元文化数学的视角对历史上"不尽根数的估算"作出介绍与述评,就可以既丰富数学新教材的编写内容,又可增加趣味性、体现多样化,增强学生探究其中算理的欲望;也可以展现不同文化背景之下的数学,为学生提供丰富的知识背景,分享各民族劳动人民的创造成果,欣赏不同数学文化传统之中的算法成就,认识计算工具对数学和人类日常生活的影响,实现多元文化观点下的数学教育目的。①

进一步,《全日制义务教育数学课程标准(实验稿)》曾指出:"在空间与图形部分,可以通过以下线索向学生介绍有关的数学背景知识:介绍欧几里得《几何原本》,使学生初步感受几何演绎体系对数学发展和人类文明的价值;介绍勾股定理的几个著名证法(如欧几里得证法、赵爽证法等)及其有关的一些著名问题,使学生感受数学证明的灵活、优美与精巧,感受勾股定理的丰富文化内涵……"事实上,勾股定理的400多种证明方法中,既有代数的方法,也有几何的方法,而且这些方法来自东西方不同的文化。将源自不同文化的素材纳入课程之中,从而对所有学生的文化背景作出正确评价,增强所有学生的自信心,并学会尊重所有的人类和文化,这将有利于学生将来更好地适应多元文化的环境。而正如人们已认识到了的,这种"多元文化"的观点正是未来社会的一个必然要求。

(三) 提倡数学学习方式的多样化

每个学生都有自己的生活背景、家庭环境,这种特定的、生物的和社会文化的氛围,导致不同的学生有不同的思维方式和解决问题的策略。教师应尊重每一个学生的个性特征,允许不同的学生从不同的角度认识问题,采用不同的方式表达自己的想法,使不同的学生得到不同的发展,而不能人为地扼杀学生的独立思考。因此,教师应鼓励学生解决问题策略和算法的多样化,并允许存在不唯一的答案。目前,数学新课程与新教材中体现"算法多样化"的素材仍然偏少。如可从多元文化背景中挖掘丰富有趣的"乘法算法"加以呈现,如中国的算盘算法、埃及乘法、俄罗斯算法、格子算法、纳皮尔骨算法等。尽管(很多)这种活动也仅仅是一种文化欣赏的产品,但即使是这样一个普通的算法也能使学生认识到不同文化中多样的习惯与行为方式。类似这样的素材还有很多,例如计数法、度量衡制和一些特殊的数学知识等。②

从"民族数学"研究的视角出发,数学课程不仅应该联系学生在每天接触到的社会和物理世界中获得即时的经验,而且还应该联系它作为一个成员的更广泛的社会。在数学课堂上多使用少数民族成员的名字,鼓励课本出版时在例子中巧妙

---

① 傅赢芳,张维忠. 不尽根数的估算:多元文化数学的观点[J]. 中学数学教学参考,2005(5):63 - 64.

② 张维忠,汪晓勤. 文化传统与数学教育现代化[M]. 北京:北京大学出版社,2006.

地处理不同种族的存在,以及认识到其他国家中不同的测量系统、日历和货币系统的存在等。这样被学生看到的数学就不只是教科书中冰冷的抽象了,而是一种人类重要的活动。更为重要的是,通过提高所有学生对不同文化的认识,教师正在帮助克服存在的偏见——数学(以及科学和技术)起源于欧洲。① 从而使学生以平等、开放的眼光看待本民族与其他民族文化传统之中的数学成果,树立正确的数学观,实现多元文化观点下的数学教育目的。②

## 三、民族数学融入数学教学时需要关注的问题

民族数学融入数学教学的目的在于给学生的文化背景以价值,丰富学生对数学更全面的理解,促进学生的数学学习。因此民族数学融入数学教学时,首先需要挖掘与把握民族数学所具有的教育价值,使民族数学在数学教学中的应用有的放矢;其次需要全面地评估具体民族数学材料的应用价值并加以有意识地设计,使民族数学在数学教学中的应用自然而有效。

### (一) 深刻把握民族数学的教育价值

在学校数学教育中强调民族数学,一个不可回避的价值性问题是:民族数学究竟能为学生的学习带来什么? 这个问题的答案其实也是民族数学在进行教育学转化时追求的方向。

第一,从宏观的教育价值角度看,民族数学可以拓宽学生对"什么是数学"以及"什么是数学观点和行为"的跨文化理解。③ 长期以来,学校数学常给人一种价值无涉、文化自由的感觉。民族数学使人们"发现不同社会的人们用不同的方式开展他们的数学活动,人们再也不能视数学为文化自由的了。"④因此,学校课堂中使用民

---

① NELSON D, JOSEPB G J, WILLIAMS J. Multicultural mathematics [M]. Oxford: Oxford University Press, 1993.

② 张维忠,唐恒钧.民族数学与数学课程改革[J].数学传播(中国台湾),2008,32(4):80-87.

③ GERDES P. Ethnomathematics as a new research field, illustrated by studies of mathematical ideas in African history [C]. In Saldana, J.J., editor, Science and Cultural Diversity: Filling a Gap in the History of Science, Mexico City: Cuadernos de Quipu, 2001.

④ ZASLAVSKY C. Ethnomathematics and multicultural mathematics education [J]. Teaching Children Mathematics, 1998,4(9).

族数学时,要有助于学生从更广泛的视角来理解数学和数学活动,进而形成更为客观而全面的数学观念。举例而言,通过非洲民族数学中几何变换的学习,使学生感受到数学除了发生在西方白人的世界里之外,同时也产生并广泛地存在于非洲、亚洲等非西方文化中。

第二,从微观的教学价值角度看,民族数学使学生的数学学习更有意义。首先,民族数学要重建学生数学学习的信心。从 20 世纪 90 年代起,我国数学教育界就开始倡导从"精英教育"转向"大众教育",然而也许由于考试文化的限制,这种转向始终未能真正落实。在教学实践中,许多教师会有意无意地表现出以培养未来数学家的标准开展课堂教学,这也使学生感到数学难学、枯燥,甚至使并不少数的学生感到自己并不适合学习数学。在教学中整合民族数学的活动,"可以帮助学生产生对数学积极的态度,并认识到其在文化中的地位。特别是能消除这样一种想法:数学是为精英而准备的。"①比如,通过对非洲文化中的几何变换的学习,学生感受到像农民、手工艺人等这样的平民老百姓也在创造和使用着数学,有些数学还相当复杂,从而认为自己也能学习、使用甚至创造数学。其次,民族数学要让学生经历数学发展的过程,并学习数学思考的方法。在一定程度上而言,学校数学是经过逻辑整理后的知识结构体系,抹去了数学发展的曲折过程,并与学生的文化经验存在较大距离。而民族数学素材能为学生提供从文化经验向学校数学转化的载体。比如,学生在对非洲文化产品的观察、分析中学会了寻找几何变换关系的方法;观察基本图形,比较基本图形之间的关系。再次,民族数学要使学生经由数学欣赏丰富的文化。民族数学为学生提供了欣赏文化的新视角——数学,而数学思想的普遍性让学生感受到不同文化的人们普遍追求的东西,后者能给人带来无穷的美感。比如,几何变换不仅存在于非洲文化中,同样广泛地存在于中国的剪纸、雕刻、建筑等艺术品中。可见,如对称、相似等变换之美是人类的普遍追求。

### (二) 基于知识序、认知序设计数学教学中的民族数学

民族数学有效融入学校数学的基本前提是其在数学知识上与学校数学具有相关性。我们在此强调民族数学,并非想用民族数学去替代学校数学,而是希望更好

---

① PICCOLINO ANTHONY V. Integrating multicultural activities across the mathematics curriculum [J]. NASSP Bulletin, 1998, 82(597):84-84.

地促进学生的数学学习。因此,民族数学与学校数学无论从内容上还是目标上都应该是协同的,而不是相悖的。所以在数学课程与教学中整合民族数学,首先要梳理民族数学中所蕴涵的数学知识及这些知识之间的关系,并考察与学校数学课程之间关联。比如,在对前述非洲日常用品中的几何变换进行教育学转化时,首要的即是去分析其中蕴涵了哪些几何变换,这些几何变换之间的关系又是怎样的,并进而与数学课程标准、教科书的要求进行对比,后者为教学方案的设计提供了基础,同时又为教师形成较为完整的知识结构提供依据。

其次,还需要从学生认知角度设计民族数学融入学校数学的顺序与形式。数学的教学需要综合考虑数学结构和学生的认知结构。由于反射变换在全等变换中具有基础性地位,因此从数学结构的角度考虑,会首先安排轴对称的学习。但从学生的学习难度来看,平移的学习显然比轴对称的学习要简单,而且更具有操作性。因此,在教学中会将平移的学习置于其他几何变换的学习之前。另外,单一变换的图形往往比多重变换的图形简单,因此多重变换的学习会以单一变换的学习为基础。可见,民族数学融入学校数学的顺序要遵循学生的认知水平和认知顺序。

此外,由于数学学科的特殊性和基础教育阶段学生的认知特点,数学教学不可能完全依赖学生的自主发现甚至创造,更多的还是在教师指导下,开展经由模仿到发现与创造的过程。因此在民族数学的呈现形式上,要考虑将其分为教师讲解数学和学生探究数学两种载体。随着教学过程的推进,民族数学的呈现也要发生变化,由倾向于教师讲解的载体逐渐转变为学生探究的载体。比如,在"非洲日常用品中的几何变换"案例中的任务1到任务3,不同任务阶段的民族数学就可以区分为这两种载体,并表现出上述变化。

总之,民族数学为人们提供了认识数学和数学教育的新视角,同时也具有重要的教育意义,有研究者甚至将其作为基础性的教学手段之一。[1] 当然正如前文所言,民族数学要有效地融入课堂教学必须进行教育学转化。[2]

① LAWRENCE S. Ethnomathematics as a fundamental of instructional methodology [J]. ZDM, 2001,33(3):85-87.
② 唐恒钧,张维忠.民俗数学及其教育学转化——基于非洲民俗数学的讨论[J].民族教育研究, 2014,25(2):115-120.

# 第四章
# 基于民族数学的数学教育

随着数学文化,尤其是民族数学研究的不断深入,数学课程的文化适切性问题也引起了人们的广泛关注。我国义务教育阶段和高中阶段的数学课程标准都强调了对数学以及数学教育文化属性的关注。但长期以来,数学被普遍认为是文化自由的,从民族数学的角度开展数学课程与教学的研究与建设还处于探索阶段。本章首先以澳大利亚科纳巴兰布兰地区民族数学课程与菲律宾土著数学课程为例,对其基于民族数学的数学课程开发进行全面评介;其次探讨国内外基于民族数学的数学教学探索;最后讨论基于民族数学的学生理性精神培养问题。

# 第一节　基于民族数学的数学课程

## 一、澳大利亚科纳巴兰布兰地区的民族数学课程

澳大利亚是典型的移民国家,被社会学家喻为"民族的拼盘"。自英国移民踏上这片美丽的土地之日起,来自世界不同国家、不同民族的移民到澳大利亚谋生和发展。多民族、多元文化是澳大利亚社会一个显著特征。澳大利亚也是为数不多在数学教育上体现文化适切性的国家之一,其中科纳巴兰布兰地区对其土著民族数学文化的整合和实践更给民族数学研究者留下深刻印象,值得我国数学课程改革借鉴与学习。①

澳大利亚科纳巴兰布兰(Coonabarabran)是新南威尔士州西北部瓦伦巴格郡(Warrumbungle Shire)的一个小镇,素有"澳洲天文之都"之称。该地区的教育非常重视土著文化与教育的整合。这种重视与关切除了之后要详细讨论的民族数学课程外,还表现在教育政策与制度上对土著文化的关注。以该地区的科纳巴兰布兰中学为例,该校 2012 年的年度报告中显示,该校利用民族关系和 Norta Norta资金(Norta Norta 是新南威尔士州地区 Pama-Nyungan 土著语言中的"学习"之意)设立有一位永久性的土著教育官,以及三位土著学校学习辅导员。也正因如此,该地区的土著学生在 2012 年教学评估中表现明显优于其他地区的土著学生。这也是笔者为什么选择科纳巴兰布兰地区的民族数学课程加以评介与分析重要原因之一。

---

① 张维忠,陆吉健.基于文化适切性的澳大利亚民族数学课程评介[J].课程·教材·教法,2016,36(2):119-124.

早在 2003 年,澳大利亚新南威尔士州教育委员会就已编制了《科纳巴兰布兰数学活动:6—8 年级土著情景数学学习单元》(*Working Mathematically at Coonabarabran, A Mathematics in Indigenous Contexts Units for Years 6 - 8*)(以下简称 WMC)。WMC 课程的编制者为新南威尔士教育研究董事会和科纳巴兰布兰镇初高中教师,其中主要涉及测量和几何,具体涉及长度、比例、角度和定位。① 资源的开发专门针对有很大澳大利亚土著人口比例的学校,旨在满足这些学生的学习需要,适用于 6 到 8 年级的土著和非土著学生。对于 6 到 8 年级的土著和非土著学生来说,通过民族数学充分体现文化适切性的课程,是进行传统继承、文化融合极佳的载体。下面将从相关教学大纲的要求和课程设置、评估策略和课程所需资源、单元学习活动这三个角度,较为详细地评介澳大利亚科纳巴兰布兰地区的民族数学课程。

**(一) 相关教学大纲的要求和课程设置**

　　相关教学大纲是在澳大利亚统一课程标准制定前由新南威尔士地区编制和实施的。该民族数学课程在第一部分介绍了该教学大纲的要求和课程内容设置,具体包括:(1)测量部分的"长度"阶段二和阶段三,(2)空间几何部分的"二维空间"阶段二和阶段三、"定位"的阶段二和阶段三。以下以空间几何部分的"二维空间"阶段二和阶段三为例,进行具体介绍。

表 4-1　澳大利亚数学教学大纲"二维空间"阶段二

| 在现实生活中识别、比较和描述角度 | |
|---|---|
| 知识和技能<br>　　在现实生活中能够利用手臂识别一些角度,例如某些角落的角度。<br>　　能够使用日常语言描述角度,并能用"right"(right-angled 意为"直角的")一词来形容垂直直线形成的角。<br>　　能够通过临摹形状绘制不同大小的角度,并描述描绘的角度。 | 数学活动(Working Mathematically)<br>　　识别环境中的角度以及二维形状角落的角度。(可以应用模型法和直观法)<br>　　解释一个给定的角度是不是正确的角度。(给出理由) |

---

① DICKENSON-JONES A. Transforming ethnomathematical ideas in western mathematics curriculum texts [J]. Mathematics Education Research Journal, 2008(3):32 - 53.

表 4-2　澳大利亚数学教学大纲"二维空间"阶段三

**测量、构造角度，并能对角度进行分类**

| 知识和技能 | 数学活动(Working Mathematically) |
|---|---|
| 认识到测量角度需要统一的单位。<br>能够使用角度符号(°)。<br>能够使用量角器构造指定大小的角度以及测量角度的大小。<br>估计并测量角度的大小。 | 描述环境中存在的角度。(通过交流和思考)<br>比较不同二维形状的角度。(可以利用模型法)<br>解释角度是怎样测量的。(通过交流) |

该地区民族数学课程的教学大纲在知识和技能的细化上是非常具体的，比如"能用'right'(right-angled 意为'直角的')一词来形容垂直直线形成的角"。而数学活动的说明中辅以具体的操作指导，例如"识别环境中的角度以及二维形状角落的角度"后面给出了"可以应用模型法和直观法"的具体建议。

**（二）评估策略和课程所需资源**

评估策略，共罗列了四条，分别是：(1)对学生的学习活动进行观察记录；(2)对个体学生的学习情况进行个案记录；(3)对学生的思维方式进行图形绘制；(4)对学生所学单元进行 3 分钟小组陈述引导。其中，学生的主体地位比较凸显，但评估却没有进行量化。量化处理的内容是教师需要给学生做的内容，分别为观察记录、个案记录、思维导图以及 3 分钟小组陈述的引导。另外，还可以看出，学生在成果呈现上的负担是比较小的，只需要小组准备 3 分钟的小组陈述。同时，"对学生的思维方式进行图形绘制"这一评估策略也是非常值得关注和深入的。

课程资源，则包括土著老者、土著物件、网络任务单、电脑实验室、A3 纸打印的库纳巴拉班镇的地图、桨状物的手工材料、卷尺、回旋镖的制作单、磨石头、磨石头工作表、寻宝表、指南针、篮球场草图、能滑动的轮子、铅笔、钢笔、尺子等。可以看出，这一课程的资源的涉及面是比较宽泛的，没有局限于课堂，例如还涉及土著老者、土著物件、电脑实验室、图书馆和小镇(图书馆和小镇在后面学习单元中将具体体现)等；但也包括常规数学活动所要涉及的数学工具，例如地图、卷尺、指南针、尺子等。

（三）单元学习活动

本部分共有 11 个学习活动,第一个单元是这个学习活动的预热,最后两个学习活动可以看作是单元评估。另外 8 个单元中,涉及回旋镖、研磨石和比例图的各有 2 个单元,剩下 2 个单元则涉及地图和指南针。详细情况如表 4-3 所示。

表 4-3　澳大利亚土著情景数学活动

| 序号 | 活动名称 | 活 动 内 容 |
|---|---|---|
| 1 | 土著老者介绍 | 先通过图书馆了解,然后由本地土著老者讲述他们的文化。 |
| 2 | 回旋镖网络任务 | 完成一个网络任务单(了解回旋镖),有相关的具体网站链接。 |
| 3 | 熟悉本地地图 | 锻炼用比例尺来表达本地地图固定点坐标和彼此间的距离等。 |
| 4 | 制作回旋镖 | 让学生利用桨状物的手工材料分别模仿制作有四叶、五叶、六叶的回旋镖,再进行试飞。用卷尺测量各种回旋镖飞出的距离,并记录结果。最后组织学生讨论哪个回旋镖飞得最远,原因是什么。 |
| 5 | 熟悉指南针 | 向学生介绍定向指南针和罗经点,并进行网格(grid)游戏;在校园中组织一场定向运动的比赛,其中学生必须利用指南针去定位不同的坐标。 |
| 6 | 熟悉研磨石 | 请土著向学生介绍研磨石的使用及其历史(研磨沟槽用于灌水和仪式等);让学生们到学校外面去寻找研磨石,对研磨沟槽的长度和方向进行测量和记录。 |
| 7 | 定位研磨石 | 学生需要根据所给的地图,完成研磨石的寻找,并完成任务单上坐标、距离、方向和说明等相关要求。 |
| 8 和 9 | 学习比例图 | 以篮球场为例,讨论图形中的对称和比例图的绘制。 |
| 10 | 徒步旅行 | 学生徒步旅行到瓦鲁姆班格里斯国家公园,进行 5 项数学活动,分别为画脸、跳舞、回旋镖投掷、土著沙雕、土著节水。 |
| 11 | 单元评价 | 高年级向低年级阐述自己的收获以及对单元学习的建议,低年级也反过来做同样的事情。 |

单元学习活动后,课程材料呈现了 6 份辅助性材料,分别是"学习活动 2:回旋镖网络任务单";"学习活动 3:剖析本地地图任务单";"学习活动 4:回旋镖制作和投掷任务单";"学习活动 5:游戏'死或生'";"学习活动 5:指南针操作任务单";"学习活动 6:研磨石寻找任务单"等。其中,涉及回旋镖的有 2 份材料,其余 4 份分别涉及

研磨石、地图、游戏和指南针等。

从学习单元和辅助材料的设置不难看出，课程基于土著文化展开，同时也是在土著文化的体验中学习数学。比如，单元学习的预热有土著老者的言传身教，回旋镖在学习单元和辅助性材料中分别涉及2个，研磨石尽管在辅助性材料中涉及的只有1份，但学习单元中关于"地图"和"指南针"的学习其实也是在为研磨石的寻找做铺垫。同时，2个单元比例图的学习也是基于前面研磨石的找寻之后才能得以顺畅进行的。进一步，按照上述的逻辑，该课程的内容体现了如图4-1的课程结构。

可见，研磨石系列是课程的主线，回旋镖系列是课程的辅线。同时，两个土著文化物件是避开的，回旋镖系列的设置穿插在研磨石系列的准备阶段之中。

**（四）课程个案剖析**

科纳巴兰布兰地区民族数学文化适切性课程中，呈现了5个数学文化的案例，分别为回旋镖、地图、指南针、研磨石和比例图。其中充分体现土著文化的案例有2个，分别为回旋镖和研磨石。

**1. 回旋镖（Boomerang）**

回旋镖以系列学习活动出现在科纳巴兰布兰地区民族数学文化适切性课程中：(1)第1项学习活动"单元介绍"中，回旋镖是土著老者谈论的第一个话题；(2)第2项学习活动"回旋镖网络任务"中，通过网络检索了解回旋镖的内容；(3)第4项学习活动"制作回旋镖"中，回旋镖是学生进行仿制、试飞和讨论的对象；(4)第10项学习活动"徒步旅行"中，回旋镖是在国家公园进行的5项数学活动的第3项；(5)第11项学习活动"学习活动"，回旋镖是学生相互阐述个人收获和给出单元学习建议的对象。

其中，第2项学习活动"网络任务"在课程材料的最后附了一份"回旋镖网络任

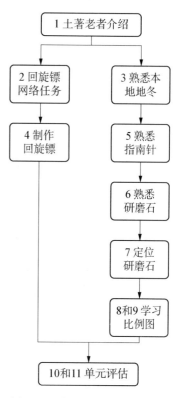

图4-1　科纳巴兰布兰地区民族
数学课程结构

务单",其中一共有 24 个任务,主要目的是引导学生通过网络对回旋镖进行一定的了解。其中剔除掉回旋镖的一些人文常识外,和数学相关的任务有 13 个。涉及的数学知识有角度、绘图、高度和时间,例如两叶回旋镖的角度范围、回旋镖的投掷角度、回旋镖形状的绘制、回旋镖投掷的高度以及 4 个回旋镖运动的世界纪录。

第 4 项学习活动则是"回旋镖的制作",其中包括仿制回旋镖,并进行投掷,进而讨论哪个回旋镖飞得远及其飞得远的原因。在第 10 项学习活动"单元终结:徒步旅行到瓦鲁姆班格里斯国家公园"中,主要是学习控制角度、方向和速度以使得回旋镖能够回飞。

回旋镖个案其实是穿插在整个民族数学文化适切性课程之中的,具体分为 5 个阶段:访谈、调研、体验、强化和总结。具体安排是:第 1 阶段是通过访谈土著老者,初步了解回旋镖,第 2 阶段通过网络途径调研回旋镖,第 3 阶段是体验回旋镖的制作和投掷,第 4 阶段是进一步学习强化投掷回旋镖,第 5 阶段则是对"回旋镖"个案学习的总结。

2. 研磨石(Grinding stones)

研磨石个案同样以系列学习活动的形式出现在科纳巴兰布兰地区民族数学文化适切性课程中:(1)第 1 项学习活动"单元介绍"中,研磨石是土著老者谈论的第二个话题;(2)第 6 项学习活动"研磨石及其介绍"中,研磨石的使用及其历史由土著进行介绍,同时也是学生初步寻找测量的对象;(3)第 7 项学习活动"定位研磨石"中,研磨石是学生根据地图进行进一步寻找和测量的对象;(4)第 11 项学习活动"学习活动"中,研磨石也是学生相互阐述个人收获和给出单元学习建议的对象。

其中,第 6 项学习活动"研磨石及其介绍"在课程材料的最后附了一份"寻找研磨石任务单",任务单以 5 行 5 列的表格形式呈现,学生可最多填写找到的 5 个研磨石的 5 项相关信息。这 5 项相关信息为:地点及研磨石名称、地图上到下一个研磨石的距离(cm)、实际距离(m)、去下一个研磨石的方向、研磨石沟槽的描绘。

尽管研磨石个案穿插在整个民族数学文化适切性课程中,但其主体的两项活动则相对集中,同时也为第 3 项活动"本地地图"和第 5 项活动"指南针"做前期技能准备,并为第 8 和 9 项活动"比例图"的学习做了情境铺设。研磨石个案的穿插可具体分为 5 个阶段:访谈、技能准备、体验、强化和总结。具体地,第 1 阶段是通过访谈土著老者,初步了解研磨石,第 2 阶段通过"本地地图"和"指南针"两项活动强化相关辅助性技能,第 3 阶段是实地提取相关介绍并进行找寻测量的初试,第 4 阶段是进一步学习强化研磨石的找寻测量,第 5 阶段则同样是对"研磨石"个案学习的总结。

### (五) 本土文化实践如何与数学课程整合

澳大利亚詹姆斯·库克大学(James Cook University)的阿米莉亚·狄更森·琼斯[①]利用该课程中的回旋镖个案,进一步给出了将本土文化实践整合到数学课程的五种转化模式。

表 4-4　本土文化实践整合到数学课程的五种不同转化模式

| 模型 | 学生的参与程度 |
| --- | --- |
| 分离<br>(Disjunction) | 1. 学生不需要参与文化实践。<br>2. 学生不需要用不同方式了解课堂中的西方数学以达到预期目标。 |
| 转变<br>(Translation) | 1. 学生分别从原有文化形态和课堂中的西方数学孤立地解释文化实践的各个方面。<br>2. 学生无需致力于用不同的方式了解课堂中的西方数学以达到预期目标。 |
| 集成<br>(Integration) | 1. 学生通过与课堂中的西方数学进行理论比较参与文化实践。<br>2. 学生需要思考并用不同的方式了解课堂中的西方数学以达到预期目标。 |
| 关联<br>(Correlation) | 1. 学生通过与课堂中的西方数学进行具体比较参与文化实践。<br>2. 学生需要经历用不同的方式了解课堂中的西方数学以达到预期目标。 |
| 整合<br>(Union) | 1. 学生通过展示等方式参与一些与土著文化实践相类似的活动。<br>2. 学生需要以土著文化实践为媒介了解西方课堂中的西方数学以达到预期目标。 |

同时,五种转化模式不是彼此独立,而是有着密切的联系,具体体现在图 4-2 中。

模式图中实边界所围绕的环表示分离模式,这表示该模式是独立的。该区域课程中的文化实践被完全改变了,而且也已经融入到了西方数学课程之中,从而导致这些文化实践其实是分离的。相比之下,其他圈子里剩余的四个模式由虚线边

① DICKENSON-JONES A. Transforming ethnomathematical ideas in western mathematics curriculum texts [J]. Mathematics Education Research Journal, 2008(3):32-53.

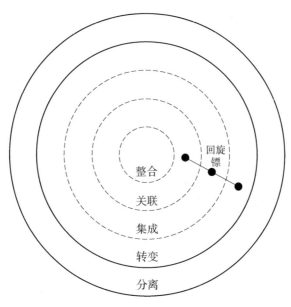

图 4-2 土著文化实践的五种转化模式图

界相隔,这表明它们之间是可以渗透的。含有文化实践的课程,能够处在这四个模式中的一个位置或多个位置。模式图中红色标注的土著回旋镖个案就涵盖了其中的三个模式:转变、集成和关联。

其中,转变模式体现在学生学习回旋镖文化实践中,主要是从事西方数学中的测量而不再是娱乐活动。学习单元4"制作回旋镖"中,学生利用桨状物的手工材料分别模仿制作有四叶、五叶、六叶的回旋镖;在投掷的过程中,先估算,接着测量距离,最后得出关于不同回旋镖的飞行路径的不同结论。显然,投掷回旋镖这个比较耗费时间的活动是为了教授课堂中例如测量等西方数学知识。尽管需要制作回旋镖,但学生不需要进行更深入的雕刻等回旋镖的制作的文化实践活动。

集成模式主要体现在对回旋镖文化实践和其相关的西方数学概念进行理论比较上,让学生有机会参与回旋镖的文化实践。回旋镖个案的第一个学习活动是关于回旋镖的网络探索,即使用一个提供网站链接的表格或电子模板,搜索关于澳大利亚土著回旋镖的信息,例如"回旋镖必须逆风投掷"。尽管最终关心的问题是在文化实践中感知课堂中的西方数学,但还是要求学生参与实践活动并能够制作不同类型的回旋镖。

关联模式主要体现在学生对回旋镖文化实践和课堂中的西方数学进行具体比较。在学习单元10"徒步旅行"中,在瓦鲁姆班格里斯国家公园,学生需要投掷回旋镖。回旋镖活动侧重于"投掷能够回飞的回旋镖的数学力学",从而让学生体会实践本身。

### (六) 对我国民族数学课程改革的启发

我们通过上述对澳大利亚科纳巴兰布兰地区民族数学课程的评介可以发现,在将民族数学整合入学校数学课程中需要把握好两个方面。

一是有意识地开发民族数学素材。民族数学素材开发,是民族数学课程实践的基础,也是有效激发民族数学课程意识和课程文本开发的基础。另外,民族数学素材的开发既要关注某个文化系统中民族数学的全面性,也要注意所开发的民族数学素材的实施路径。比如,"回旋镖"和"研磨石"两个民族数学素材就体现了两种课程实施路径:"回旋镖"是室内操作型,"研磨石"则是室外实践型。那么我国在民族数学素材开发上,比如可以开发壮族绣球、苗族服饰等用于室内操作型的素材,也可以用于室外实践型的壮族铜鼓、侗族鼓楼等素材,像瑶族倒指码等素材还可以同时用于室内、室外游戏。

二是提炼与推广关于民族数学课程的实践经验。民族数学课程实践,是民族数学传播的有效途径,也是所开发的民族数学素材的应用场域。我国有一些民族数学课程实践已有了比较好的经验,但需要作进一步的提炼与推广,使之由校本经验成为区域经验。例如,贵州榕江民族中学早在2011年就将所编的民族数学校本教材引入课堂并进行了教学实验;又如一些研究团队所开发的壮族数学文化及民族数学教学模式,[1]这类实践需要做更大范围内的推广。

## 二、菲律宾土著数学课程

菲律宾扎根于本土文化实践进行土著数学课程开发与实施,在提升学生数学

---

① 张维忠,陆吉健.基于认知水平分析的民族数学导学模式——基于壮族数学文化的讨论[J].中学数学月刊,2015(12):1-3.

学习兴趣与成就上效果显著。研究者对菲律宾土著数学课程实施效果评估发现，实施地区学生的数学成绩均有所提高，且基本能达到国家要求的数学平均成绩，较大缩短了与非土著学生数学成绩之间的差距。① 进一步对实施土著数学课程的民都洛岛地区部分学校进行深入调研发现，学生对于数学学习的兴趣与自信明显增强，由开始的害羞不敢回答问题，到敢于自信表达自己对于数学的理解。更重要的是，学生有了更强的身份和文化认同感，更加懂得欣赏与尊重彼此的文化。② 其中的部分学校也因此(如 PAMANA KA 学校)被菲律宾教育部称赞为，"它把土著人从边缘地带带到了中心地带，帮助改写了曼吉安土著人的故事，从被歧视和排斥到被认可与称赞"。③ 菲律宾土著社区与我国边远少数民族地区在性质上较为相近，深入分析菲律宾的成功经验，对我国少数民族地区数学教育教学改革与发展有重要启示与借鉴价值。

**(一)菲律宾土著数学课程开发：标准、类型及模式**

菲律宾是一个土著人口众多的国家，大约有 110 个原住民社区，人口在 1500 万至 2000 万之间。在数学教育成绩方面，土著学生的成绩普遍低于非土著。土著学生的数学学习现状引起了菲律宾政府的关注，教育部认识到现有的教育未能贴近土著人的生活，没有贴合土著人的文化背景与需求。于是在 2011 年 8 月 8 日，菲律宾教育部发布第 62 号文件国家土著教育政策框架，以推动与发展关联菲律宾土著学生社会文化背景的课程。④ 随着 62 号文件的发布，菲律宾教育部成立了土著课程框架(IP Curriculum Framework)研究项目组，称之为 IPCF 研究项目组(以下简称研究项目组)。研究项目组由菲律宾大学 Teret De Villa 及 Wilfredo Alangui 两位教授领衔，研究通过回顾菲律宾已有土著课程开发与实施经验，结合课堂观察、访谈和小组讨论等方式评估数学课堂教学现状，最后提出了适切于菲律宾本土文化的土著数学课程开发基本标准、类型及模式。

① CORNELIO J S, Castro D F T D. The state of indigenous education in the philippines today [M]. Indigenous Culture, Education and Globalization. 2016.

② PAMANA KA Report. San Jose: Unpublished report, PAMANA KA. 2012.

③ 丁福军,张维忠.基于文化回应的菲律宾土著数学课程评介[J].教育参考,2020(4):39-45.

④ ABADIANO B. Proposed strategic directions on indigenous peoples' education for the department of education [M]. Pasig: Department of Education, Republic of the Philippines. 2011.

1. 土著课程框架的基本标准

研究项目组立足土著学生的社会文化背景,观照土著学生对课程的期待,总结凝练了土著课程框架的八大基本标准。其主要内容包括:土著课程需要扎根于土著文化系统,教学资源关联土著文化;注重对土著知识、制度及实践的振兴与传播;加强土著人的身份认同以及文化观念等方面,具体见下表4-5。

表4-5 菲律宾土著课程框架的八大基本标准

1. 扎根于土著本土及土著文化系统;
2. 体现与传播土著知识、制度和实践;
3. 振兴、恢复与丰富土著知识、制度、实践及土著人的学习系统和土著语言;
4. 确认与加强土著人的身份认同;
5. 注重发展保护祖传领土、祖传文化的能力,促进与发展土著人所需的终身学习能力及与生活技能相协调的其他形式的知识与技能;
6. 让本土市民在与社会建立新关系的同时,形成有助于本土文化完整的观念;
7. 使用与本土文化关联的教材和资源;
8. 将整个民族领域作为学习空间。

从表4-5可见,菲律宾土著课程框架基本标准凸显了如下理念:一是注重扎根于土著人的社会文化背景,贴近土著人的生活与需要,凸显了文化回应的教育理念;二是鼓励在本土知识和其他知识系统之间建立有意义的联结,为学生的学习提供本土文化背景;三是强调在发展学生知识、技能和价值观念的同时,注重加强土著学生积极的社会文化认同感。

2. 土著数学课程的类型

土著数学课程是土著数学教育的核心,决定着提升土著数学教学任务实现的程度和质量。研究项目组以土著课程框架基本标准为基准,立足于已有的土著课程开发实践经验,提出了五种类型的土著数学课程。土著数学课程的类型体现了处理土著知识系统和实践方面的不同方法,彰显了土著数学课程的整体框架与特征。其中,五种课程类型分别代表了五种不同层次水平,从在特定主题中嵌入本土文化元素到土著人的课程,每一类课程对于土著知识系统和实践以及对于数学知识处理的层次水平都存在差异,具体内容见下表4-6。此外,该课程类型结构也反映了每个课程目标对于菲律宾教育部规定的能力和土著人必备的能力的不同要求。其中,菲律宾教育部规定的能力指的是教育部要求每个年级的学生所需具备的不同水平的能力;土著人必备的能力指的是学生需要了解他们的文化(例如重要的价值观、文化观念、实践技能等)。需要说明的是,土著地区学校在具体土著数学课程选择上,中学阶段主要实施第四类的土著数学课程,小学阶段则是第五类土著数学课程。

表 4-6 菲律宾土著数学课程类型表

| 课程类型 | 土著知识系统与实践的处理 | 数学课程的处理 |
| --- | --- | --- |
| 在特定主题中嵌入文化元素 | 土著知识系统与实践仅被引用或很少在菲律宾教育部规定的主题中讨论;文化元素主要集中在土著人的音乐和舞蹈上。 | 数学课程一般以土著语言计算和本土化的一些数学问题为主;强调菲律宾教育部规定的数学能力。 |
| 增加一个单独的主题来涵盖土著知识系统、实践与文化 | 土著知识系统与实践作为独立科目对待;重点选择关注土著人的能力(主要是土著的音乐和舞蹈、信仰和实践)。 | 本土的数学问题和例子;强调菲律宾教育部规定的数学能力。 |
| 课程整合 | 土著知识系统与实践在各个学科领域的全面整合;强调国家教育部重视的能力,土著人的能力也给予重视。 | 用土著语言计算;本土数学问题和例子;强调菲律宾教育部规定的数学能力。 |
| 土著课程(Indigenized Curriculum) | 加强课程与社区生活的联结;平等地关注国家教育部规定的能力和土著人必备的能力。 | 数学课程基于相应的文化背景;跨文化数学课程;菲律宾教育部规定的数学能力给予重视。 |
| 土著人的课程(Indigenized Peoples Curriculum) | 祖先领域作为课程的基础/基本;社区生活为课程提供信息;土著人的能力比国家教育部规定的能力更受重视。 | 数学课程基于相应的文化背景;跨文化数学课程;关注土著人必备的能力,同时菲律宾教育部规定的数学能力也给予重视。 |

从上表 4-6 可看出,该课程类型很好地体现了文化回应数学课程的性质与范围。对于前两种类型的课程,主要讨论土著计算方法、用土著语言计算以及将数学问题本土化,以满足对文化回应数学教育的期望。其中,数学课程中的本土化包括在例子的选择上使用当地人名和事名,以及为例子提供地方特色文化背景。值得注意的是,后面的三种课程类型对数学教师提出了更高的要求,从本土化的数学问

题到为数学课程提供本土文化情境,对于很多教师来讲在设计文化关联或跨文化的数学课程时存在困难。多数情况下,教师可以根据本土具体情况,将课程内容回到数学问题和例子的本地化,即不同层级的课程类型之间,可以进行相应的转化与融通。①

3. 土著数学课程开发模式

土著数学课程开发模式是整个研究项目的核心。在确定土著数学课程类型基础上,研究项目组基于民族数学的视角,构建了具体的土著数学课程开发模式。该课程开发模式旨在解决哪些主题内容可以进行本土化亦或整合,以及如何转化适合菲律宾土著本土的数学课程等问题。研究项目组在已有的土著数学课程开发实践经验基础上,结合现有民族数学课程开发模式的相关研究发现,亚当②在马尔代夫民族数学研究项目中研制的民族数学课程开发模式,较为适切于菲律宾土著数学课程开发的特征与需求。该课程开发模式以民族数学为理论基础,注重在本土文化实践活动中促进学生数学思维的发展。具体而言,其关注源自学习者文化的数学概念、实践与传统的、正式的学术数学概念、实践的结合,强调教室以及其他学习环境不能与它们所处的社区隔离,学生来到学校时带着他们在成长过程中已形成的价值观、规范和概念。在具体内容上,该课程开发模式以数学思维的发展为核心,另外包含传统数学、学生文化中的数学活动及其他文化中的数学活动等三个元素,各元素相互关联,彼此间相互转化。

研究项目组在亚当所建构的课程开发模式的基础上进行了一定的调整。一是拓宽了促进数学思维发展的可能范围,分别将学生文化中的数学活动及其他文化中的数学活动扩展为学生世界的文化活动与其他文化活动;二是指出学生世界文化活动及其他文化活动,与传统数学之间不再是直接关联而是间接关联。基于此,研究项目小组建构了适切于菲律宾本土文化的数学土著课程开发模式,具体见下图 4 - 3。

① De VILLA M T, ALANGUI W V, JARO-AMOR I, MARTIN F. Developing an IP curriculum framework. Philippines: Report submitted to the IP Education Office, Department of Education and Culture, Republic of the Philippines. 2013.

② ADAM S. Ethnomathematical ideas in the curriculum [J]. Mathematics Education Research Journal, 2004,16(2):49 - 68.

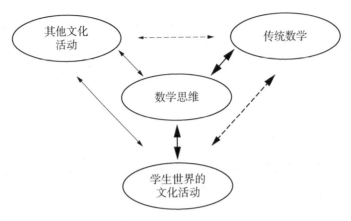

图 4-3　土著数学课程开发模式

该土著数学课程开发模式,以数学思维为核心包括学生世界的文化活动、其他文化活动以及传统数学,各构成要素之间彼此关联相互促进与转化。进一步分析可以看出,该课程开发模式不仅为学生数学思维的发展提供了更为广泛的社会文化视野,同时也反映出了各要素之间不同的关联方式。一是文化实践并不可能都蕴涵数学,因而从学生世界的文化活动、其他的文化活动到传统数学之间用虚线将其连接。二是各元素彼此间的关联存在一定的差异,连线的粗细反映着各元素之间关联的紧密程度,这是在具体土著数学课程开发过程中需要重点注意的。如在进行土著数学课程设计时,对于传统数学知识的理解,需要着重关联学生世界的文化活动及学生数学思维的发展。即那些高度系统化且历经了长时间积淀的学生世界的文化实践及学生的数学思维,有助于促进学生对于传统数学的学习。

(二)土著数学课程设计与实施个案:以"收获木薯"为例

基于土著数学课程开发的标准、类型及模式,菲律宾各土著地区进行了具体课程设计与实施。其中,以民都洛岛地区较为突出,在课程开发中关联土著社会文化背景已经是他们发展所有课程不可或缺的一部分,该地区也因此获得了教育部的多项表彰。下面以民都洛岛中学阶段实施的"收获木薯"土著数学课程为例,简要介绍其具体的设计与实施过程。

1. "收获木薯"的土著数学课程设计

"收获木薯"是菲律宾民都洛岛土著人每年进行的常规经济生产活动,是每一位土著人必须掌握的基本生活技能。民都洛岛土著数学教师基于"收获木薯"进行了相应的土著数学课程设计,该课程立足于学生世界的文化活动,旨在帮助教师组织和发展与本土文化相关的数学教学活动,以促进学生对于抽象数学概念的理解。首先,在课程目标上其同时观照了土著人必备能力和国家教育部规定能力的发展。其次,在具体内容上主要围绕课程开发模式的四个元素(学生世界的文化活动、数学思维、传统数学及其他文化活动)进行设计。如在学生世界的文化活动方面:要求能对活动描述;明白进行实践活动需要的知识、技能及信念。具体而言,需掌握收获木薯块茎的方法,懂得使用的工具和材料,理解传统知识、实践及相关的信仰。最后,在整体课程设计上凸显了文化实践、数学思维和传统数学之间的内在关联,具体设计情况见下表4-7。

表4-7　土著数学课程设计案例

土著人必备的能力:"收获木薯"的社区知识。
教育部规定的能力:对数学变量的理解。

| 收获木薯 | | |
| --- | --- | --- |
| 学生世界的文化活动 | 活动的描述;进行实践活动需要的知识、技能及信念。 | 收获木薯块茎的方法;使用的工具和材料;传统知识、实践及相关的信仰。 |
| 数学思维 | 活动中的定性、定量关系与空间概念。 | 收获木薯的知识;随着裂缝数量的增加,收获更多木薯的机会也更大。 |
| 传统数学 | 相关变量 | 关于变量的数学课程;变量的类型;评估实例;为什么需要学习变量;我们还能在哪里看到或体验到变量。 |
| 其他文化活动 | 描述其他民族语言群体(特别是在异质教室或环境中的群体)是如何进行活动的;进行实践活动所需的知识、技能及信仰存在哪些差异。 | 其他族群如何收获木薯;他们的信仰和实践是什么;所涉及的知识和技能有哪些;使用什么材料;在信仰、方式、方法和材料上有哪些相似和不同。 |

2. 具体教学实施片断

在菲律宾民都洛岛,土著数学教师依据该课程设计进行相应的教学案例设计与实施。以民都洛岛土著数学老师奥吉(Ogie)执教的一节课为例,下面就教师对于代数表达式中变量的授课,介绍其具体的教学实施片断(T代表教师,S代表全班学生集体回答）。

首先,教师以询问学生在日常生活中收获木薯的知识与经验,开始整个教学活动。

T:我们什么时候知道木薯可以收割了呢？

S:当木薯生长的地面上有裂缝散发出来的时候。

T:那怎么知道可以收获多少个木薯块茎？

S:我们不知道,木薯块茎可能有 3 到 4 层。

T:换句话说,在收获木薯的过程中,我们只知道地上有多少裂缝,但我们并不知道可以收获多少木薯块茎对吗？

随后,老师通过在黑板上画一株木薯(地上有裂缝,上面有三层木薯块茎),来解释已知量和未知变量的概念。在代数表达式中,有已知值和未知值。我们在收获木薯时,可以数一数地上的裂缝,裂缝是我们已知的值,这个称之为已知量,例如数字 5 是一个已知值因为我们能够计算裂缝,所以我们知道有 5 条裂缝;但是我们数不清地下的木薯块茎,所以这些我们不知道的值则就称之为未知量。接着,教师通过将三个层次分别定义为 $a$、$b$ 和 $c$ 来介绍变量的概念。在每个裂缝中,我们分别用字母 $a$、$b$ 和 $c$ 来表示 3 层,这些称为变量。变量代表每一层的木薯我们无法计算,我们不知道有多少个,这些可能在每一层都改变,这就是被称为变量,并用 $a$、$b$、$c$ 来进行表示。

变量是表示数字的字母字符,具有任意性和未知性,基础薄弱的学生学习变量时容易存在理解上的困难。从以上教学片断可以看出,民都洛岛土著数学老师立足于收获木薯这一本土民族实践活动,将对于抽象数学概念的学习与学生熟悉的日常生活活动进行了很好的联结,为学生对于代数表达式中变量的理解提供了本土文化背景和意义基础,让学生在熟悉的民族文化活动中,进行数学概念的理解与建构。此外,该教学活动设计在发展学生对于代数表达式中变量理解的同时,也能很好地培养学生对于收获木薯文化实践知识与价值观的理解。

（三）对我国少数民族地区数学教育教学改革与发展的启示

人类发展是一个文化过程,文化为学生提供了一种自然的方法来获得数学概念理解的框架,每个学生的文化背景、世界观都是独特经验,这些经验可以纳入课堂帮助学生学习数学。菲律宾基于文化回应的土著数学课程开发与实施,很好地关联与利用了土著学生的社会文化背景,对我国少数民族地区数学教育教学改革与发展有如下两点重要启示。

1. 立足数学课程标准,积极推进民族数学文化与国家课程的深度整合

民族数学文化是认识与把握学生数学思维特点的重要依据,也是数学课堂教学必不可少的背景材料。实现民族数学文化与国家课程的深度整合,是落实民族数学文化教育价值,深化少数民族地区数学教育教学改革与发展的重要路径之一。菲律宾立足国家数学课程标准,按照国家教育部所规定的数学能力提出的五种土著数学课程类型,满足了不同地区、不同学段土著学生的数学学习特点与需求。更为值得肯定的是,在实践中菲律宾土著地区在小学阶段主要实施的第五类土著数学课程,及初中阶段实施的第四类土著数学课程,很好地凸显了民族数学文化与数学课程的深度整合,而不仅仅是作为简单的素材"点缀式"地加入数学课程中。

围绕民族数学文化与国家课程整合,我国研究者也进行了大量研究。如将民族服饰中的几何元素和图形变换思想融入数学课程,开发民族数学校本课程等,但总体而言,这方面的研究仍有待丰富与深入。我国是一个少数民族众多的国家,不同民族的风土人情、文化氛围和教育传统有着很大的差异性,给民族数学文化与国家课程的深度整合带来了一定的挑战。[①] 基于此,在具体改革实践中为积极推进民族数学文化与国家课程的深度整合,以适切于各民族学生的学习特点与不同需求,需着力于如下几个方面:首先需了解各少数民族群体的数学教育现状,把握不同民族地区、不同学段学生的数学学习特点,积极开展民族文化对于学生数学学习影响的实证研究;其次,扎根少数民族群体中开展田野研究,深入挖掘各民族本土文化实践中蕴涵的数学元素与思想并进行教育转化;最后,立足国家数学课程标准的要求,结合不同民族地区的数学教育现状,组织与筛选适切的民族数学文化内容,并在实践过程中积极建构民族数学文化与国家课程深度整合的模式。

2. 以数学思维为核心,深入开展基于民族数学文化的课堂教学改革实践

课堂教学是数学教育教学改革的"主阵地"与"落脚点"。我国少数民族地区数学教育教学改革核心任务旨在通过数学课堂教学的变革,改善与提升学生的数学

---

① 刘超,张茜,陆书环. 基于民族数学的少数民族数学教育探析[J]. 数学教育学报,2012,21(5):49-
52.

学习。数学的发展是认知与文化相互作用的结果,文化影响着学生的数学认知风格和数学思维的发展。菲律宾构建以数学思维为核心的土著数学课程开发模式,积极推动着基于土著数学文化实践的课堂教学改革实践,在改善土著学生数学学习上效果显著。具体而言,土著数学课程的设计与实施以发展学生数学思维能力为核心,围绕学生世界的文化活动、其他文化活动及传统数学等三方面展开,旨在为学生数学思维的发展提供适切的民族本土文化背景。

民族数学文化进校园、进课堂一直是我国少数民族数学教育研究的重要内容之一,并取得了诸多有意义的研究成果。如凯里学院民族数学文化研究团队①的基于苗族侗族数学文化进行了数学课堂教学改革实践,获得了师生的喜爱。但总体而言,基于民族数学文化促进学生数学思维的课堂教学改革研究较为缺乏。就我国少数民族地区学生数学学习现状而言,学生数学思维能力一直是制约数学学习最为重要影响因素之一。由此,我国少数民族地区数学教育改革,需加大对基于民族数学文化促进学生数学思维发展的课堂教学改革实践的重视。具体而言,一方面需增加对于蕴涵数学思想的民族数学文化活动的挖掘与利用。如民族数学建模活动蕴涵着丰富数学思想,是连接民族本土文化与学校数学的重要载体,有利于促进学生数学思维发展,在教学实践中需要着重加以转化与利用。另一方面,加强少数民族地区数学教学改革实践的实证研究。如积极开展基于民族数学文化促进学生数学思维发展的课堂教学改革行动研究,通过在课堂教学实践中不断反思与修正,形成适切于我国少数民族本土文化的教学改革实践模式,无疑是十分必要的。

---

① 肖绍菊,罗永超,张和平,等.民族数学文化走进校园——以苗族侗族数学文化为例[J].教育学报,2011,7(6):32-39.

## 第二节　基于民族数学的数学教学

### 一、一种连接数学文化与学校数学的教学方法:民族建模

"民族建模"(Ethnomodeling)作为一种连接数学文化与学校数学的教学方法应运而生。这对于改进当前数学教育中仍然存在的学校数学与数学文化关联还不够紧密,数学课程与教学中文化缺失与偏失的状况有明显的现实意义。事实上,学生的学习环境不能孤立于他们所生活的文化背景,在他们进入学校之前就已经获得了一定的价值观和标准。因此,在数学课程中适当融入文化元素将有助于学生丰富对数学的认识、提高数学理论知识与实际运用之间的转化能力。以下将从民族建模的源起及其内涵、民族建模的方法与过程两方面来分析民族建模的文化相关性与适切性,以期对我国数学教育与数学课程改革尤其是民族数学教育提供借鉴。[①]

#### (一)"民族建模"的源起及其内涵

"民族建模"的萌芽起源于 20 世纪八九十年代,是民族数学研究领域的衍生研究。民族数学之父德安布罗西奥[②]明确表示有必要把民族数学和数学模型联系起来,在其提出的"现实、个体、行动"三角模型中曾指出,数学建模的过程是学生基于社会和文化背景,利用已有的知识、认知和观念,进行的数学化操作。由于每个文

---

① 张维忠,程孝丽.一种链接数学文化与学校数学的教学方法:民族建模[J].民族教育研究,2017,
　28(3):119-124.

② D'AMBROSIO U. Etnomatemática [M]. São Paulo, SP, Brazil: Editora Ática, 1990:50-96;
　D'AMBROSIO U. Etnomatemática: um programa [J]. A Educação Matemática em Revista,
　1993,1(1).

化团体都有独特的价值观和标准,更准确地说,有各自独特的数学思维方式和思想方法,因此不同文化背景下的学生会以不同的方式接收和处理信息,进而采取不同的行动方式。基于德安布罗西奥三角模型,巴西学者巴萨内齐(Bassanezi)①于21世纪初期提出了"民族建模",认为"民族建模"是一种更接近民族数学教学的方法,通过数学建模来解释、分析和解决特定文化群体中的问题或数学化现象,这样的"民族建模"是不同文化群体的数学实践的过程。在此基础上,分别以巴西学者罗莎和奥利为领导的两个研究团队对民族建模展开了深入的研究,民族建模开始受到民族数学研究者的关注,继而出现了"什么是民族建模""为什么提出民族建模"以及"怎么在数学教育中使用民族建模"等问题。

从词源上分析,"民族建模"由"Ethnomodeling"英译而成,是"ethno"和"modeling"组成的复合单词。其中,前缀"ethno"来源于希腊语ethnos或者ethnikos,表示人种和种族;"modeling"表示模型化,即建立模型的过程,两者结合旨在强调基于本土文化的建模。而现实中的建模往往通过数学的手段和方法,同时借助计算机这一媒介,对实际问题进行系统模型的建构以便于数据分析、预测和寻找最优解决方法。在此"Ethnomodeling"特指基于本土文化背景下的数学建模,即利用特定文化群体的数学思想方法来解释、分析和解决实际问题。特别是,不少学者从更加广阔的视野看待民族建模,认为它是文化人类学、民族数学和数学建模的交叉领域,是对现实情况中的问题与难题进行详尽阐述和加工,形成理想化的数学概念和观念的过程。② 在这样的背景下,不妨将"民族建模"看作是以民族数学为载体,运用特定文化群体(或学校数学)的数学思想方法把实际问题进行数学化的过程。需要注意的是,这里的数学化是指把实际问题简化成为数学结构(可以是公式、表格、图示等)并进行运用和检验的过程,在此过程中,要充分考虑数学的文化背景。

由此可见,从"民族建模"的定义可以看出,相比于常规的"数学建模",其优势主要表现在以下两个方面。第一,民族建模代表了学生能够运用该文化群体已具

① BASSANEZI R C. Ensino-aprendizagem com modelagem matemática [M]. São Paulo, SP: Editora Contexto, 2002:109 - 120.
② ROSA M, OREY D C. Etnomodeling as a pedagogical tool for the ethnomathematics program [J]. Revista Latinoamericana de Etnomatemática, 2010,3(2).

备的数学思想方法对已有知识和传统进行细化加工的过程,因此在教学之前有必要了解学生的社区环境、文化传统以及学生的兴趣等,这样的教学更符合学生的实际需求,激发学生学习数学的兴趣。第二,民族建模通过数学的途径来联系不同文化形式的数学,能够转化和阐述来自学术系统的问题和难题,也就是说通过民族建模将任何特定文化群体的成员在日常生活中的问题描述和转化成为数学问题,把学校数学和民族数学(在此主要指日常数学)联系起来。这为解决我国当前基础教育课程改革中存在的"文化缺失和偏失"困境提供了一种新的教学方式,进一步而言,为民族数学进入学校数学提供了重要途径与方法。另外,爱舍尔、埃格拉什(Eglash)、奥利、罗莎①和数学教育工作者等一致认为数学实践具有存在的广泛性与多元化的特点,包括工艺品中的几何原理、建筑艺术以及土著和当地文化活动和文物中的实践等。正是数学实践存在的广泛性与多样性为民族数学建模的开展提供了素材基础,使得民族建模的开展更有文化意义和教育价值。

### (二)民族建模的特点与方法

#### 1. 民族建模的特点

从某种意义上讲,民族建模是数学建模的特殊形态,具备数学建模的一般属性,遵循数学建模的一般规律,即经历分析问题、模型假设、模型求解、验证修改的过程,并且每个实施阶段都对应着不同的数学能力的考验。如问题分析阶段,要求学生掌握数学基础知识、情境与数学之间的转换能力;假设化简阶段,要求学生具备一定的观察与猜想能力、逻辑思维能力;再如模型求解阶段,要求学生掌握数学思想方法和学会选择的能力等。总的来说,民族建模具有考验与丰富学生数学知识、锻炼与培养数学能力或者说综合能力的特点。

另一方面,民族建模的特殊性在于它的"文化身份",从建模的层次可以发现,民族建模的对象是特定群体的文化实践,具体操作方法根据研究者的需求或从"局外人"的角度选择用学校数学知识与思想方法进行建模,或从"局内人"的角度选择用特定文化群体的数学思想方法进行建模。从这个方面考虑,民族建模更加注重学生的文化、社会背景,学校数学与数学文化之间的关系,以及学

---

① OREY D C, ROSA M. Three approaches in the research field of ethnomodeling: emic (local), etic (global), and dialogical (glocal) [J]. Revista Latinoamericana de Etnomatemática, 2015, 8 (2):364 - 380.

生在建模过程中的数学态度。换句话说民族建模在关注学生数学知识与能力的同时，更加重视学生、文化、社会三者之间的联系，以及教育生活中的人文关怀。

当然，民族建模的特点具体表现在建模的各个阶段，通过分析各阶段的要求与操作方法，并适当结合案例将民族建模的特点具体呈现。

2. 民族建模的方法

民族建模主要分为两个层次，一是利用学校数学知识与思想方法对特定文化实践进行建模，在此称之为单向的民族建模；二是利用特定文化群体的数学思想方法对其文化实践进行建模，并与单向的建模作比较分析，在此称之为双向的民族建模。对于研究者而言，前者是以"局外人"的身份用调查者的观点与方法对模型进行分析和解释，后者主要是以"局内人"的身份用当地人的观点与方法剖析模型。也就是说，单向的建模侧重"从外部看文化"，是客位（etic）研究的方法，双向的建模侧重"从内部看文化"，是主位（emic）研究的方法。

（1）单向的民族建模

单向的民族建模是指，研究者以文化外来观察者的角度和标准的学校数学（即西方数学）去分析特定文化群体中的数学现象。与一般的数学建模一样，其过程大致分为模型准备、模型假设、模型建立、模型求解与分析以及模型检验。

这里以澳大利亚瓦皮瑞地区（Warlpiri）的亲属制度系统为例，[①]简要地用学校数学分析该民族编码过的社会、政治、经济和宗教行为的亲缘宗族关系。首先，研究者通过访谈、文献搜集等方法明确当地的文化和亲缘宗族关系，并收集相关的实验数据；然后，通过分析实验数据提炼其中的数学关系并进行符号化，如根据瓦皮瑞民族的择偶要求，将母系和父系姓氏均用数字1～8来表示八个分支氏族，再进行字母符号化（详见表4-8和表4-9）；紧接着对其进行模型化处理，发现所有配偶的可能性的结果是一个八阶矩阵（详见表4-10）；最终对模型进行分析和检验，西方数学家成功地用群论解释了亲缘宗族关系中的配对标准。

---

① ASCHER M. Ethnomathematics: a multicultural point of mathematics ideas [M]. California: Cole Publishing Company, 1991:67-83.

表4-8　父/母系氏族数字符号化

| 父系氏族 | P1a | P1b | P2a | P2b | P3a | P3b | P4a | P4b |
|---|---|---|---|---|---|---|---|---|
| 赋值 | 7 | 1 | 5 | 4 | 8 | 2 | 6 | 3 |
| 母系氏族 | M1a | M2a | M1b | M2b | M1c | M2c | M1d | M2d |
| 赋值 | 1 | 5 | 4 | 8 | 2 | 6 | 3 | 7 |

表4-9　父/母系氏族字母符号化

| 赋值 | 1 | 2 | 3 | 4 | 5 | 6 | 7 | 8 |
|---|---|---|---|---|---|---|---|---|
|  | $I$ | $m^2$ | $m$ | $m^3$ | $mf$ | $m^3f$ | $f$ | $m^2f$ |

表4-10　瓦皮瑞人所有的配偶可能性

|  | $I$ | $m$ | $m^2$ | $m^3$ | $f$ | $mf$ | $m^2f$ | $m^3f$ |
|---|---|---|---|---|---|---|---|---|
| $I$ | $I$ | $m$ | $m^2$ | $m^3$ | $f$ | $mf$ | $m^2f$ | $m^3f$ |
| $m$ | $m$ | $m^2$ | $m^3$ | $I$ | $mf$ | $m^2f$ | $m^3f$ | $f$ |
| $m^2$ | $m^2$ | $m^3$ | $I$ | $m$ | $m^2f$ | $m^3f$ | $f$ | $mf$ |
| $m^3$ | $m^3$ | $I$ | $m$ | $m^2$ | $m^3f$ | $f$ | $mf$ | $m^2f$ |
| $f$ | $f$ | $m^3f$ | $m^2f$ | $mf$ | $I$ | $m^3$ | $m^2$ | $m$ |
| $mf$ | $mf$ | $f$ | $m^3f$ | $m^2f$ | $m$ | $I$ | $m^3$ | $m^2$ |
| $m^2f$ | $m^2f$ | $mf$ | $f$ | $m^3f$ | $m^2$ | $m$ | $I$ | $m^3$ |
| $m^3f$ | $m^3f$ | $m^2f$ | $mf$ | $f$ | $m^3$ | $m^2$ | $m$ | $I$ |

其中,$I$表示一个标准参考值,$m^2$表示$I$的母亲的母亲即外婆,以此类推,$f$表示$I$的父亲,$mf$则表示父亲的母亲即奶奶,同理可得$m^3f$,$m^3f$,进一步可得$m(mf)=m^2f$。不难发现,表中的所有元素都可由$I$,$m$,$\cdots$,$m^3f$八个原始元素表示,即瓦皮瑞民族中的每一个人必定从属于八大姓氏中的一支,并且每个分支都有血统联系。因此,即使我们再怎么延伸这种亲属关系,结果终究仍是这八个姓氏部分,这种循回的方式也深刻影响着瓦皮瑞人的宇宙观和哲学世界。另外,太平洋地区的马莱库拉(Malekula)民族的宗族关系同样可以通过学校数学来分析该民族的个人与家族关系,以及他们的哲学观。

这个案例表明世代相传的瓦皮瑞宗族关系实质上是由数学原理来维系,类似的还有在非洲地区盛行的玉米辫是由分形几何衍生得来的。经过对辫子的简化和抽象处理后用计算机软件绘制图形,再以图像迭代、旋转、缩放、反射等变换让学生了解玉米辫的构造和编法。① 再如,生活中比较常见的墙面也蕴涵了丰富的数学,根据墙体的构造可以用相应的函数模型拟合,或是挖掘出平铺、镶嵌、旋转和对称等几何知识。

这种用学校数学知识与思想方法对特定文化实践进行数学建模的方法,能够让学生认识和解释那些当地人在自身文化中可能视为当然的或者平常的隐性数学现象,也使得学生对本土文化和民族数学有更加深入和科学的认识。

(2) 双向的民族建模

双向的民族建模是指,研究者尽可能地用当地人的视角去理解他们解决问题的数学思想与方法。这就要求研究者应该排除自己的主观意识,同时对当地人有深入的了解,熟悉他们的文化、知识系统,明了他们的价值观念等。该建模的过程与单向的民族建模大同小异,关键的区别是单向的民族建模是由"外"(局外人)到"内"(文化),采用学校数学的思想方法建立模型,而双向的民族建模是以"内"(局内人)看"内"(文化)再由"外"至"内",分别采用本土数学和学校数学的思想方法建立模型并进行比较分析。

这里以一群巴西学生研究葡萄酒产量的事件为例,②通过案例与分析分别介绍基于主位和客位的模型建构。

首先,提出问题。巴西学生在参观当地的酒庄时,发现没有接受过学校数学教育的葡萄酒生产商能快速和准确地计算出葡萄酒的产量,于是便向酒庄的生产商请教。他们希望通过应用 20 世纪初巴西南部的意大利移民发明的计算技巧来估算葡萄酒桶的体积,进而算出葡萄酒的产量。

其次,准备工作。为了开展他们的研究,巴西学生首先参观了酒庄并对葡萄酒生产商进行访谈。随后,他们根据主题搜集、整理相关文献,并对文献中的数据进行处理。在解决问题的过程中,这几名学生尽量以当地人的视角去理解葡萄酒桶

① EGLASH. Culturally situated design tools: ethnocomputing from field site to classroom [J]. American Anthropologist, 2006,108(2):347 - 362.

② BASSANEZI R C. Ensino-aprendizagem com modelagem matemática [M]. São Paulo, SP: Editora Contexto, 2002:127 - 143.

制作的原理和科学依据。

再次，模型的建立与分析。这里的葡萄酒桶不同于比较常见的"两头小中间大"的酒桶，而是类似于圆台的形状。要构建确定体积的酒桶，其切割的木板（即酒桶的侧板）相互之间必须完全吻合，以确保酒桶良好的储酒条件。图4-4和图4-5显示了葡萄酒桶的几何方案和侧板的具体要求。其中，$L$是葡萄酒桶侧板的最大宽度，$l$是需要确定的宽度，$\beta$是侧板之间的拟合角度，根据图4-6可以看出拟合角度$\beta$取决于初始的侧板宽度$L$和酒桶的体积要求，$R$是酒桶底部大圆的半径，$r$是酒桶顶部小圆的半径以及$H$是酒桶的高度。分析图片可以发现，图4-5是图4-4酒桶侧板的正交投影，另外，两个木棍之间的拟合角度$\beta$是通过$R$、$L$以及所有并列的木板形成的酒桶的底部的周长确定的。

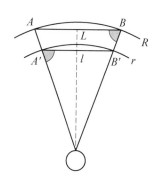

图4-4　葡萄酒桶的俯视图

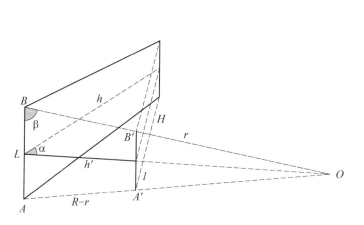

图4-5　葡萄酒桶侧板的正交投影

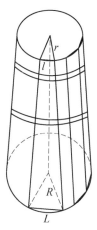

图4-6　葡萄酒桶

　　为了确定葡萄酒桶的容积，葡萄酒生产商采用平均锥的计算方法粗略地估计其体积，即主位的葡萄酒桶构造方法。需要说明的是，由平均锥公式确定的体积是运用理论公式提供的圆台的体积而求得的近似值。平均锥公式和平均半径公式如下，

$$V \approx \pi r_m^2 H,$$ ①

$$r_m = \frac{r+R}{2}。 \qquad ②$$

可见,葡萄酒生产商是将酒桶近似为底面半径为 $r_m$ 的圆柱,在他们看来,构成酒桶的木板整体上是均匀变化的,故能用平均半径作为近似值。

**模型求解:**先测量酒桶底部大圆半径 $R$ 和顶部小圆的半径 $r$,按平均锥公式②求出 $r_m$。再作近似处理:将圆台视为半径为 $r_m$ 的圆柱,把公式②代入公式①从而得到酒桶体积的近似值 $V_1 \approx \pi \left( \frac{r+R}{2} \right)^2 H$。

**误差分析:**站在客位的角度来看,学校数学的圆台的体积公式为 $V_2 = \frac{1}{3} \pi H (R^2 + Rr + r^2)$,而用主位视角得到的民族模型,葡萄酒桶的体积为 $V_1 \approx \pi \left( \frac{r+R}{2} \right)^2 H$,那么,两者方法下的体积差则为 $\Delta V = |V_1 - V_2| = \frac{1}{12} \pi H (R-r)^2$。假设 $R$ 为 $0.6\,\mathrm{m}$,$r$ 为 $0.45\,\mathrm{m}$,$H$ 为 $0.9\,\mathrm{m}$,那么误差约为 $0.0053$,说明葡萄酒生产商使用平均锥公式计算酒桶的体积是可行的。事实上,在日常生活中很少有葡萄酒生产商会用学校数学中的台体公式去计算一个酒桶的容积,无论他们是否接受过正规的学校数学的培训,他们都会选择惯用的传承下来的计算方法近似估计酒桶体积,这也充分显示了民族数学应用的广泛性。

**(三)民族建模的具体建构过程**

1. 问题分析阶段

民族建模的问题源于特定文化群体的真实情境,因此在准备阶段需要学生走进该文化群体,了解或体验他们的文化传统以及梳理问题产生的历史背景和现实状况,以便更好地理解和运用当地"数学化"处理实际问题的思维与方法,这是民族建模的前提。而丰富的知识与生活经验是民族建模的基础。真实情境中的问题往往具有综合性、非数学形式等特点,由此当学生面对这类熟悉的问题时,能否从数学的角度思考、解释和解决问题需要他们广泛的学科知识和生活经验。在此基础上,学生再对问题情境进行提炼和抽象,明确此次建模的目的,同时收集相关数据。如,西方数学教师和学生研究澳大利亚瓦皮瑞土著的亲属关系问题,他们首先要明确此次研究的问题是探索个人与亲属关系中的数学现象,其次要充分了解土著居民的风俗习惯和文化传统,最好获取土著的信任融入他们的生活,再者通过观察、访谈等方法了解土著的亲属关系,同时收集相关数据和资料。经过一系列的调查、访谈、实地考察等发现,瓦皮瑞土著的宗族系统分为母系氏族(Matrimoiety)和父系氏族(Semipatrimoiety),其中母系氏族分化为 2 个分系,每个分系分化为 4 个分支(subsections),父系氏族分化为 4 个分系,每个分系分化为 2 个分支,且同一个父系氏族下的两个分支氏族不能和同一个母系氏族的人结婚,正是这样的择偶标准奠定了该民族的亲属关系。基于这样的文化背景,教师和学生对该民族的亲属关系展开了进一步的调查与研究。

由此可见,在解决实际问题时要有明确的目的性和目标性,并且充分考虑问题的文化环境,这是解决问题以及理解问题的基础。在民族建模的过程中,完全厘清研究对象的文化环境可能比较困难,但是适当理解该文化团体的环境有助于研究者更好地解释其文化实践的内容。因而,在此阶段是对学生知识基础和生活经验、沟通交流能力以及真实情景与数学之间的翻译与转化能力等的考验。

2. 假设化简阶段

根据研究对象的特点和建模的目的,首先分析问题的内在关系和结构(如问题所属系统和模型的类型——社会经济模型、几何模型、概率统计模型等),再进行信息筛选,接着作出问题假设和控制变量,初步地确定研究的主要因素及其相互关系。如上所述,教师与学生在模型准备阶段,根据实地考察和数据分析等发现研究该民族的亲属关系的关键是图解,即通过图解来分析家族成员关系并对各个分支进行赋值符号化,继而研究问题就转化成为如何有效地处理变量的问题。根据瓦皮瑞民族的择偶要求,现将母系和父系姓氏均用数字 1~8 来表示八个分支氏族(详见表 4-8),并且将该民族的结婚规则分解(详见图 4-7),其中,(1,3,2,4)和(5,8,6,7)两个循环为母系循环,(1,7),(2,8),(3,6),(4,5)四个循环为父系循环。

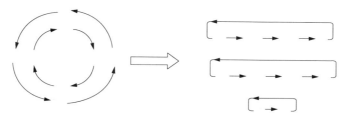

图 4-7 瓦皮瑞土著的择偶规则

显然,这一阶段是整个建模过程中非常关键的一步,要求学生能够抓住研究问题的核心并将研究问题从实际情境转化成为数学情境,进而初步确定控制变量减少无关变量的干扰。因而,在此阶段学生应当具备一定的观察与猜想能力和逻辑思维能力。

3. 模型求解阶段

根据假设,选择合适的数学工具刻画变量之间的关系,建立相应的数学结构。考虑到普适性问题,建立的模型应该简洁易懂,并且尽量使用简单的数学工具对模型进行求解,其中包括传统的解方程、图解、推理证明的方法和近代的计算机技术。一般地,研究者如果利用当地的数学思想方法去建模的话,适合使用传统的方法求解模型,如果利用学校数学知识与思想方法进行建模的话,那么求解方法的选择较多。基于现实因素,在探索瓦皮瑞土著的亲属关系时,教师与学生采用学校数学来解决问题。继模型假设之后,对母/父系氏族进一步的字母符号化(详见表 4 - 9),使得亲属关系更为清晰明了。

其中,$I$ 表示一个标准参考值,$m^2$ 表示 $I$ 的母亲的母亲即外婆,$f$ 表示的 $I$ 父亲,$mf$ 表示父亲的母亲即奶奶,以此类推 $m^2 f$,$m^3 f$。通过图解与列表,教师和学生发现该民族的所有配偶的可能性在逻辑结构上是一个八阶的二面体群(详见表 4 - 10)。尽管我们再怎么延伸该民族的亲属关系,结果终究仍是这八个姓氏部分。从数学的角度来看,瓦皮瑞土著所有的配偶可能性的结果是一个 $8 \times 8$ 的八阶矩阵,该矩阵由 4 个对称矩形组成,运算过程中 $I$ 为单位元,且矩阵的每行每列都有一个单位元 $I$,且满足简化假设阶段的运算规律,即 $m$,$f$ 是生成元。因此,该民族循环的亲属关系对应闭包,标准参考值 $I$ 对应幺元(或称单位元),循环的特性也意味着每个元素存在着逆元(如 $m^2$ 是 $m$ 的逆元,即 $m^2 \cdot m = I$),亲属关系的传递性对应结合律(如 $mmf = m(mf) = (mm)f = m^2 f$)等。不难发现,建构土著民族的亲属关系这一数学活动难度较大,对学生的起点要求较高,所以一般建议作为大学预备课或是知识类拓展性课程的数学实践,由教师引导学生开展建模活动,让学生感受到高深的数学知识也很"亲民",进而激发学生学习数学的热情。同时,用数学的眼光看待世界、处理日常生活问题,让学生体验生活的数学化。

再如巴西学生探索当地某一酒庄的葡萄酒产量活动,使用意大利移民发明的计算技巧来构建模型并进行求解。在求解过程中,巴西学生根据葡萄酒生产商的规则认为构成酒桶的木板在整体上是均匀变化的,并且把平均半径作为整个酒桶的近似半径,因此将酒桶近似为底面半径是 $r_m$ 的圆柱(实际的酒桶是两头小中间大的圆桶)。在此基础上,学生使用葡萄酒生产商提供的平均锥公式就能粗略地估算葡萄酒桶的体积。结果发现,使用葡萄酒生产商的平均锥公式与学校数学的圆台公式计算出来的葡萄酒桶体积相差甚小,也就是说葡萄酒生产商的估算方法是科学可行的。另外,有巴西学生建议从学校数学的角度测量葡萄酒桶的体积,比方说使用等体积的方法测量葡萄酒桶的体积,也有学生指出从物理学的角度解决问题,即利用物体的体积、质量、密度关系计算葡萄酒体积。

问题解决的方法固然不止一种,特别是像数学建模这种开放性的问题,解决途径更具多样化。然而,不同的方法对学生的要求也存在差异,因此同样的数学问题可以通过不同水平的求解方法呈现,对学生的基础知识、计算能力、逻辑推理能力等也呈现出不同水平的要求。但无论是学校的或是当地的解决方法,都从数学的角度解释和分析他们的文化实践,为学生对数学和文化的认识开辟了一条新途径。由此可见,这一阶段是建模的重点也是难点,考验了学生的综合能力。

4. 验证修改阶段

在此阶段,通过误差分析对模型的合理性和适用性作出判断。如果建立的模型尚未符合要求,那么对模型进行适当的调整直到问题解决,最后才将其推广运用。实际操作中,可能因为模型的偏差,需要不断地对原有模型进行修正和检验。如瓦皮瑞土著的亲属关系模型就是在教师与学生的反复实验与推演中发现概念模型在文化之间的共享现象,即把他们的关系模型进行适当调整后也能反映太平洋西南部马勒库拉岛土著的亲属关系。重要的是,拉格朗日也曾证明了瓦皮瑞土著的8阶二面体群,并指出这种二面体群的亲属逻辑关系在世界其他民族也存在相似的模型。一般而言,(民族)建模的过程需要经过不断地建立模型——检验、修正模型的反复过程,才能建构科学可行的模型,因此,学生应当具备扎实的数学知识与数学能力,同样重要的是学生应该具备团队合作与坚持不懈的精神。

纵观民族建模的操作过程,可以发现民族建模不仅能锻炼学生数学建模这一数学核心能力,还能锻炼学生数学交流与表达能力、问题解决能力等。一方面,这是民族建模对学生数学知识和能力的要求,另一方面,也是丰富学生知识和培养学生数学能力的有效途径。与此同时,民族建模切实关注数学文化与文化传统对学生学习乃至未来发展的影响,以及学生的学习水平与能力,体现了教育的人文关怀。①

**(四)民族建模研究对我国民族数学课程改革的启示**

1. 用民族建模的思维与方法建立民族数学与学校数学的关联

大多数的民族数学研究确定了民族数学的形式,但是没有进一步发展这些数学形式在学校数学中的教学途径与方法,因此民族数学进入学校数学存在一定的障碍。然而,民族建模的研究对象是特定文化中的数学实践即民族数学,根据民族建模的操作方法与过程可以发现,运用学校数学的思想方法或是特定文化群体的数学思想方法来分析该文化群体的数学实践活动的过程,实质上是对民族数学和学校数学的比较与联系。也就是说从两者不同的文化体系去认识和经历解决实际问题。在此意义上,民族数学与学校数学在民族建模的过程中相辅相成,利用各自的优势弥补对方的不足。案例中的宗族关系和葡萄酒桶案例充分说明了学校数学可以解释日常生活中人们视为理所当然的现象,以及民族数学可以解释学校数学中不能解释的问题,同时解释了为什么课堂上学习的数学知识与方法在生活中经常没有用武之地,反而习惯于潜意识中的数学思想方法的原因。

另外,民族建模的操作方法决定了数学模型的可行性与科学性,有效地证明了民族数学在一定程度上具有科学性、规范性和系统性,粉碎了"大多数民族数学是不科学、规范"的观点,为民族数学进入学校数学的可能性提供了有效的保证和途径。

2. 切实把握民族建模的教育意义与价值

民族建模在课堂上的实践需要数学教育工作者充分考虑学生的文化和社会背景,以及对民族数学的科学性选择,因而有助于教育工作者不断反思"为什么教"、"教什么"和"怎么教"的问题,真正将数学文化落实到教学工作中,改善数学课程与教学中文化缺失与偏失的状况。特别是,上述民族建模中主位与客位的研究方法,为广大数学教育工作者提供了"如何在数学教育中教/用民族数学"的思路,也为民族数学教育研究提供了新的视角。另外,民族建模的课堂实践有助于培养学生运用数学解决实际问题的能力,或使得在课堂上习得的数学知识与方法在生活生产中得以运用,或让学生切实了解生活生产中那些看似习以为常的方法中的数学思

---

① 张维忠,程孝丽.数学核心素养视角下民族建模的特点与建构过程[J].当代教育与文化,2016,8(4):37-40.

想方法,让学生在理论学习和实践操作中感受数学的实用性和魅力。

对于学生而言,一方面民族建模需要让学生了解特定文化群体中的数学现象和文化背景,有助于学生对数学的知识体系、历史乃至发展过程有一个更加全面的认识,而不仅是在课堂上学习的数学概念。当学生意识到自己文化中的数学(思想)时,就会自觉地把数学看作是人类的文化活动而不是一组冰冷的数字、符号和图形。在这方面,民族建模讨论和比较了学校数学与文化系统的关系,探索了两个系统之间的相似性和差异性,使得学生有机会接触、了解和理解课堂上学习的数学和特定文化乃至其中的数学知识与思想方法,以及他们之间的联系。另一方面,民族建模能够让学生对本土文化有一个更加深刻的认识。近几年来,中华(传统)文化的西化和少数民族文化的汉化现象日趋严重,正面临着被淡化和吞噬的危机。对此,在数学教育中不妨通过民族建模的方法帮助学生重拾和重识本土文化,树立文化价值观,增强民族自信心。

3. 合理采用适当的民族建模方式

应当指出,不管是单向还是双向的民族建模,在具体的教学过程中应遵循以下几个原则。首先,要有明确的目标性或目的性,一是明确要解决什么问题以及怎么解决问题;二是要明确培养学生什么样的能力;三是让学生对数学有一个全面的认识。其次,数学模型要满足科学性和可教性,要符合学生的认知发展规律和知识的生成规律。再者,数学模型的选择必须考虑文化的适切性,要尊重和理解社会资本和文化资本。基于学生的文化背景同时又遵循学生认知规律与教育规律的教学才能达到良好的教学效果。在大多数学生看来,高等数学是枯燥无味的,倘若在大学高数课或是大学预备课中设置瓦皮瑞的宗族关系是否能引起学生对高数的兴趣有待进一步研究,但是葡萄酒桶案例成功地获得了巴西学生的喜爱。无独有偶,类似的研究结果还有李普卡在阿拉斯加的课程改革、亚当在马尔代夫的民族数学课程实验等都得到了当地教师和学生的欣赏与支持。①

---

① LIPKA J, ADAMS B. Culturally based math education as a way to improve Alaska native students' mathematics performance [M]. Athens, Greece: Appalachian Center for Learning, Assessment, and Instruction in Mathematics, 2004:17 - 29;
SHEHENAZ A. Ethnomathematical ideas in the curriculum [J]. Mathematics Education Research Journal, 2004,16(2):49 - 68.

最后,需要注意的是,并不是特定文化群体所开发的数学模型就一定是民族建模。如果忽略了建模过程(或者说数学化过程)是否符合当地人的思维过程以及民族数学的知识结构是否科学与合理这一重要准则,那么所谓的土著模型是不能进行分解与建构。① 显然,缺失科学性和违背教育规律的"模型"无疑是一个"骗局"。事实上,这与民族数学是否具备科学性和教育性的问题是一致的。所以,民族数学在进入数学课程与教学之前必须进行科学性筛选和教育学转化。② 同样,民族建模之前必须对数学模型进行评估和选择。

总之,民族建模为学生提供了认识学校数学与数学文化的新视角,同时也为民族数学进入学校数学提供了有效途径,具有重要的教育意义。本文只是从主-客位的视角对民族建模做出尝试性探索与评介,这方面的研究还有待进一步深入。

## 二、基于民族数学的教学设计

### (一)畲族数学教学案例

**案例一:畲族剪纸**

[教学情境]

如图4-8和图4-9都是畲族流传下来的剪纸图样。

图4-8                    图4-9

---

① CROWE D W. Ethnomathematics reviews [J]. Mathematical Intelligencer, 1987,9(2):68-70.
② 唐恒钧,张维忠.民俗数学及其教育学转化——基于非洲民俗数学的讨论[J].民族教育研究,2014,25(2):115-120.

[提出问题]

（1）这是畲族生活中常见的两个剪纸，它们是中心对称图形或者轴对称图形吗？若是轴对称图形，请问：有几条对称轴？

（2）图4-8其实就是我们数学中常见的直角扇形（如图4-10），如果直角扇形的半径为$a$，请问：扇形的面积应该是多少？

（3）图4-10的直角扇形中（半径为$a$），如果我们想剪出一个最大的正方形，请问怎么剪才可以剪出一个最大的正方形？正方形的面积是多少？正方形的面积与剩余部分的面积之比是一个定值吗？同学们可以自己先动手剪一剪，看谁剪出的正方形最大。

（4）如果我们用图4-10中的扇形（半径为$a$）围成一个圆锥（如图4-12），那么这个圆锥体积是多少？同学们自己动手操作一下，看谁又快又准。

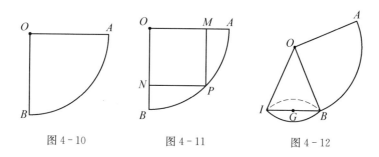

图4-10          图4-11          图4-12

[解决问题]

（1）图4-8既不是中心对称图形也不是轴对称图形，图4-9既是中心对称图形也是轴对称图形并且有两条对称轴。

（2）利用扇形面积公式得：

$$S = \frac{n\pi r^2}{360} = \frac{90\pi a^2}{360} = \frac{1}{4}\pi a^2 。$$

（3）通过同学们的动手操作和讨论，我们得出最大正方形的剪法是：将扇形沿对称轴对折交弧于一点然后过这点分别作直角扇形两边的垂线所得四边形即为最大的正方形（如图4-11）。正方形$ONPM$中$OP=a$，所以最大正方形$ONPM$面积为$\frac{1}{2}a^2$。由第二个问题得剩余部分的面积为$\left(\frac{1}{4}\pi - \frac{1}{2}\right)a^2$，所以其比值为$\frac{2}{\pi-2}$，是定值。

(4) 如图 4-12，弧 $\overset{\frown}{AB}$ 长即为底面圆周长，弧 $\overset{\frown}{AB}=\dfrac{90\pi a}{180}=\dfrac{1}{2}\pi a$，底面半径

$GB=\dfrac{1}{4}a$。连接 $OG$，在直角三角形 $OIG$ 中得 $OG=\dfrac{\sqrt{15}}{4}a$，所以直角扇形围成的

圆锥面积 $s=\dfrac{1}{3}\pi\left(\dfrac{1}{4}a\right)^2\cdot\dfrac{\sqrt{15}}{4}a=\dfrac{\sqrt{15}}{192}\pi a^3$。

**案例二：畲族凤凰装**

[教学情境]

图 4-13 是从畲族凤凰装中的围身裙中提取出来的几何图形，从中我们可以了解到许多的数学知识。如果正方形的边长是 $2a$，$E$、$F$、$G$、$H$ 分别是正方形四边的中点。分别以 $A$、$B$、$C$、$D$ 为顶点，以 $a$ 为半径做弧。

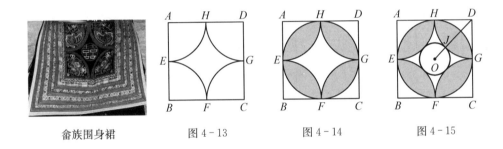

畲族围身裙　　　　　　图 4-13　　　　　　图 4-14　　　　　　图 4-15

[提出问题]

(1) 如图 4-13，四条弧所围成中间部分的图形面积是多少？

(2) 如图 4-14，如果以四边中点做一个圆 1，则图中阴影部分面积为多少？

(3) 如图 4-15，如果在四条弧的内部做一个最大的圆 2，则此圆的面积是多少？圆 2 面积和圆 1 面积之间有什么关系？

[解决问题]

(1) 从题中可以得出正方形的面积 $S_{正}=4a^2$。四个同样的扇形组成一个圆，此圆的面积为 $S_{圆1}=\pi a^2$，所以四条弧围成的图形面积为：$S_1=S_{正}-S_{圆1}=4a^2-\pi a^2$。

(2) 图 4-14 中圆的面积由第一问已经得出，那么阴影部分的面积：$S_{阴}=S_{圆1}-S_1=\pi a^2-(4a^2-\pi a^2)=2\pi a^2-4a^2$。

（3）图 4-15 中可知 $OD=\sqrt{2}a$，$DJ=a$，所以圆 2 半径 $OJ=(\sqrt{2}-1)a$，圆 2 面积为：$S_{圆2}=\pi(\sqrt{2}-1)^2a^2=(3-2\sqrt{2})\pi a^2$，圆 2 面积和图 1 面积的比值为定值 $(3-2\sqrt{2})$。

**案例三：畲族花斗笠**

[教学情境]

某校八年级数学学习兴趣小组在学习过相似图形之后，发现相似三角形中的定义、性质和判定定理可以推广到其他相似图形中去，比如我们可以定义："长和宽之比相等的矩形是相似矩形""半径和弧长对应成比例且圆心角相等的两个扇形是相似扇形"……为了探究这些相似图形的性质，浙江省景宁畲族自治县中学对畲族生活中的花斗笠进行了探究，发现了相似扇形的几个性质：两扇形半径之比的平方等于两扇形的面积比；两个扇形半径的比值与其弧长的比值相等。如图 4-16 是畲族生活中的花斗笠的简化俯视图。两个同心圆被两条垂直的直径分割成四个大直角扇形和四个小直角扇形。截取了其中的一部分（如图 4-17），通过测量得到 $OB=20\ \text{cm}$，$OC=8\ \text{cm}$。

畲族花斗笠

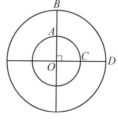

图 4-16

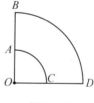

图 4-17

[提出问题]

（1）根据以上材料，写出一个扇形相似的判定方法？

（2）如果想做一个与图 4-17 中 $OB$、$OD$ 为半径的相似扇形，且面积是其 2 倍，则所做扇形的半径是多少？

（3）小明受到相似扇形的启发，认为任意两个圆都是相似圆，你认为对吗？如果对，请说明理由。

[解决问题]

（1）此题答案不唯一，通过材料中的原话就可以得出："圆心角相等，两扇形相似""半径之比等于弧长之比，则两扇形相似"或者"半径之比的平方等于两扇形面积之比，则两扇形相似"等等。

（2）设所求扇形半径为 $x$ cm，根材料中"两扇形半径之比的平方等于两扇形的面积比"得：$\left(\dfrac{x}{OB}\right)^2=2$，$OB=20$ cm，所以 $x=20\sqrt{2}$ cm。

（3）对，根据材料中给出的两扇形相似的定义和性质，我们可以推出两圆相似的定义应该是半径之比等于两圆周长之比（或者半径之比的平方等于两圆面积之比）。设任意两个圆半径分别为 $R$、$r$，则对应周长分别为 $2\pi R$、$2\pi r$，得出 $\dfrac{R}{r}=\dfrac{2\pi R}{2\pi r}$。即证得任意两个圆都是相似圆。

民族数学在素材挖掘、选择与转化时必须注意以下两个方面的问题。

1. 多维度深入挖掘多元文化数学中的民族数学素材

本案例中的多元文化数学中的民族数学素材来自民族地区的各个领域，我们要从不同的角度去发现这些数学文化，深入挖掘数学文化素材的教育价值。灵活运用这些素材来设计教学案例，以此来达到帮助学生学习数学知识的目的。

案例一从畲族的剪纸中的多元文化数学出发，第一问引出数学中最基本的概念性问题：中心对称和轴对称；第二问过渡到教材中的基本数学公式：扇形面积公式；第三问提升到自己动手实践：扇形中如何剪出最大的正方形；最后一问深入考查学生对立体空间几何图形展开图还原：扇形还原成圆锥后的体积。案例二从畲族"凤凰装"中的多元文化数学出发，第一问就是一个从规则的正方形出发拓展求弧所围成不规则图形面积的问题，学生需要运用自己所学的基本公式把不规则图形面积的解答转化到规则图形中解答，这是数学中非常重要的解剖→分析→转化的能力；第二问同样深入拓展到另一个不规则图形面积：圆与内部四条弧所围成的不规则图形的面积；第三问建立在前两问的基础上去发现其中大圆和小圆存在一个什么样的关系问题上。案例三通过对畲族花斗笠中的数学文化联想到相似三角形这一节来引发学生的思考，相似的概念是否能用在其他图形中？从而引出探究两个扇形在什么样的条件下相似，相似的两个扇形有什么样的关系，相似扇形具有什么样的性质等一系列问题。当一系列的问题解决后,深入探究了另一个探究:任意的两个圆都相似吗? 并让学生根据以上知识的掌握自己去推理证明。问题的设计层层深入、由简到繁。

2. 民族数学素材的选择与转化的关键点

民族数学素材要具有普遍性。在引入学校课程的民族数学素材如果不具备普遍性,大部分学生对于教师所讲的素材一无所知,那么这样素材的引入就是失败的,和不引入没有区别。学生的脑海中对于这种陌生的素材根本没有具体感受过,不能引起学生的共鸣和真实的对于未知问题探索的兴趣。如果我们引入生活中非常常见的素材,学生们就会显出浓厚的兴趣。笔者列出的畲族数学文化素材:剪纸、凤凰装、花斗笠都是学生生活中非常常见的事物。教师通过这些素材的引入和设计教学案例,让这些生活中的数学素材来帮助学生理解数学中的知识或者解决一些相关的数学问题。

民族数学素材要具有可操作性。当今,数学的学习强调学生的动手操作性,我们以学生善于解决问题的实践能力和勇于探索的创新精神为宗旨。因为只有学生自己去动手实践,才能更好地促进学生的学习兴趣和对于知识本身的理解。让学生在动手实践的过程中去体会数学的奥妙,进一步给学生留下解决问题过程的深刻印象。例如图 4-10 中教师在探究完浅层的数学问题之后可以让学生自己动手剪出一个最大的正方形,这样学生们就可以自己动手操作,然后和同学们交换自己剪正方形的步骤。

民族数学融入数学课堂教学要把握好“度”。现在民族地区提倡民族数学文化走进课堂,但是教师在课堂中使用民族数学素材或者案例时,要考虑这些多元文化数学素材或者案例的引入是否合理,是否能够很好地为数学知识的学习提供帮助,也就是要把握好“度”。一些教师在数学课堂上,强行将一些不适合本节课的民族数学案例引入到课堂中,这增加了学生对数学知识的理解难度,使多元文化数学融入课堂,反而阻碍了数学知识的学习。

民族数学融入数学课堂要把握好“量”。民族数学融入数学课堂是为了帮助学生更好地理解和掌握数学,是促进学生更好地学习数学的一种途径,不能过于注重民族数学素材或者案例的引入。每节课的教学任务是有计划的,过多地引入民族数学素材或者案例会打乱每节课的教学计划,所以要把握好“量”,才是真正通过民族数学素材或者案例革新数学的教与学。[1]

（二）苗族数学教学案例：苗族银饰中的圆[2]

圆是构成苗族银饰的又一基本元素。如图4-18—图4-21是苗族银饰中的"铜鼓"吊坠，它们的图案虽然不同，但结构基本相似，都是由几个同心圆构成，而同心圆（或两个同心圆组成的圆环）内都镶嵌着一些相切的等圆。为了叙述的方便，规定同心圆从里到外依次称为第一个圆，第二个圆，第三个圆，……

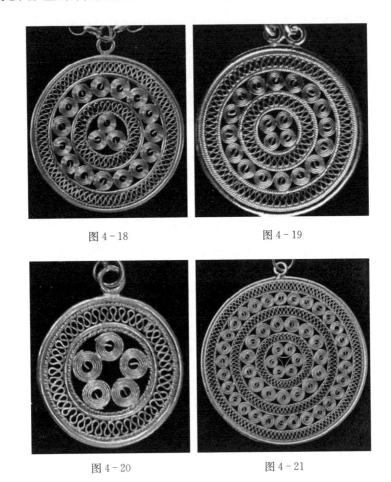

图4-18 　　　　　　　　　　　 图4-19

图4-20 　　　　　　　　　　　 图4-21

① 余鹏,张维忠.基于民族数学的教学案例设计与思考——以畲族民族数学为例[J].福建中学数学,2016(11):4-6.
② 罗永超,肖绍菊.苗族银饰几何元素探析及在课堂教学中的应用[J].数学教育学报,2016,25(1):94-98.

在图 4-18—图 4-21 中，第一个圆内分别有 3、4、5、6 个半径相等的圆都与之内切，且这 3(或 4、5、6)个等圆中的任意一个都与相邻的两个圆外切；在图 4-18 和图 4-21 的第二个圆与第三个圆之间分别有 15 个等圆都分别与之外切和内切，且这 15 个等圆中的任意一个都与相邻的两个圆外切；而在图 4-21 的第四个圆与第五个圆之间有 29 个等圆都分别与之外切和内切。且这 29 个等圆中的任意一个都与相邻的两个圆外切。

显然，这些银饰的制作要遇到如下问题：

(1) 在图 4-18 中，若第一个圆内的 3 个等圆的半径为 $r$，且都与之内切，这 3 个等圆中的任意一个都与相邻的两个外切，那么第一个圆的半径 $R$ 等于多少？同理，图 4-19—图 4-21 中的第一个圆的半径 $R$ 分别等于多少？

(2) 一般地，若 $n$ 个半径为 $r$ 的等圆都与半径为 $R$ 的大圆内切(或外切)，且这 $n$ 个等圆中的任意一个都与相邻的两个外切，那么大圆的半径 $R$ 是等圆半径 $r$ 的多少倍？

作为课堂教学的拓展，还可以提出：

(3) 在问题(2)中，半径为 $r$ 的 $n$ 个等圆的圆心共圆吗？这个圆的半径是多少？

学生在学习了有关正多边形和圆的知识后，完全可以回答这些问题。

在以圆为基本元素的苗族银饰中，款式多样，构图精美，富于启发和想象，是中小学数学开展研究性学习的丰富题材。图 4-22 是苗族银饰吊坠中的又一款式，它在结构上与图 4-18—图 4-21 相似，所不同的是在同心圆的中心有一个五角星，其几何图形如图 4-23 所示，它由 10 个等圆 $O_i(i=1, 2, \cdots, 10)$，4 个同心圆 $O$ 和一

图 4-22

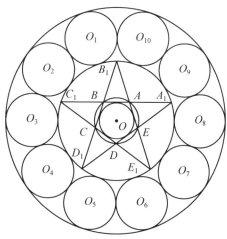

图 4-23

个五角星构成。制作这样一个银饰,当然要知道这 10 个等圆和 4 个同心圆 $O$ 的半径各是多少,它们与正五边形 $ABCDE$ 的边长有何关系等,这些都是学生通过努力可以解决的问题。

进一步拓展银耳环中的一个"铜鼓"吊坠(图 4 - 24),造型优美,图 4 - 25 是它的几何图形,共有 8 个圆,其中圆 $A$、$B$、$C$、$D$、$E$、$F$ 为 6 个等圆,且每个等圆都与相邻的两个等圆外切,这 6 个等圆又都与小圆 $O$ 外切,与大圆 $O$ 内切。

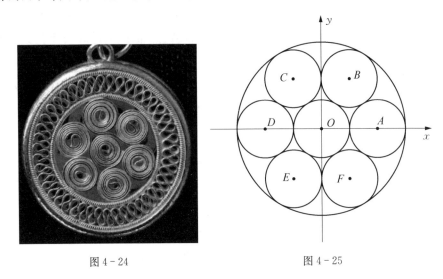

图 4 - 24            图 4 - 25

教师展示这一情境后学生可能相继会提出以下一系列相关的问题:

(1) 若圆 $A$、$B$、$C$、$D$、$E$、$F$ 的半径都为 $r$,顺次连接圆心 $A$、$B$、$C$、$D$、$E$、$F$ 得到一个 6 边形,它是正 6 边形吗? 若是,其边长是多少?

(2) 若 6 个等圆的半径都为 $r$,那么小圆 $O$ 和大圆 $O$ 的半径分别是多少?

(3) 在图 4 - 25 中,圆心 $A$、$B$、$C$、$D$、$E$、$F$ 是否共圆,这个圆的圆心是哪一点,半径是多少?

(4) 在图 4 - 25 中,$A$、$B$、$C$、$D$、$E$、$F$ 这 6 个等圆顺次相切,6 个切点共圆吗? 这个圆的半径是多少?

(5) 若在大圆 $O$ 外再作 6 个等圆 $A'$、$B'$、$C'$、$D'$、$E'$、$F'$,且每个等圆都与相邻的两个等圆都外切,这 6 个等圆都与大圆 $O$ 外切,那么这 6 个等圆的半径是多少?

（6）在图 4-25 中建立直角坐标系后，小圆 O 和大 O 的方程分别是什么？

（7）在图 4-25 中，圆 $A$、$B$、$C$、$D$、$E$、$F$ 的方程分别是什么？能否用一个方程表示。

（8）在图 4-25 中，圆心 $A$、$B$、$C$、$D$、$E$、$F$ 所在的圆的方程是什么？

（9）将本例中的 6 个等圆改为 $n$ 个，对应上述的问题答案是什么？

前面 8 个问题的提出和解答都较为简单，问题（9）的提出和解答，需要学生有一

定的归纳概括能力，值得关注：因为此时小圆 O 与大圆 O 的半径分别是 $\dfrac{1-\sin\frac{\pi}{n}}{\sin\frac{\pi}{n}}r$

与 $\dfrac{1+\sin\frac{\pi}{n}}{\sin\frac{\pi}{n}}r$，而 $n$ 个等圆的半径为 $\dfrac{1}{\sin\frac{\pi}{n}}r$；还有，用一个方程表示 $n$ 个等圆，要考

虑这 $n$ 个圆心的坐标的一般表达式等，这些结论都具有一般性，对提升学生研究中学数学的能力很有帮助。

这个案例移植到初中数学课堂时，要注意学生一般提不出与高中内容相关的问题，因此图 4-25 中不宜出现坐标。

**（三）白族数学教学案例**①

**案例一：白族木雕图案中的镶嵌与弦图**

图 4-26 是白族民居格子门窗图案，这与初中平面几何的什么知识点有关，由此您想到什么？

（1）每一个小正方形的外围有着 4 个大正方形，他们构成了一个什么平面图形？

（2）如果把小正方形外围的 4 个四边形其中的一条对角线连接，他们构成了一个有名的图形叫什么？如何用该图证明勾股定理？

图 4-26

① 杨梦洁,王彭德,杨泽恒.白族文化中数学元素的挖掘[J].数学教育学报,2017,26(2):80-85.

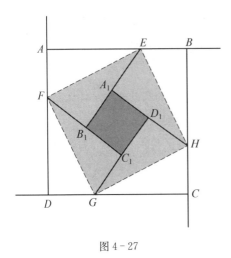

图 4-27

(3) 如图 4-27,如果大正方形 $EFGH$ 的面积为 13,小正方形 $A_1B_1C_1D_1$ 的面积为 1,设直角三角形的两直角边分别为 $a$、$b(a<b)$,则 $(a+b)^2$ 等于多少?

还可提出一些与面积有关的问题……

(从白族学生熟悉的木雕图案出发,与《义务教育教科书·数学》中的平面镶嵌和勾股定理的知识点有机结合在一起,提高了少数民族学生学习数学的兴趣;数学源于生活,又应用于生活,该案例让学生了解赵爽利用"弦图"证明勾股定理的证法之优美、精巧。充分体现了中国古代的数学文明和数学文化。)

**案例二:白族扎染图案中的几何曲线**

图 4-28 是白族扎染图案,其蕴涵丰富的几何曲线,结合定积分的学习,你发现了什么?

(1) 白族扎染图案图 4-28 中蕴涵有哪些平面几何曲线?它们的方程分别是什么?

(2) 设星形线参数方程为 $\begin{cases} x=b\cos^3 t, \\ y=b\sin^3 t \end{cases}$ $(b>0)$,如何计算星形线的周长及所围成平面图形的面积?

图 4-28

(3) 如果把星形线绕 $x$ 轴旋转一周所得旋转体的体积如何计算?

(4) 玫瑰线与四叶草曲线的方程之间有怎样关系?如何求四叶草曲线所围成的平面图形面积?

(5) 如何计算扎染图案中一个圆形的面积?

(具有一定解析几何和定积分知识的大学生,提出和解答以上问题并不难;借助白族扎染开展数学教学案例的研究,使在校大学生受到白族文化的熏陶,培养民族地区数学课程资源的意识和精神。)

在大学数学的课堂教学中,它们用定积分探讨了圆、椭圆、玫瑰线、心形线、星形线、螺旋线等平面几何曲线的弧长以及所围成平面图形的面积,但很少涉及这些几何曲线的生活背景,如果以白族扎染图案为情境,用情境教学法在大学数学的课堂引入相关曲线概念及方程,将使大学数学更贴近白族地区生活背景,对于学生理解数学知识、激发学生学习数学的兴趣具有重要意义。

**(四)水族数学教学案例①**

**案例一:水族背带与平方差公式的发现**

[知识点]

平方差公式(人教版数学八年级上册)

[数学情境]

水族衣服、背带、绣花鞋以及孩童花帽等,在水族的生活中形成了一道靓丽的风景线,其中也蕴涵着许多数学知识。图 4-29 是水族的一款背带的图案。

图 4-29 水族背带图案

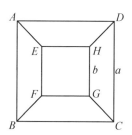

图 4-30 学生作图

[提出问题]

① 请观察图 4-29,作出它的几何图形。(学生通过观察,可以作出如图 4-30 所示的图形,它由中心重合且对应边互相平行的两个正方形构成。)

② 假设正方形 $ABCD$ 的边长为 $a$,正方形 $EFGH$ 的边长为 $h$,两个正方形的面积分别是多少? 它们的面积之差是多少?

③ 这两个正方形的面积之差还可以怎样计算?

---

① 杨孝斌,黄晚桃,吴才鑫,等.民族数学文化课程资源开发与利用的实践探索——以水族数学文化为例[J].中小学课堂教学研究,2019(4):3-6,21.

④ 四边形 *ABFE*、*BCGF*、*CDHG*、*DASH* 分别是什么图形？它们的面积可以怎样计算？

⑤ 四边形 *ABFE*、*BCGF*、*CDHG*、*DASH* 的面积分别是多少？它们的面积之和是多少？

⑥ 四个等腰梯形的面积之和与两个正方形的面积之差有什么关系？

⑦ 由问题⑥，你能得到什么样的等式关系？这个结果说明了什么？

⑧ 如图 4 - 31 所示，如果两个正方形的中心不重合，这个结论还成立吗？

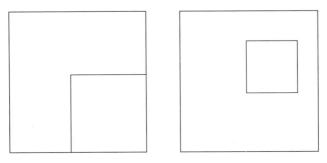

图 4 - 31　中心不重合的正方形

[问题设计意图]

① 让学生经历从生活情境中抽象出几何图形的过程；

② 引导学生计算两个正方形的面积之差；

③ 引导学生计算四个等腰梯形的面积之和，从而用新的方法求出两个正方形的面积之差，体会算法多样化的思想；

④ 引导学生发现平方差公式：$a^2 - b^2 = (a+b)(a-b)$；

⑤ 变式训练，引导学生进一步思考问题的本质。

[案例评析]

本案例从水族学生熟悉的图形出发，为平方差公式找到了一个直观的几何模型。通过这个模型，学生可以得到关于平方差公式证明的一个很好的方法。在水族学生占多数的学校里讲授平方差公式的证明时，教师不妨按此方法教学，让学生在自己熟悉的文化中感受数学知识。从学生已有的经验出发，让学生在熟悉的生活情境中开始一堂课的学习，能有效地吸引学生的注意力。这样不仅能激发学生的学习兴趣，而且能让他们感受到数学其实就在自己的身边。

**案例二：水族妇女手袋图案与等比数列、数列极限的学习**

[知识点]

等比数列人教版高中数学必修5（B版）

[数学情境]

图4-32为水族妇女手袋图案。

[提出问题]

① 请观察图4-32，作出它的抽象几何图形。

（学生通过观察，可以作出如图4-33所示的图形。）

图4-32　水族妇女手袋图案

② 假设大正方形的面积为1，从外到内第二个、第三个、第四个正方形的面积分别是多少？

③ 这些数构成的数列是等差数列吗？

④ 这些数有什么规律可循？你可以给这样的数列下一个定义吗？

⑤ 按照这个规律继续作图，猜猜第六个正方形的面积应该是多少？你可以写出公式吗？

⑥ 设最外面的正方形的面积为 $a_1$，从外到内第二个正方形的面积是第一个正方形的 $q$ 倍，第三个正方形的面积是第二个正方形的 $q$ 倍……以此类推，第 $n$ 个正方形的面积是多少？

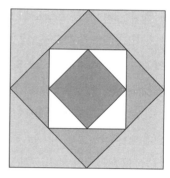

图4-33　水族妇女手袋图案
示意图

⑦ 换一个角度，假设大正方形的面积为1，从外到内第一圈四个直角三角形的面积之和是多少？第二圈四个直角三角形的面积之和是多少？第三圈呢？第 $n$ 圈呢？随着 $n$ 的增大，第 $n$ 圈四个直角三角形的面积之和是如何变化的？

⑧ 如果按照这个规律作图，将每一圈的四个直角三角形的面积分别表示出来，再相加，你估计它们的面积之和是多少？这个结果说明了什么？

[问题设计意图]

① 让学生经历从生活情境中抽象出几何图形的过程；

② 引导学生逐步总结出等比数列的定义，并引导学生寻找等比数列的通项公式；

③ 引导学生感受数列的极限；

④ 引导学生感受无穷递减等比数列(公比$|q|<1$，$q\neq0$)前 $n$ 项和的极限。

本案例所涉及的等差数列、等比数列及其相关知识是高中数学的重点内容，数列求和、数列极限是高中数学的难点知识。长期以来，部分教师沿用课本上的材料或著名数学家的趣闻轶事，如高斯小时候的故事、国际象棋发明者的故事、穷人向富人借钱的故事等，作为数列部分的数学情境。当然，这些情境有其存在的合理性和教学价值。

本案例从水族数学文化资源出发，为等比数列的定义、通项公式以及数列极限等有关知识的教学找到了一个较好的例子。以这个例子作为问题情境，设置相应的数学问题，通过不断地启发与暗示，同样可以引出等比数列的定义，引导学生探究等比数列的通项公式；设置问题⑦和问题⑧是为学生将来学习数列极限以及无穷递减等比数列前 $n$ 项和的极限等问题做准备。(注：问题⑦和问题⑧不宜在初学等比数列时展示给学生。)

此外，对水族聚居地区的学生而言，水族妇女手袋的图案是他们熟悉的图案，更容易引起学生的共鸣。教师将水族妇女手袋的图案作为数学问题情境引入课堂，可以发展学生的几何直观能力。我们还可以进一步要求学生研究下面的图案（如图 4-34 所示），分别得到如下结果：

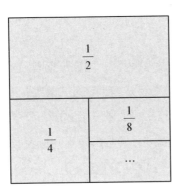 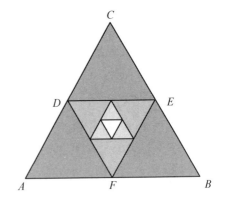

图 4-34　几何直观与数列极限

左图：$\dfrac{1}{2}+\dfrac{1}{4}+\dfrac{1}{8}+\dfrac{1}{16}+\cdots=1$；

右图：$\dfrac{3}{4}+\dfrac{3}{16}+\dfrac{3}{64}+\cdots=1$。

### （五）瑶族数学教学案例①

在学习人教版必修二"空间几何体的三视图"这一节内容时，教师可以首先从瑶族刺绣、瑶族建筑、瑶族娱乐活动中挖掘相应的数学元素，通过准确把握教学内容以及学生的实际情况，设计一个良好的教学方案；其次，在教学活动中注意情境创设，教师要随时关注学生的情感发展状况；再次，教师应采取多种评价方式，在评价过程中不仅要关注学生的学习结果，还应关注整个教学过程中学生的心理发展和变化情况；最后，教师要充分利用评价与反思来促进自身的教学。部分教学片断如下：

师：同学们，请欣赏这组图片（图4-35），大家可以从图中看到哪些平面图形？

生：咦，这不就是我们瑶族的刺绣和纺织坊吗，在图片上看起来别有滋味。

生：正方形、长方形、三角形……

师：好，同学们，大家发现这是我们瑶族最具民族特色的刺绣和建筑，刚才大家看到的是一些简单的平面图形，接下来，请同学们观察图4-36中的图形，你能找出其中有哪些立体图形吗？

图4-35

图4-36 瑶族建筑

---

① 潘掖雪，周锦程，武小鹏.民族文化融入中学数学课堂教学的研究与探索——以贵州荔波县瑶族文化为例[J].黔南民族师范学院学报，2021，41(2)：72-78，113.

生：长方体、圆柱体……

师：请大家再观察一下，不同的立体图形，如果从不同的方向看，你所看到的图形是否一样？

同学们纷纷议论，教师又继续追问：

师：同学们还记得三视图的定义吗？

同学们开始回忆讨论……

师：正视图，是指光线从几何体的前面向后面的正投影；侧视图，是指光线从几何体的左面向右面的正投影；俯视图，是指光线从几何体的上面向下面的正投影（教师给出总结）。

图 4-37　瑶族陀螺

师：同学们能画出图 4-37 中陀螺的三视图吗？另外，如果把陀螺倒过来放置，它的三视图有无变化？

在教师的引导下，部分学生画出了陀螺的三视图（图 4-38），许多学生分不清楚俯视图中的小圆应该用实线还是虚线。

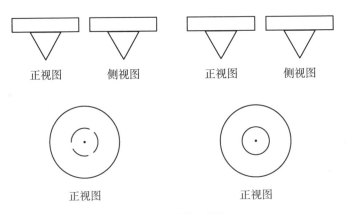

图 4-38　陀螺三视图

利用陀螺摆放位置的不同，让学生看到同一个几何体由于摆放位置不同其三视图也可能不同，并总结出画三视图的两个要点。打陀螺是瑶族学生最熟悉的娱乐项目之一，以学生本民族文化中的相应数学元素为载体，引导学生从瑶族文化背景中抽象出相应的数学模型,让学生充分感受到数学来源于实际生活,这不仅能够加深学生对相关知识点的认识与理解,还能极大地激活课堂。通过这样的方式,将瑶族数学文化自然地融入到数学课堂的教学中,从而激发学生的学习兴趣,让学生主动参与到相应知识点的学习中,以增强学生探索相应知识的潜力。

## 第三节　基于民族数学的学生理性精神培养

随着立德树人作为教育根本任务的确立,德育引起了更多的重视与关注。而德育的实施既需要有专门的课程,也需要借助各学科的教育进行培养,即使是数学学科也能很好地开展学科德育。一些学者曾就数学的德育价值进行过论述。[①] 中小学数学课程和教学也在不断地强调数学学科德育。但从 2013 年新浪网发起的一次有关"数学是否该滚出高考"的调查中发现,参与调查的网友中约 7 成投了赞成票。许多网友吐槽数学的价值以及学校数学学习的意义,其中一个典型的观点是将数学的价值简单地等同于实际应用,并进而认为学那么多数学没有多少意义。可见,数学的价值在相当一部分人的心目中被不恰当地窄化了,特别是未能充分地认识到数学的德育价值。因此,数学教育的德育价值及其培养途径是值得进一步探索的问题。理性精神的培养是数学德育的重要内容。笔者在文[②]中提出了理性精神培养的一些基本想法。以下将进一步从民族数学角度出发,讨论对理性精神及其培养的认识与做法。

### 一、理性精神并不是数学学习的自然结果

所谓理性,是人类具有的依据所掌握的知识和法则进行各种活动的意志和能力,是"指概念、判断、推理等思维形式或活动"[③]。郑毓信[④]认为理性是一个不断发展与演化的概念:早期的"理性"与"愚昧无知"相对立,即意识到世界的规律性以及

---

① 何伯镛. 大哉,数学之为德[J]. 数学教育学报,1996,5(2):6 - 9,14.

② 张维忠,陈碧芬. 民族数学与学生理性精神培养[J]. 中学数学教学参考,2017(26):1.

③ 周元明. 数学的文化功能:培养理性精神和发现数学美[J]. 广东社会科学,2012(5):84 - 87.

④ 郑毓信. 数学:看不见的文化[J]. 南京大学学报(哲学·人文·社会科学),1994(1):54 - 63.

这种规律的可认识性;而其近代的一个重要含义在于,人类超越感性经验束缚,借助理论思维获得关于事物本质的深刻认识;就其现代发展而言,则包括了对于自我、对于自我与外在世界的关系、特别是对于人的认识能力的自觉反省。

就数学学科特点及其历史发展而言,其与理性有着某种天然的联系。自古希腊以来,毕达哥拉斯学派的"万物皆数"、柏拉图的理念世界以及利用数学方法研究天体运动规律等,都表明数学在认识人类所生存的这个世界的规律上的价值。而数学的公理体系、逻辑论证等则为人类超越感性经验的束缚提供了工具,使人们认识到纷繁复杂、变化多样的外在表象背后的内在联系与本质特征。此外,数学广泛的应用性、数学建模及其预测功能等为理解人类与自然、社会的关系,以及解决问题提供了可靠的工具。克莱因[①]认为,"作为理性精神的化身,数学已经渗透到以前由权威、习惯、风俗所统治的领域,而且取代它们成为思想和行动的指南。"基于此,数学教育也自然成为培养理性精神的重要载体。丁石孙[②]曾指出,"数学给人的不只是知识,而且是思想方法,数学是理性思维的典型。"然而需要引起重视与讨论的问题是,理性精神是否是学生学习数学的自然结果? 在一定程度而言,数学学习确实能提高一些人的思维的逻辑性与严谨性,但却不必然地能使人具备理性精神。也有研究者对数学教育的现状进行分析后认为,数学尽管是一种思维科学,并充满着理性,但受应试教育、分数至上等方面的影响,以及受教师本身认识的限制,数学教学中仍以教知识、练技能为主,而"数学理性的光芒"被淹没在大量缺乏思想的运算、推理中,理性思维与精神并未得到有意识的培养[③]。可见,数学学习中的理性精神需要有意识地培养。

## 二、民族数学是理性精神培养的重要载体

那么,数学教育中应通过什么样的途径与方式培养学生的理性精神? 当下的学校教育在这方面还有哪些值得改善的地方? 民族数学又能为学校数学教育提供

① M. 克莱因. 西方文化中的数学[M]. 张祖贵,译. 上海:复旦大学出版社,2004:vi.
② 丁石孙. 数学的力量[A]. 见霍金,杨振宁. 学术报告厅——求学的方法[C]. 西安:陕西师范大学出版社,2002:63.
③ 李昌官. 让数学教学闪耀理性的光芒[J]. 数学通报,2006,45(7):4-7.

怎样的补充作用？理性精神至少体现在两个层面：一是理性思维意识与习惯，二是理性思维方式与能力。在当前的数学教学来看，后者是比较受到关注的。具体地，教师要求学生在数学思考与表达上要有逻辑，能有依据地进行数学推理，这能使学生的思维方式更具理性，并且其理性思维能力也能得到提升。然而，由于低学段的学校数学因过于关注数学的具体性与直观性而未能很好地体现理性精神；而随着学段的升高，学校数学又会逐渐表现出数学体系的独立性与自我完备性，在更好地体现了数学理性精神的同时，却也使数学与现实世界的关系处于越来越明显的疏离状态。后者可能会导致，在数学学习中形成的理性思维方式与能力并不能迁移到与数学处于明显疏离状态的现实生活中。这也即是指，理性思维的意识与习惯并不会随理性思维方式与能力的发展而形成，前者也有可能限制后者在现实生活中发挥作用。西维尔(M. Civil)等[1]的研究发现，如果学生只是体验了如代数等理论数学知识，则当学生第一次面对日常生活情境中的数学，或需要讨论、争论、发现而不是直接给予的数学时，是很难接受的。

当然，从 21 世纪以来的课程改革中，教师也越来越关注数学与学生生活间的密切联系，以体现数学尤其是初等数学的生活本源，也通过这种方式发展学生数学应用意识与能力。这从一定程度上而言是对理性思维意识与习惯的关注，因为这要求学生学会用数学的方法思考、解决生活中的问题。然而这方面目前还存在两个主要问题。一方面，创设的情境过于理想化、明确化，学生一眼便能识别出这些问题"是一个数学应用题"，甚至很明确地知道用什么数学知识加以解决。另一方面，教学中的生活情境往往是背景性的，而非活动性的。即，这些情境是在数学问题的基础上"套"上去的，其教学目的是引出数学知识，或使数学问题变得更加地现实，因此这种情境往往是可以替换的。在教学过程中，在实现引出新知后，这种情境也就功成身退了。比如圆锥体的学习可以用蒙古包，也可以用稻草垛，还可以用农民喷洒农药时产生的水柱。而活动性生活情境中蕴涵的数学问题是内在于情境的，教学过程中是提炼情境中的数学问题并解决情境问题的过程。比如，一个班中常有多位同学生日相同的巧合，然后寻找到能解释这种巧合的数学知识，即"独立事

① CIVIL M. Culture and mathematics: a community approach [J]. Journal of Intercultural Studies, 2002,23(2):133-148.

件同时发生的概率",教学过程是在解决这一问题的过程中展开的。这样的情境更开放、更自然,而且往往具有难以替代性。

基于上述讨论,笔者认为民族数学作为学校数学教育资源的一种补充,有效地促进数学教育在理性精神上的培养。所谓民族数学,是指不同文化中所产生与使用的数学,具有多种形态,"日常数学"是其中之一。民族数学虽然在数学的严格性、体系性等方面不如学校课程中的数学来得精深和富有逻辑,但它与学生文化有着更密切的联系,并使其中的数学问题根植于背景之中。这类问题应用于教学,将使学生更加切实地感受数学之于生活的价值,形成用数学的眼光看待世界、用数学的思维思考世界、用数学的语言表达世界的意识与习惯,这也是理性思维的意识与习惯形成的一个重要方面。另一方面,民族数学又可以作为学校数学与现实生活间的一座桥梁,为学生理性思维与能力的提升提供中介。郑毓信[1]在对民族数学与学校数学的优点、局限性进行分析的基础上,指出应将两种数学形态很好地融合起来。民族数学在内容上往往比较具体,又往往来自于学生熟悉的文化背景中,因此将民族数学作为学校数学学习的出发点与背景,有助于为学生抽象的理性思维培养提供台阶。

## 三、挖掘并转化旨在培养理性精神的民族数学

如何挖掘具有针对性的民族数学,以培养学生的理性精神?一个可行的思路是依据理性及理性精神概念本身的发展阶段与层次挖掘具有针对性的民族数学,并转化为教学中可以使用的形态,具体可包括以下三个方面。

1. 利用民族数学去昧破迷、把握世界规律

数学作为科学理性的典范,去昧破迷应是其重要的德育功能。对神明的笃信,将一些巧合现象归因于上天的启示,这是愚昧无知、宗教迷信的典型表现。可以通过民族数学,用数学方法解释如"巧合"等现象背后的科学规律,从而破除迷信。

比如,"托梦"是一个典型的例子。有许多梦境会在做梦后的几天内发生在真实的生活中,这是一种巧合。但许多人会把这种巧合的原因归结为神秘的力量。

---

① 郑毓信. 民俗数学与数学教育[J]. 贵州师范大学学报(自然科学版),1999,17(4):90-95.

事实上，除去"日有所思、夜有所梦"这一心理因素外，用数学来解释则能使人在对待这些事情上变得理性。具体而言，首先，能引起人们关注并认为是"托梦"的往往是在他梦中和真实生活中都极少出现的事情，这种巧合会让人产生惊奇感。其实，每个人的梦境是多种多样的，所以梦里的事与真实生活有所重叠也没有什么好稀奇的，也正因如此许多梦境在真实生活中再现的巧合并不会引起人们的关注，能引起关注的只是那些很稀奇的事。其次，某个特定的稀奇事件发生的可能性是极小的（假设该事件明天发生的可能性是一百万分之一），但能让人产生同等惊奇感的稀奇事件是不止一件的（假设这样的事件有100件），因此，两件稀奇事件同时在某一天发生的可能性就会上升。另外，人的感受是有一定的延续性的，即今天梦境在之后的一周内、一个月内甚至一年内发生都会让人感受到惊奇感，只不过强度不一样。那按照上述假设，利用独立性事件概率的数学知识便能发现，一个人在20年中发生上述巧合的可能性会超过一半。换一个视角思考这个问题，在认识的20个人中，一年内会有上述巧合发生在他们身上的可能性超过了一半。当然这个例子的讨论是有很大的主观性的，因为什么是百万分之一的稀奇事件是很难确定的，这只是人的主观感受而已。但无论如何，数学为我们平常的巧合提供了一些解释，而无需求助于神秘力量。

2. 利用民族数学促成感性体验向理性思维的转变

民族数学一方面有助于学生丰富、具体而直接的文化体验，另一方面又蕴涵着深刻的数学思维，这为学生由感性体验转向理性思维的转变提供了可能。以下将以数学美的欣赏到数学模式的认识与建构为例，来说明民族数学是如何为学生理性思维的发展提供载体的。

图形模式的重复与变换是产生数学美的一种重要方式。图4-39展示了澳大利亚墨尔本皇家展览馆正门上方的孔雀图案，利用灯光效果和以孔雀头为圆心的3个同心圆产生了立体效果。从数学角度来看，该图案既可以看作是由最左侧的扇形以孔雀头为圆心、经过11次旋转变换得到，而每个扇形用拥有光源的内侧小扇形、中间近似的椭圆形（下称"类椭圆形"）和外侧圆形加以填充；也可以看成是3个同心圆面上图案的迭代变换关系，即最靠近圆心处的扇形、中间类椭圆形和最外侧的圆形，这也可以被看作一个近似的相似变换。图4-40悉尼歌剧院的图案模式与图4-39有相近之处，也体现了以同心圆为基础的相似变换、旋转变换等数学模式，

只是由图4-39的平面图形变成了图4-40中的立体
图形。图4-41显示的墨尔本城市购物中心的屋顶则
进一步在圆锥体中体现了相似、旋转等变换模式，而如
果将该屋顶中的几何模式投影到一个平面上，则与图
4-40又具有完全相同的图形变化模式。当图4-41中
的圆锥母线变成圆弧状或直线和曲线的组合形态时，即
可演变出图4-42和图4-43中的建筑艺术。上述建
筑图形能让学生直观地感受建筑之美，也能认识到其背
后的数学元素。而当具有上述图形模式的图案有序呈

图4-39

现时，学生的注意力便会从单纯的审美转向模式的识别，
即从对具体几何图形的关注转向这些图案中蕴藏的图形变化规律与模式，思维方式
也会从具体转向抽象。更进一步，让学生在模式识别的基础上，欣赏与建构新的图案
时，抽象思维又在现实中得到了应用，而这又会反过来提升理性思维的能力。

图4-40

图4-41

图4-42

图4-43

### 3. 利用民族数学促进自觉反省

传统的学校数学常给人以绝对的确定性与客观性的误解,甚至出现对数学真理性、先验性的迷信与盲从。从基础教育的角度而言,上述现象也有其价值,比如视数学为真理的标准,从而强化对数学的重视程度;又如在教学中会强调对数学基础知识的学习,以奠定较好的数学基础。但另一方面,这也会造成人们数学观念的狭隘性,忽视人类在数学创造中的能动性。随着我国数学课程改革中对数学过程的强调,上述问题可能在一定程度上会得到缓解。而民族数学能在其中起到较好的补充作用。首先在观念层面,民族数学承认不同的文化群体在创造或使用着不同于学校数学的数学形态。这即是承认数学是人类的一项创造性活动,而且受相应文化的影响。因此,学校数学学习中呈现如不同文化中多样的计数方式、加减算法、空间模型等,能让学生感受到数学的文化相关性与人类的创造性。其次,由于民族数学与学校数学的思维方法有时存在差异,因此将民族数学中多样的数学方法纳入学校数学教学中又能拓展学生的思维,为学生比较、反思、优化思维方法提供了载体。

总之,理性精神作为数学德育的核心内容,需要在课程与教学过程中有意识地培养。在具体的实施中,应关注民族数学对于理性精神培养的作用,立足于理性精神培养的需要从而挖掘民族数学并实现教育学转化。[①]

---

① 唐恒钧,陈碧芬.基于民族数学的学生理性精神培养[J].浙江师范大学学报(自然科学版),2019,42(3):356-360.

# 第五章

# 多元文化数学教育概论

数学是全世界公认的基础教育中最重要的学科之一,为什么全世界教的数学都相似?基于以上多元文化数学的论述。本章将以多元文化数学课程、教科书与教学研究为向度,评述国内外多元文化数学教育研究的相关问题;同时对以大洋洲为代表的土著数学教育研究作出评介,从一个侧面展示国外多元文化数学教育研究的内容与方法,并讨论其对我国民族数学教育研究的启示与借鉴。

# 第一节 多元文化数学教育研究述评

张维忠等[①]就"多元文化数学课程与教学研究"这一主题研究的国内外进展进行了翔实的述评。周晓辉[②]也从多元文化数学的课程研究、素材研究、教科书研究、试题研究、教学研究入手,分析了目前多元文化数学的研究现状及成果。以下将对国内外多元文化数学教育研究的相关问题给出更全面的评介。

## 一、多元文化数学课程研究

数学常被人们认为是价值无涉的。因此相比于历史、语言等其他学科而言,数学课程中讨论多元文化问题的时间也相对较晚。由于数学知识的确定性,在设计数学课程时,不需要考虑文化方面的因素,或者认为不同群体在文化上有着相当同质的需要和特征。然而,美国教育研究学会主席、乔治亚州大学的乔伊斯.金(Joyce E. King)教授[③],于 2014 年 7 月 14 日在北京师范大学主办的"一个全球性的话题:促进处境不利儿童的理科学习"研讨会上的主题报告中强调:"许多数学教师认为数学是中立、客观的,与人和社会没有关系,但事实并非如此。教育者应当为学生在学科、社会和他们的文化中找到联结。"正如著名多元文化教育家班克斯[④]所指出的,实际上,学生在文化身份认同和文化特征方面有着巨大的差别,这种差别与他

---

① 张维忠,陈碧芬,唐恒钧. 多元文化数学课程与教学研究述评[J]. 全球教育展望,2011,40(6):84 - 90.

② 周晓辉. 多元文化数学的研究现状及成果综述[J]. 中学数学月刊,2022(10):4 - 7,31.

③ KING J E. 教育者应当在学科、社会和学生的文化中找到联结[J]. 闫予沨,王成龙,译. 教育学报,2014,10(6):3 - 8.

④ BANKS J A. 文化多样性与教育:基本原理、课程与教学[M]. 荀渊等,译. 上海:华东师范大学出版社,2010.

们在一般的认知能力和情感发展方面存在的差异一样明显。

章勤琼[①]曾剖析数学课程改革的纯科学主义取向转而同时重视对人文价值的追求，批判数学认识的欧洲中心主义，在厘清数学教育价值观的整合的基础上，提出要在多元文化的广阔视野中考察数学课程。他认为多元文化视野中的数学课程，首先要求从文化层面来关注数学课程及数学课程改革，并进而能以多元文化的观点加以透视；在数学课程中应摆脱对于数学认识的欧洲中心主义；对于数学教育价值的认识则要力求避免片面的极端的人文主义或科学主义。多元文化取向的数学课程应当重视所有文化中的数学成就与数学思想方法，充分实现数学教育的人文价值与科学价值。

2001年颁布的《义务教育数学课程标准（实验稿）》在基本理念部分指出："数学是人类的一种文化，它的内容、思想、方法和语言是现代文明的重要组成部分。""内容的呈现应采用不同的表达方式，以满足多样化的学习需要。"具体地说，"由于学生所处的文化环境、家庭背景和自身思维方式的不同，学生的数学学习活动应当是一个生动活泼的、主动的和富有个性的过程。"可见，该课程标准在认识到数学是一种文化这本质基础上指出，不同文化背景下的学生的数学学习有着各自的特点，数学教学要为学生的个性化学习提供环境。在具体的学段目标中，该标准指出，对于第二学段的学生要能"对不懂的地方或不同的观点有提出疑问的意识，并愿意对数学问题进行讨论，发现错误能及时改正"；对于第三学段的学生要能"尝试从不同角度寻求解决问题的方法，并能有效地解决问题，尝试评价不同方法之间的差异"，并能"在独立思考的基础上，积极参与对数学问题的讨论，敢于发表自己的观点，并尊重与理解他人的见解；能从交流中获益"。可见这一版本的数学课程标准要求学生能多角度地思考、评价问题，能在有自己立场的基础上尊重、理解并接纳他人的见解，而这些都是多元文化教育的目标。作为具体的做法，标准中主要谈到了介绍有关的数学背景知识来进行多元文化教育。如对"数的原始表示法"的介绍，可以从"上古结绳而治"到"易之以书契"，也可以从中国的结绳法到南美印加部落的"基普"（在一根较粗的绳子上拴系涂有颜色的细绳，细绳上打结，以记事）或至今仍保持着结绳记事的日本琉球岛的居民。从多元文化视角来展现的数学知识背景应该

---

① 章勤琼. 多元文化视野中的数学课程[D]. 金华：浙江师范大学，2007.

是网络式的,既要能体现随着时间的发展各种文化作出的贡献,也要能体现对同一数学知识在不同文化中的发展,使学生能体会数学在不同文化背景下的内涵,但更重要的是要让学生在这一过程中养成批判性思维。① 在 2003 年颁布的《普通高中数学课程标准(实验)》中,将"体现数学的文化价值"作为一条课程的基本理念。《普通高中数学课程标准(2017 版)》仍然把"注重数学文化的渗透"和"引导学生感悟数学的文化价值"作为基本理念之一。在《2017 年普通高考考试大纲修订内容》中则明确提出了数学学科"增加数学文化"的考查要求。

我国台湾地区在 1993 年提出小学课程遵循"未来化、国际化、统整化、生活化、人性化、弹性化基本理念",并提出"养成主动地从自己的经验中,建构与理解数学的概念,并透过了解及评估别人解题方式的过程,进而养成尊重别人观点的态度"的课程目标。1998 年又公布了新的课程纲要,提出新课程的目标在于:"传授基本知识,养成终身学习能力,培养身心充分发展之活泼乐观、合群互助、探索反思、恢宏前瞻、创造进取的健全国民与世界公民。"在学习方式上,提倡开放式的学习,为学生提供交流的机会,培养学生民主的意识和适应现代社会的能力。主张"数学的讨论过程是多元开放的,是理性的。激励多样性的独立思维方式,尊重各种不同的合理观点,分享各个族群的生活数学以及欣赏不同文化的数学发展,是数学课的精神指针。"这从数学本身的特点提出了多元教育的理念和目标。

2014 年我国台湾地区又发布了《十二年国民基本教育课程发展指引》和《十二年国民基本教育课程发展建议书》,在此基础上研制出了《十二年国民基本教育课程纲要总纲》,对课程的基本理念、课程目标、核心素养、学习阶段、课程架构、实施要点进行总述。2016 年,在总纲的指导下,结合数学学科的相关研究,研制并颁布了《十二年国民基本教育数学领域课程纲要(草案)》,其基本理念"数学是一种人文素养"阐述了数学的文化维度,反映了"多元文化与国际理解"(具备理解与关心多元文化或语言的数学表征的素养,并与自己的语言文化相比较)的要求。②

然而,当今许多国家或地区的数学课程还是基于西方的文化与价值观,对其他文化背景与社会生活中的数学关注不够。章勤琼等以考察非洲日常数学为例,找

---

① 中华人民共和国教育部. 全日制义务教育数学课程标准(实验稿)[M].北京:北京师范大学出版社,2001.

② 唐慧. 海峡两岸小学数学课程标准比较研究[D].上海:上海师范大学,2017:36.

到了许多与数学课程密切相关的重要内容,讨论了数学课程发展的文化多样性,并提出数学课程发展中要能很好地体现文化多样性必须做到:理解民族文化的数学传统与整体经验;充分利用不同文化中的资源;反映学生的学习文化与风格;处理好多样性与统一性;能在评价中反映学生的文化体验。[①]

当今,在经济全球化、信息化的背景下,各种文化的渗透和价值观念的冲突与交流使我国基础教育课程改革朝多元化方向发展,多元文化课程日渐成为一个重要的研究领域。具体到多元文化数学课程,著名的多元文化数学教育专家扎斯拉维斯基[②]认为,我们不能离开对社会、语言、艺术、科学的研究而单独地讨论数学课程。数学课程必须对学生的现实与未来生活有意义,最重要而有效的数学课程是联系学生自己的生活经验的。她指出了设计多元文化数学课程需要注意的几个方面:(1)教师要相信所有学生都能学习数学,并乐于去探索数学课程中诸如学习方式、合适的素材以及相关的评价等方面的内容;(2)数学课程必须要吸引学生并激励他们发展重要的思维能力,但不论对于处在何种文化中的学生,脱离学生的社会背景的数学训练都不能引起他们的兴趣;(3)数学课程应当能够促进不同文化的分享,从而鼓励学生对于世界上其他群体和异质文化的尊重与理解;(4)多元文化数学课程应当能帮助学生发展其领导合作品质,培养创造性,建立用数学知识解决所面临的问题的信心。大卫·尼尔森等[③]认为多元文化数学课程可以让老师帮助学生克服现有的关于数学起源和数学实践的欧洲中心主义偏见,并且有利于促进整体的学习观,提供一种新的教育意识。多元文化数学课程不仅可以培养学生对数学程度的把握,而且可以使学生更好地欣赏数学这门学科的历史观点和演变。

多元文化数学课程的观点也写进了一些国家的数学课程标准。《美国学校数学教育原则与标准》(2000)中的"数学联结"就提出了如下有关要求:学生必须明白在我们多元文化的社会中数学所起的作用及各种不同文化对数学发展的贡献,数学必须与现实相联系。但从现实的课程编制与实施维度看,多元文化数学的理念

① 章勤琼,张维忠.非洲文化中的数学与数学课程发展的文化多样性[J].民族教育研究,2012,23(1):88-92.

② ZASLAVSKY C. The multicultural math classroom: bringing in the world [M]. Portsmouth, NH: Heinemann, 1996.

③ NELSON D, JOSEPB G, WILLIAMS J. Multicultural mathematics [M]. Oxford: Oxford University Press, 1993.

与要求还远没落实。正如有研究所指出的,美国学校所设置的数学课程大多遵循西方传统,特别是在其高级阶段,课程是以那些几乎完全是男性所提出的思想为指导思想的,而这些思想是欧洲知识和科学革命的一部分。① 数学课堂教学方式、教材的选择、历史典故甚至术语的名称和定理,几乎都不能使美国大多数学生看到与他们本国文化的联系。二项式展开产生的系数三角的术语名称就是一个很好的例子,所有西方教科书都称之为帕斯卡三角,尽管数学史家早就得知这一形式的发现,在中国比帕氏早 400 年。② 还有,无论是法国、德国及澳大利亚新版的数学教学大纲,还是俄罗斯《教学计划与课程标准(2007)》及葡萄牙《基础教育数学课程标准(2007)》,都指出数学是全人类共同的文化成就。2022 年 3 月,美国加利福尼亚州教育厅公布的最新修订的《加利福尼亚州 K - 12 公立学校数学课程框架》仍然在强调数学教育公平(equity)的理念,反对数学教育中的不公平现象,要求摒弃"不是每个人都适合学数学"或"只有具备特殊智力天赋的人才能学数学"的偏见,指出研究早已表明,所有人都具备成为高水平数学学习者和应用者的能力。因此,数学课程应当是助力学生未来发展的"跳板",而非粗暴分化学生的"筛网",数学课程必须无条件面向所有学生并满足少数族裔学生的需求,最终使他们都能享受数学带来的乐趣,实现高质量的数学发展。③

张维忠等④基于澳大利亚最近公布的数学课程标准,分析了澳大利亚数学课程中的文化多样性。澳大利亚的数学课程渗透多元文化主义理念,关注学习者的多样性,注重培养学生的跨文化理解能力;聚焦课程内容,多层面提出多元文化学习要求;课程的组织方式以"系统—整合式"为主,多元文化融入数学课程以转化模式和社会行动模式为主。唐恒钧等⑤基于荷兰、南非、美国、英国等国家近年颁布的数

① 全美数学教师理事会. 美国学校数学教育的原则与标准[M]. 蔡金法,等译. 北京:人民教育出版社,2004.

② 林恩·亚瑟·斯蒂恩. 面向未来:为每个人的数学[J]. 高秋萍,译. 课程·教材·教法,1991,11(11):57 - 61.

③ 杨捷,王永波,欧吉祥. 美国加利福尼亚州新版 K - 12 公立学校数学课程框架解析[J]. 课程·教材·教法,2022,42(8):153 - 159.

④ 张维忠,岳增成. 澳大利亚数学课程中的文化多样性及其启示[J]. 外国中小学教育,2013(11):61 - 65.

⑤ 唐恒钧,张维忠. 国外数学课程中的多元文化观点及其启示[J]. 课程·教材·教法,2014,34(4):120 - 123.

学课程标准,从多元文化主义在数学教育中的体现、数学本身文化多样性的体现、对学习者多样性的回应三方面分析了国外数学课程中强调多元文化的缘由;并从传统文化中多样的数学、日常生活中的数学、社会生活中的数学、文化生活中的数学视角以及不同文化中的数学语言等分类归纳总结了国外数学课程中体现文化多样性的方面。事实上,从历史中寻找数学,既可以增加同一数学内容在不同历史文化中的多样思维与方法,又可以展现世界不同文化对同一个数学知识与方法的介绍。如在学习测量单位时,澳大利亚要求在课程中体现如日本使用榻榻米草垫测量占地面积、澳大利亚使用平方米测量房屋面积、英美等用英里测量距离等内容。通过这些多元文化数学,让学生认识到公制单位并不是世界上唯一的测量单位。①

班克斯②认为,作为一项有成效的教育计划,必须帮助学生为在一个充满竞争的复杂社会中生存做好准备,教会他们有关文化、传统、历史等的认识。一些学者也在这个方向上进行了探索,有些研究还深入到某个具体的数学课程领域。比如摩尔(Moore)③指出,统计课程,其核心是数学的一个分支,但绝不是一门独立的知识体系,它与社会密切相关。统计应被看作是自然科学与人文科学的交叉课程。注重对数据的解释、推理和评价,有助于平衡将统计当作一种技能的倾向。由于统计是中学数学课程中联系现实最密切的内容之一,统计的问题具有明显的社会文化特征,因而,统计课程的实施需要我们在多元文化观念的指导下进行。张维忠等④以中学统计课程为例,讨论了多元文化统计数学课程中的相关问题(详见本书第六章第一节)。

唐恒钧等⑤深入分析国外数学课程中的文化多样性后发现,其中暗含了以下数学课程设计的逻辑:数学教育中强调文化多样性的缘由,它潜在地确定了多元文化

① 曾丽霞.社会经济中文化理解的数学课程:价值、困境与实践理路[J].财富时代,2021(11):235 - 236.
② BANKS J A. Multicultural education: issues and perspectives [M]. Boston: Allyn & Bacon, 1989:336.
③ MOORE D C. Statistics among the liberal arts [J]. Journal of the American Statistical Association, 1993(3):214 - 222.
④ 张维忠,方玫.多元文化观下的中学统计课程[J].外国中小学教育,2007(5):51 - 54,65.
⑤ 唐恒钧,张维忠.国外数学课程中的多元文化观点及其启示[J].课程・教材・教法,2014,34 (4):120 - 123.

数学课程的教育价值,而教育价值又影响了数学课程内容的选择。具体可归纳为:注重经由"缘由""功能"到"内容"的多元文化数学课程的设计逻辑。

澳大利亚是为数不多的在数学教育上体现文化适切性的国家之一,其科纳巴兰布兰地区对土著民族数学文化的整合与实践更是给多元文化数学教育研究者留下深刻印象。张维忠等[1]以澳大利亚科纳巴兰布兰地区民族数学课程为例,对基于文化适切性的澳大利亚民族数学课程进行了评介,具体包括:相关教学大纲的要求和课程设置、评估策略和课程所需资源、单元学习活动和文化适切数学文化个案剖析,以及依托本土文化实践整合数学课程的五种不同转化模式等。丁福军等[2]分析了菲律宾土著数学课程开发的基本标准、类型及模式,评介了课程案例的设计与实施。菲律宾扎根于本土文化实践进行土著数学课程开发与实施,在提升学生数学学习兴趣与成就上效果显著。

岳增成等[3]评介了国外以多元文化数学为载体的数学教师教育课程。伊恩·艾萨克(Ian Isaac)等为本科一年级的小学职前教师开设了"数学的文化起源"课程。这门课程聚焦于中国、印度、埃及、希腊的古代社会在实践和智力活动中处理几何概念的方式,比如中国古代实用主义的诉求,使得中国古代的几何强调实用,忽视逻辑推理,而古希腊崇尚理性精神,因此古希腊的几何学强调逻辑证明等,希望给职前教师以更宽阔的视野来看待过去五千年中不同社会文明对数学发展的影响。盖约特(Guyot)和梅丁(Métin)为了提高教师的跨学科能力,将高中数学、物理教师召集到研讨班中,向他们呈现了1500—1800年间化学、弹道学、算术、几何4门学科中的火药制作、弹道轨迹推算、防御工事建造等军事问题。为了改变多元文化背景的职前教师存在的诸多知识、信念问题,比如在大学前,几乎对数学中伟大的人物,甚至是本民族的伟大数学人物一无所知,认为数学是一座"孤岛",它的法则与历史、物理、社会现实无关,数学是与人类无关的活动领域等,巴拉瓦什(Barabash)等试图借助古代与近代数学家生平、与中小学数学教学相关且职前教师能够理解的

---

[1] 张维忠,陆吉健. 基于文化适切性的澳大利亚民族数学课程评介[J]. 课程·教材·教法,2016,36(2):119-124.

[2] 丁福军,张维忠. 基于文化回应的菲律宾土著数学课程评介[J]. 教育参考,2020(4):39-45.

[3] 岳增成,汪晓勤,孙丹丹. 21世纪国外数学史与教师教育关系研究与启示[J]. 数学教育学报,2021,30(6):92-97.

成就,阐明数学是不同时代、不同国家的人创造出来的,他们发现或创造了超越时空的知识来服务自身及其后代。

除基础教育中多元文化与数学课程改革的讨论外,也有学者讨论了大学数学课程中的多元文化问题。如许康与余利民①的"多元文化与大学课程的深化——以数学和管理学课程为例"。

## 二、多元文化数学教科书研究

吴小鸥等②对教科书中的多元文化的研究发现存在以下问题:目前主要展现了以汉族文化为主体的中华各民族文化,少数民族文化的种类及数目较少;关注英美等西方发达国家的文化,涉及部分亚、非、拉等国家和地区的文化;呈现精英文化,对大众文化关注较少;呈现以男性为主的性别文化,女性文化较少且存在刻板印象。

一些西方主要发达国家的数学教科书,像英国的初中数学教科书 Practice Book(Y7A—Y9B, 2001)③、法国的初中数学教科书 Math(2007)、丹麦和波兰的中学数学教科书④、美国的高中文科数学教科书《直观信息》、美国和荷兰联合开发的初中数学教科书《情境数学》等书中展现了大量的多元文化的数学素材⑤。再如,以夏威夷大学的数学教材为例,教材立足于民族数学,倡导让学生"在做中学"。通过设置与学生日常生活密切相关的或是与夏威夷文化相关的情境,如建筑与几何、自然与几何、夏威夷传统系列、航海系列等,让学生自主合作,探索其中蕴涵的数学知识、数学思想和数学方法。另外,日本在教材方面也比较注重教学内容的情境性,主要通过数学史的记载、描述和论证引入教学内容,让学生了解相关数学知识和数学思想方法的历史形成与发展。特别地,教材中的数学史涉及哲学、艺术、经济等多方

---

① 许康,余利民.多元文化与大学课程的深化——以数学和管理学课程为例[J].湖南大学社会科学学报,1995,9(2):34-37.
② 吴小鸥,张瑞.新课程改革教科书对多元文化的理解[J].教育理论与实践,2016,32(2):45-47.
③ 傅赢芳,张维忠.中英初中数学教材中应用题的情境文化性[J].外国中小学教育,2007(2):29-32.
④ 徐斌,汪晓勤.法国数学教材中的"平方根":文化视角[J].数学教学,2011(6):5-7.
⑤ 孙晓天.数学课程发展的国际视野[M].北京:高等教育出版社,2003:127-148.

面的内容,内容选取方面考虑比较周全。①

　　澳大利亚数学教材更是注重素材的文化多元化,要求教学素材不仅体现本民族传统文化、日常生活和社会生活中的数学,还要包括那些在中国、韩国和印度尼西亚等其他国家文化中的数学。张维忠等②选取澳大利亚广泛使用的教科书 *The Heinemann Maths Zone 7 - 9 VELS Enhanced* 以初中"统计"内容为例,经统计分析发现"多元文化"涉及民族、国家或区域文化,在多个层面上体现了多元文化,共 27次。例如,"条形图"一节的习题中,主要考查两部分内容:第一,学会看条形图的数据,列举世界上主要的汽车制造商一年生产的数量、世界上使用最广泛的 10 种语言等,让学生分析不同国家的具体信息;第二,利用相关数据画条形图,呈现 2000—2001 年金融危机时期墨尔本各个城市的汽车被盗情况、不同国家来到澳大利亚的移民人数等,让学生通过不同国家或城市的数据来绘制条形图。再如,"解释数据"内容的章习题中,要求调查不同国家交通事故死亡的人数,分别列举了挪威、冰岛、瑞典、日本、澳大利亚等 15 个国家或地区在每 10 000 起车祸中死亡的人数以及总死亡的人数,让学生了解不同国家人民因交通事故遇难的情况,感悟"注意安全、文明行驶"的重要性。从 *The Heinemann Maths Zone 7 - 9 VELS Enhanced* 反映出,教科书在国家、民族或个人层面体现了多元文化。在国家层面上,既关注典型国家和发达地区,也不忽略非典型国家和欠发达地区,将国家发展与世界发展交织在一起,给学生提供了全球化的视野。在民族层面上,既关注主流文化,也不忽略少数民族文化,如让学生调查每个同学的头发颜色,正确认识不同种族,避免种族歧视。在个人层面上,既关注人民的幸福生活,也不忽视人民的困难遭遇,关注各国人民的生命安全,关注世界各地文化的差异,体现出强烈的社会责任感,感受到教科书中的人文情怀。

　　《华东师大版一课一练·数学》在改编成基于英国国家课程标准的《上海数学·一课一练》引入英国小学时,就需要从多元文化的角度审视情境的文化适应性,并作出修改。比如,上海版一课一练一年级第一页中的一道题目(图 5 - 1)在引入英国时就需要改编调整为(图 5 - 2)。这是因为在中国,很多人小学的时候都学

---

① 程孝丽.民族数学:素材开发与教学设计[D].金华:浙江师范大学,2017.
② 张维忠,潘富格.澳大利亚数学教科书中的数学文化内涵与启示——以初中"统计"内容为例[J].当代教育与文化,2020,12(06):30 - 34.

过一篇课文《小猫钓鱼》,所以在中国人的观念中小猫吃鱼是一件很正常的事情,然而猫吃鱼对于很多英国人来说是一件难以接受的事情。类似地,在中国的公园里,喜鸟人常常拎着一只鸟笼(内有鸟)在漫步,而英国人觉得这不可思议,鸟不能被人控制,应当让它自由地飞翔①。

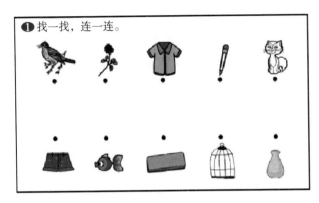

图 5-1

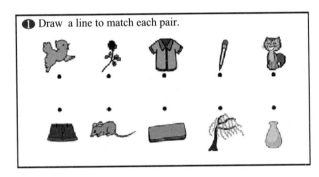

图 5-2

21 世纪以来,我国出版的教科书也开始关注多元文化问题,出现了许多数学多元文化的题材。比如北京师范大学出版社出版的《义务教育课程标准实验教科书·数学(八年级上册)》②就将勾股定理的不同证明方法安排在教材的各个部分,

---

① 范良火,倪明,徐慧平. 从《上海数学·一课一练》引入英国小学透视中英数学教育的差异[J]. 数学教育学报,2018,27(4):1-6.
② 马复. 义务教育课程标准实验教科书·数学(八年级上册)[M]. 北京:北京师范大学出版社,2004.

向学生展现了不同文化中的人们所探索的勾股定理。具体来讲,该教科书通过课文和习题的形式,介绍(探索)了赵爽证法等7种勾股定理的证明方法;介绍如此多的方法,这在同类教科书中是很少见的。教科书还安排了两则"读一读":勾股世界,勾股数组与费马大定理;在习题"1.4联系拓广"中介绍普林顿322号泥板,与第一则"读一读"相呼应。教科书这样处理,就把多元文化背景下的数学呈现在学生面前。通过对不同时期、不同地域数学成果及其思想方法的比较,可以使学生明白,数学并不只属于某个民族、某种文化。数学教科书和数学教学引导学生尊重、分享、欣赏、理解其他文化下的数学,借此拓宽学生的视野,加深学生对数学知识的理解,培养其开放的心灵。①

再如,北京师范大学出版社出版的《义务教育课程标准实验教科书·数学(七年级上册)》在第五章的"日历问题"中就包含着丰富的多元文化数学素材。但在情境处理上还比较单一,应该将其拓展开来,并进一步地使其更富有文化色彩。事实上,日历本身是关于多元文化数学的一个很好的素材,并且可以与多个学科相联系,其中的历法可以与地理学科紧密联系,而日期推算则与生活密切相关。许多国家的历法不一,如,我国的历法就不同于伊斯兰国家的历法,而不同的历法之间各有其不同的编年方式。从时间轴上考虑,它还包括了原始社会中所广泛存在的"现象日历"。在"现象日历"中,没有对时间的抽象的量度概念,代之以一天当中先后发生的事情,如"日升"。从而,"一个星期"的天数就是符合当地工作或交易周期的3—8天。而这一现象在我国现代少数民族中仍然存在着,比如,我国独龙族的历法就是"物候历",它根据自然界的事物和周期性,凭借感性经验制定历法。因此,"日历问题"所涉及的不仅是多国文化,也是我国民族多元文化中的问题,像这样一些在时间和空间上都有弹性的素材,经过教师的适当处理,完全可以被充实到教材中。②

华崟煜③立足于对多元文化数学与数学教学的理解,结合浙江教育出版社出版的七至九年级数学教材以及现有教学案例进行剖析,结果显示一方面多元文化数

---

① 朱哲,张维忠. 中日新数学教科书中的"勾股定理"[J]. 数学教育学报,2011,20(1):84-87.

② 傅赢芳,张维忠. 中英初中数学教材中应用题的情境文化性[J]. 外国中小学教育,2007(2):29-32.

③ 华崟煜. 多元文化数学:案例开发与教学策略[D]. 金华:浙江师范大学,2010.

学的观点在教材中较为缺乏,另一方面已有教学工作者和研究者对其投以了关注的目光,涌现了一些以教材内容为基点关联多元文化数学的优秀案例。孙庆括[①]曾选定我国现行的人教版、浙教版和沪科版三套初中数学教科书作为研究对象,进行了较为系统的多元文化视野下的数学教科书研究。林剑[②]从历史起源和内容两个维度,分析了多元文化背景下数学史在 2019 年人教 A 版高中数学新教材与 2003 年人教版旧教材中的渗透情况。结果表明,新旧教材史料基本一致,数学史来源比例过于悬殊,数学史应用水平较低。为此,他建议重视史料的教育作用,增加史料引用数量;平衡不同起源的史料,适应多元文化背景;提高史料的应用水平,促进学生综合发展。

张维忠等[③]论述了多元文化进入数学教科书的理论意义与现实价值,提出了多元文化视野下数学教科书内容选取的基本原则:典型性、情境性、接受性与激趣性,而"要素—附加式""系统—整合式"与"专题—拓展式"则是多元文化视野下数学教科书内容组织的主要方式。但总的来说,从多元文化的观点来看,目前数学教科书编写中还存在如下诸多问题。[④]

1. 介绍多元文化数学视角的公平性有待改善

数学史是数学文化的重要载体。在我国以前的数学教学大纲中,但凡论及数学史的教育价值,则必提增强民族自豪感。当然这种提法既与数学史确实是提升学生民族自豪感的一条途径有关,也与过去的教科书不太重视中国传统数学有关。此外,值得注意的是,数学史的价值在新课程改革中有了新的内涵,着力点还应放在让学生明白数学的来龙去脉上。教科书对数学史的介绍,特别是介绍中外数学史的视角与措辞,反映了教科书对国外数学文化的包容度。但教科书中的一些例子表明,在这方面还有待改善。比如,曾有教科书在介绍中外负数概念发展历史时使用了不同的表述方法。具体来说,在介绍中国"负数小史"时谈到:中国是最早使用负数,并进行运算的国家;在《九章算术》中就有"系统论述",并"明确提出"了"正

① 孙庆括. 多元文化视野下的数学教科书研究[D]. 金华:浙江师范大学,2012.
② 林剑. 多元文化背景下新旧教材数学史料渗透情况分析[J]. 中小学课堂教学研究,2022(1):34-38.
③ 张维忠,孙庆括. 多元文化视野下的数学教科书编制问题刍议[J]. 全球教育展望,2012,41(7):84-90.
④ 唐恒钧,陈碧芬,张维忠. 数学教科书中的多元文化问题[J]. 现代中小学教育,2010(7):28-31.

负术"，是"世界上至今发现的最早最详细的记载"；公元3世纪，刘徽又在"正负术"注文中给出了算筹表示法。与此相对照的西方则"经历了一个曲折的过程"，印度在"公元7世纪"出现负数概念，但只被理解为"负债"；欧洲数学家"迟迟不承认负数"，认为"不可思议"；欧洲最早承认负数的是17世纪的笛卡儿（R. Descartes），不过他称之为"假根"；"直到19世纪，负数在欧洲才获得普遍承认"。尽管从负数的发展时间上来说，前面的表述的确是事实，也能让学生感受到我国古代数学家的智慧与创造性。但让人担心的是，这种表述是否会让学生对负数发展历史的理解流于表层？比如，由哪些原因导致了欧洲数学家"迟迟不承认负数"？事实上，后一问题的探索能引发学生对数学本质更深层的理解。

2. 少数民族数学文化介绍不足

数学教科书中少数民族数学文化介绍不足表现在两个方面。第一，少数民族学生使用的教科书中民族数学文化的体现还不够充分。这是被人们广泛认识的，但也是现实存在的问题。目前少数民族学生使用的数学教科书主要是从通用教科书翻译而来，所做的改变主要是难度的下降及知识背景的更替。但这还不够，特别是每种文化有其独特的思维方式和表征方式。如黎族的结绳、刻木记数的方法就是数概念的直观表征方式。总体来说，这方面的研究还有待进一步挖掘。第二，通用教科书缺少对少数民族数学文化的介绍。这是常被人们忽视的。在很多人眼里，多元文化教育主要是在弱势文化群体中实施的，至少也是在多元文化的课堂中实施的。但随着我国人口流动越来越频繁，网络技术越来越发达，以及东西部交流越来越广泛，在主流民族地区开展数学多元文化教育的重要性也就越来越显著。因此，即使在只有主流民族学生的课堂中也需要展现数学的多元文化性，在通用数学教科书中也应该渗透民族数学，为主流民族学生更有效地应对多元文化环境做好准备。

需要说明的是，这里强调教科书中渗透民族数学，并非意味着用民族数学去代替当前的学校数学，而是为学生提供一个更全面地看待数学的机会，即让学生有机会看到除了学校数学，还有其他的数学形态存在，后者有利于增强学生创造数学的信心。

3. 农村学生文化背景的重视程度不够

新的数学教科书强调为数学知识、数学问题提供背景。这样做不仅关注了数学与现实社会之间的关联，也关注了学生的文化背景。但一个不可回避的事实是，

"背景"往往具有主体相关性。因此需要思考的是,我们关注了谁的背景? 其中一个特殊的问题是,我们关注的是城市背景还是农村背景? 后一问题对于中国教育来说具有特别重要的意义。因为在中国,一个地级市的所有学校一般选取同一套教科书。因此,如果认为民族文化差异所带来的教育特殊性往往可以通过教科书的选择而得到缓解,那么问题就集中在了城乡差异问题上。城乡差异在我国仍然存在,城乡学生的背景差异甚至还相当明显。所以,当一个地区使用同一套教科书时所面临的最大问题就是城乡学生背景经验的差异。如果认为校本课程是一条解决途径,那么我们需要思考:在当前,所有中小学是否都有能力有效地开发和实施校本课程,从而解决上述问题,这是值得怀疑的。

另外,如果将背景按其在教科书中的重要性可以笼统地分成两类。第一类背景仅作为"背景",具有可替换性。如要介绍圆锥体时可以举生活中的例子,天坛、蒙古包、稻草垛等,这样的背景可以根据当地学校的现实情况作出调整。第二类背景是数学活动的基础,很难被替换。如果认为在教科书设置第一类背景时还可以不考虑城乡差异的话,那么在设置第二类背景时则是无法回避了。以下例子就说明了这一问题。

曾有教科书在"相似性"概念的学习后出现了以下常规练习:"你看到过哈哈镜吗? 哈哈镜中的形象与你本人相似吗?"[1]事实上,我国有大量学生(特别是农村学生)没有看到过哈哈镜,那么这一练习对这些学生来说将是无效的。

### 4. 性别刻板印象依然存在

在人们的潜意识中,数学似乎是更适应男性的知识领域,并逐渐形成了一种传统的成见。教育是形成这种性别观念的重要因素。教科书作为教学的基本线索,作为法定文化,对儿童性别观念的社会化有重要影响。唐恒钧等[2]对北师大版初中数学教科书的前三册[3]进行分析发现主要存在以下性别倾向问题。首先,教材共出现人物角色 252 人次,其中男性 190 人次,占总人次的 75.4%,男性出现的频次显著高于女性;另外,各册男性角色分别占各册总人次的 77.5%,66.7%,82.5%,因

① 王建磐. 义务教育课程标准实验教科书·数学(八年级下册)[M]. 上海:华东师范大学出版社,2003.
② 唐恒钧,陈碧芬,张维忠. 数学教科书中的多元文化问题[J]. 现代中小学教育,2010(7):28-31.
③ 马复. 义务教育课程标准实验教科书·数学[M]. 北京:北京师范大学出版社,2004.

此"男多女少"的现象在各册教科书中表现出了一致性。其次,男性的职业涉及数学家、画家、政府官员、运动员、经理以及赌博游戏玩家等,而女性的职业则包括运动员、打字员、售货员以及工厂女工等;男性的职业分布较广,而且对男女职业定位没有突破传统,也没有反映社会现实。最后,在具体的例子中还表现出了男性对活动的主导性。因此,性别刻板印象依然存在。张勋与周鸿敏①对人民教育出版社九年义务教育小学数学教科书的插图和文本进行了统计与分析,亦从性别视角揭示了小学数学教材存在着较为明显的性别刻板印象。

褚小婧等②以教科书对待男女两性的不同态度作为研究起点,采用话语分析方法,以中华人民共和国成立后人民教育出版社出版发行的 1950、1980、1990、2010 四个年代初中数学教科书为分析文本,设计性别角色观念的分类标准,在汤普森的深度诠释学理论基础上,对教科书的性别问题进行文本语言分析,并与教科书所处的社会文化历史背景相联系。研究结果表明:通过对"性别"相关的文字和插图的文本语言分析发现,我国数学教科书倾向于表达男性的社会地位高于女性;男性比女性负有更多更重要的社会责任;男性比女性更聪明、更有成就、更具有探索和创新精神。教科书这种性别角色观念的形成是一个由宏观至微观转化的过程,主要经历观念选择—观念渗透—语言组织等环节。文化观念是教科书性别角色观念形成的起点,话语生产主体选择文化中的某些观念,而"小传统"文化观念滋生教科书性别角色观念;观念渗透阶段是在"观念选择"的基础上进一步传播某些社会文化观念,保障性别角色观念的顺利形成;语言是教科书表达主流价值观的主要途径,经过各种语言要素与策略组合这一环节,编制者意欲传播的性别角色观念才能显现在教科书中。

那么教科书中如何展现文化多元性? 美国著名学者班克斯③分析了在课程中整合种族和多元文化内容的贡献途径、附加途径、转变途径、社会活动途径等四种途径。为了更好地理解这四种途径,班克斯还介绍了把多元文化融入到课程中的四种组织模式(手段):贡献模式、附加模式、转型(变)模式和社会行动模式。

① 张勋,周鸿敏. 小学数学教材中性别刻板印象分析[J]. 教育学术月刊,2008(7):23 - 25.
② 褚小婧,张维忠. 教科书性别角色观念及形成机制分析——以人教版数学教科书为例[J]. 浙江师范大学学报(社会科学版),2021,46(1):107 - 113.
③ 王鉴,万明钢. 多元文化教育比较研究[M]. 北京:民族出版社,2006:242 - 245.

其中贡献模式和附加模式都保持了原有的课程结构,而加入一些多元文化的内容、概念、主题和视角;两者的差异只在于以多大的力度介绍多元文化的元素。转型(变)模式则改变原有的课程结构,以便学生能从多元文化的视角看待问题。社会行动模式是在转型模式的基础上促使学生作出决策和采取社会行为以解决问题。张维忠等[1]借鉴班克斯的研究成果结合数学学科及数学教科书的特点,从研究国别、民族、阶层、性别、区域文化等方面出发,得出人教版、浙教版和沪科版3个版本的初中数学教科书均存在上述类似的问题:介绍国外教学时存在偏颇、缺乏数学史料选取的平民性、性别刻板印象依然存在、忽视农村学生的文化背景、少数民族数学文化的缺失等。

针对已有的研究主要集中在初高中教科书的比较,邓伍丹与杨新荣[2]选取了国内4个版本小学数学教科书进行了基于多元文化视野的小学数学教科书的内容比较。具体选取的4套《义务教育教科书·数学》分别为:人民教育出版社2012年版(简称人教版),北京师范大学出版社2012年版(简称北师大版),江苏教育出版社2013年版(简称苏教版),西南大学出版社2013年版(简称西师版)。其中,人教版和北师大版使用面广,具有一定的代表性;苏教版主要是在我国经济发达的沿海地区使用,西师版主要是在我国西部地区使用,具有一定的对照性。借鉴班克斯的研究成果,参照张维忠关于多元文化的分类,结合数学学科及数学教科书自身的特点,从国家文化、阶层文化、性别文化、时代文化、区域文化、民族文化、学科文化7个维度对小学数学教科书中的多元文化进行了比较研究。研究发现不同程度地存在下列问题:倾向于选用中国的数学史料,介绍国外的数学文化较为片面;以数学家为代表的精英文化的数量远远高于以普通人为代表的大众文化,表现出了强烈的主流阶层控制社会价值观的倾向;性别显著倾向于男性化,存在着严重的性别刻板、性别偏见等现象;体现历史性与时代性的数学文化,以农村为背景的数学文化,反映我国少数民族文化的元素种类、数量均明显不足;数学与高新技术联系较少。

---

① 张维忠,孙庆括.多元文化视角下的初中数学教科书比较[J].数学教育学报,2012,21(2):44-48.
② 邓伍丹,杨新荣.多元文化视野下小学数学教科书的内容比较[J].现代中小学教育,2018(10):11-16.

上述研究对于数学多元文化教科书设计有一定启示，即除了可以在教科书中直接介绍一些多元文化数学内容外，还可以通过"问题＋索引"的形式隐性地介绍多元文化数学。比如在"勾股定理"的学习中，可以在介绍一至两个证明方法后，提出这样的拓展性练习："'勾股定理'历史悠久，名称也各异，希腊人把它叫做'已婚妇女的定理'。勾股定理的证明方法也远不止教科书中所介绍的，据说现已多达四百余种。你能用不同于教科书中介绍的方法证明勾股定理吗？能用你自己的语言叙述勾股定理的发展历史吗？请试一试。"通过这样的拓展性练习使处于不同教学条件的学生都能参与。对于那些校外资源（图书馆、信息技术等）有限的学生可以通过自己的努力用更多的方法证明勾股定理，并通过教师的认同提高学生数学学习的信心与兴趣；对于那些校外资源丰富的学生不仅可以通过上述方法去完成这一练习，还可以在课外查询勾股定理的相关资料，撰写有关勾股定理发展的文章。

在"中国期刊全文数据库"以"多元文化"和"教科书"或"教材"为关键词，搜索到 1979 年到 2012 年的相关文献仅有 30 篇。其中，数学教科书或教材相关的文献有 7 篇，直接相关的仅 1 篇，数量明显偏少。[①] 近几年文献量也没有明显改观。事实上，开展多元文化视野下数学教科书的编写研究，不仅能丰富数学课程或数学教科书的编制理论，也能为我国数学教科书的改进与发展提供借鉴与启示。

## 三、多元文化数学教学研究

郑金洲[②]曾就西方多元文化教育的探索与中国实践这一问题进行过讨论，值得在多元文化数学教学研究中被参考。多元文化教学不应只是局限于使学生接受所属或某一特定族群之文化的态度和行为，并逐步将该文化的价值与行为规范内化于自身心理的一部分，还应注意培养学生的批判性分析能力，以便对自身文化及其他文化有正确的认识和把握。对学生而言，仅有文化上的认同是不够的，它虽然使学生掌握了某一族群的文化特性，并使他们与族群保持一致，但与此同时，也形成

---

① 张维忠，孙庆括. 多元文化视野下的数学教科书编制问题刍议[J]. 全球教育展望，2012，41(7)：84 - 90.

② 郑金洲. 多元文化教育的西方探索与中国实践[J]. 教育文化论坛，2009(1)：15 - 25.

了"族群界线意识",将自己所属族群与其他族群区分开来了。多元文化教学绝不是族群隔离教学,而是通过教学要帮助学生认识其他文化,培养他们的判断能力,评判自身的文化,并进而评判这种文化与其他文化的关系,从而在多元文化中作出正确的抉择。如果缺乏这种批判性思考或创造性思考的能力,那么学生在多元文化面前就容易是非不分,真假不明,形成独断和盲从。多元文化教学强调培养学生在不同文化之间进行选择,形成批判性分析能力,但并不否认掌握基础知识等的重要性。

正如前文所提及的,当全世界学校进行数学教学时都关联了欧洲的思想,这会给来自不同文化背景的孩子和成人学习数学带来麻烦。我们在数学教学中的努力主要目的是通过没有偏见的教学方式以提高文化意识的水平和发展自尊心。[1] 科学从来不是某一国家、民族或个人的专利,数学历史让学生了解到不同文化背景下的数学思想,从而理解数学多元文化的意义。苏英俊与汪晓勤多年前就呼吁把多元文化数学引入课堂。[2]

如勾股定理的发现与证明等众多例子的历史告诉我们:数学是全人类共同创造与推动的,是不同文化贡献的结果。当我们将多元文化引入数学课堂时,会发现:"谁比谁早多少年"已经不是最重要的了。最重要的是:这会让我们的学生消除民族中心主义的偏见,以更宽阔的视野去认识古代文明的数学成就;同时,通过不同数学思想方法的对比,提高创造性思维能力,并学会欣赏丰富多彩的数学文化。[3]

陈碧芬[4]对不同文化中的三角形面积公式及其推导过程进行分析比较后认为,与强调数学知识的内部联系相应的是,数学教育还应体现数学的文化多元性。"就像弗莱雷(Freire, 1921—1997)所理解的,如果知识通过过程(过程本身组成了知识)与文化相联,那么这种观点必定会影响我们在数学教学过程中对知识的处理。"将多种文化中的数学引入数学教育,至少可以有以下两方面的好处。其一,丰富了师生教与学的资源;其二,拓广了人们对数学及数学发展的理解,并进而促进对其他文化的

① D'AMBROSIO U. Ethnomathematics and its place in the history and pedagogy of mathematics [J]. For the Learning of Mathematics. 1985,5(1):44-48.
② 苏英俊,汪晓勤. 把数学多元文化引入课堂[J]. 高中数学教与学,2005(3):48-49.
③ 徐群飞,汪晓勤. 数学教学中一个多元文化之例[J]. 数学教学,2003(4):37-38.
④ 陈碧芬. 不同文化中的三角形面积公式[J]. 中学教研(数学),2006(5):28-30.

理解①。徐英等②在数列教学过程中,通过对古代中国、古埃及、古巴比伦、古印度四大文明古国等差数列研究的评介,向学生展示不同区域不同社会文化背景下的等差数列,让学生感受不同文化背景下等差数列的异同,体现数学历史发展的文化多样性,丰富了数学课堂的趣味性,调动了学生学习数学的积极性,帮助学生树立多元文化观,全面认识数学价值。

孙鋆③在球体积公式鉴赏教学中通过阿基米德与刘徽、祖暅关于球体积公式研究的异同比较,多角度体现了多元数学文化的魅力,通过对球体积问题研究的历史脉络的梳理无不体现出人类文明的传承和创新。在我国古代,数学家刘徽在关于球的体积计算问题中发现了张衡的计算是有错误的,提出了自己的方法,虽然他的思路是正确的,但是没能得到结果。约2个世纪后由祖冲之父子沿着刘徽的思路,得到了准确的球的体积计算公式。就古代方法而言,祖氏父子的方法是非常独特而且简单的,他们在继承了刘徽研究方法中的合理因素基础上开创性地提出了祖暅原理。在祖暅解决球的体积问题一千多年后的18世纪,清代数学家梅文鼎在其《方圆幂积》中论证了球的体积和表面积的结果。19世纪数学家徐有壬(1800—1860)受到祖暅方法的启示,重新推导了球的体积。这与17世纪意大利数学家瓦利里(Eavalieri,1595—1647)的推导方法不谋而合。同一问题所呈现出来的多种文化的巧思、睿智和创见精神至今仍让我们惊叹,也让我们充分领略了不同文化中的数学多样性和差异性。进一步的分析与讨论可参考孙鋆的硕士学位论文。④

邓胜兴等⑤在复数教学中渗透多元文化意识,有力地促进了学生数学核心素养的发展。具体做法是在多元文化视角下思考复数教学,体现概念的由来。复数的发展过程是无数伟大的数学家艰难求证、曲折前进的过程,是人类共同智慧的结晶。《普通高中数学课程标准(实验)》指出:"一是要了解概念、结论产生的背景(包括数学背景与生活背景)、应用;二是要体验数学发现和创造的历程,经历数学知识

① D'AMBROSIO U. Ethnomathematics and its place in the history and pedagogy of mathematics [J]. For the Learning of Mathematics. 1985,5(1):44-48.
② 徐英,杨光伟. 多元文化下的等差数列[J]. 中学数学杂志,2013(3):5-7.
③ 孙鋆. 数学文化下的球体积公式鉴赏教学[J]. 数学教学,2015(7):17-19.
④ 孙鋆. 多元文化数学:案例的开发与教学实践[D]. 金华:浙江师范大学,2013.
⑤ 邓胜兴,冯巧玲. 在复数教学中渗透多元文化意识的实践与思考[J]. 中学数学教学参考(上旬),2019(6):30-32.

与数学结论的形成过程。"所以,在复数教学中引导学生通过研究历史,再现知识的形成过程,让学生通过对复数历史的学习,了解数系的形成和发展,感受到数学学习的无穷魅力;同时在学习中,教师要引导学生去探究,去思考,感受不同数学家的思维过程,与不同数学家的思想进行碰撞,体会不同的数学文化,进而才能促进学生的综合素养的提升。

吴现荣等①以平方差公式的教学为例,借鉴水族数学文化和数学史,营造了不一样的数学课堂。具体而言,平方差公式蕴涵了丰富的水族数学文化背景。水族文化源远流长,有被誉为"古文字活化石"的水书,也有被誉为"刺绣中的活化石"的马尾绣,还有剪纸、银饰、蜡染、服饰、铜鼓、芦笙等绚丽多彩的水族民族文化,其中鞋垫的纹理、马尾绣背带、吃饭的桌子、服饰绣片纹理中都蕴涵有平方差公式。将水族文化与数学的历史有效渗透于平方差公式的探究、发现、证明、应用过程,就会使平方差公式的教学变得自然而然,加深学生对平方差公式的理解和掌握,拓宽学生的思维,从而揭示"知识之谐",展现"方法之美",凸显"文化之魅"。该课教学时,学生以拼图游戏的方式进入课堂,自主探究发现平方差公式,真正成为了课堂的主人,学生也因此变得更加乐学。这样的教学激发了学生的"情感之悦",达到了水族地区数学教学的"德育之效"。

关于多元文化数学教学可以作如下理解:将多元文化的观点纳入数学教学,在数学教学中恰当地、逻辑地、有效地、有机地结合来自多种文化或不同文化背景下的数学材料,关注学生经验,通过为学生在分析和考察特定问题时提供各种不同的视角,在兼顾基础知识、基本技能的基础上,达到数学思想方法、数学价值观念等的认知与渗透,帮助学生认识数学发展的多元文化性,形成对文化的开放态度,发展批判性思维与多元视角,进而丰富他们的数学经验,发展他们未来生活所需的知识、理解和技能。

华鉴煜②曾从初中数学教材中挑选了方程这一数学知识进行了多元文化数学视角下的教学设计。同时强调,为了更有效地实现多元文化观下的数学教学,应在教学策略上有的放矢。教师作为教育成功的一个关键,其素质对实施多元文化数

---

① 吴现荣,姚绍柳,蒙艳虹. 文化视角下平方差公式的教学[J]. 数学通报,2018,57(3):36-40.
② 华鉴煜. 多元文化数学:案例开发与教学策略[D]. 金华:浙江师范大学,2010.

学教学至关重要。首先要树立多元文化的理念,确立数学的追求是根植于多元文化的情境的观念;其次按照适宜性、渗透性、情境性等原则选择和收集相关素材,挖掘多元文化的内涵;第三采取适当的教学方式,从大处着眼小处着手,即在着眼于从传统的"封闭式"教学走向"开放式"教学的基础上,根据不同领域和具体教学内容的目标、性质、特点,探寻更为细化、更具适切性、更具针对性的多元文化数学教学方法。

大卫·尼尔森等①的《多元文化数学:全球视野下的数学教学》(*Multicultural Mathematics*: *Teaching Mathematics from a Global Perspective*)一书,在对数学发展的多元文化性进行了历史解读的基础上,从多元文化的视角对数学教学提出了建议:数学教学应该抛除"欧洲中心主义",多元文化途径"可以使人们有机会深化孩子对数学的了解程度",并且这种方法"可以使人们能够更好地欣赏历史的思维和数学主体的演变过程"。

扎斯拉维斯基在②她的《来自世界各地的多元文化数学课堂》(*The Multicultural Math Classroom*: *Bringing in the World*)一书中详细地探讨了在课堂中如何进行多元文化数学的教学。平克斯滕(Pinxten)等在瓦尔霍印第安学生的几何课堂中引入其本民族"Hoogham",从而使学生更好地理解几何图形。阿米莉亚·狄更森·琼斯③则探讨了在澳大利亚数学课堂中教学生测量内容时引入土著飞镖,促使学生在制作飞镖与投掷飞镖等活动中学习并掌握测量。马萨维(Massarwe)等在阿拉伯学生的几何教学中引入一些具有其民族特色的几何装饰品引导学生探索,研究发现民族数学案例的引入不仅激发师生活跃的课堂讨论,而且也促使学生具有更强的学习动机等。④

国外学者还开展了大量多元文化数学教学的实证研究。梅丽莎(Melisa)等⑤人

① NELSON D, et al. Multicultural mathematics: teaching mathematics from a global perspective [M]. Oxford: Oxford University Press, 1993.

② ZASLAVSKY C. The multicultural math classroom: bringing in the world [M]. Portsmouth, NH: Heinemann, 1996.

③ DICKENSON-JONES A. Transforming ethnomathematical ideas in western mathematics curriculum texts [J]. Mathematics Education Research Journal, 2008,20(3):32-53.

④ 宋丽珍. 多元文化数学课程实施的行动研究[D]. 金华:浙江师范大学,2013.

⑤ CAHNMANN M S, REMILLARD J T. What counts and how: mathematics teaching in culturally, linguistically, and socioeconomically diverse urban settings [J]. Urban Review, 2002,34(3):179-204.

的论文介绍了两个美国教师在多元文化教室里开展的数学课堂实证研究,结果发现两个教师中一个尽管提供了结合学生生活实际的例子,但没有太多的提升;而另一个则注重提供复杂的、有意义的数学,却没有关注学生的文化背景。因此两人都没能兼顾文化与数学两方面。进一步,作者发展了一个能同时兼顾文化与数学的教学模型,收到了良好的教学效果。

美国哥伦比亚大学有一篇有关中学几何的多元文化教学研究博士论文,作者弗雷德里克(Frederick Lim Uy)①研制了25篇多元文化教学设计,内容涵盖金字塔、日晷、七巧板、毛利装饰等22种文化背景下的多元文化数学知识,充分体现了数学文化的多元性。在教学设计的创设模式上,主要包括主题(topic)、学生已有知识经验(previously learned knowledge)、教学目标(aim)、动机(motivation)、热身活动(do-now exercise)、发展与方法(development and methods)、课堂练习(drill)、课堂中期总结(medial summary)、应用练习(applications and drill)、课后总结(final summary and conclusion)、课后作业(homework assignment)、需要的教与学工具(special equipment needed)、课外延伸(if time)等几个设计要素。在设计了这些具有连续性的一系列多元文化数学教学设计后进行了实验验证,并以实验为基础分析、研究了如何设置以及怎样实施多元文化数学教学的相关问题。

相比较而言,国内有关多元文化数学教学的实证研究可以说是寥寥无几。笔者指导的硕士研究生陈斌杰②进行了多元文化观下的高中数学教学研究;李双娜③曾以"镶嵌"内容为例,进行了多元文化数学教学设计并且将教学设计进行了教学验证;李美玲④进行了基于项目学习的多元文化数学教学设计研究。

---

① Frederick Lim Uy. Geometry in the middle grades: a multicultural approach [D]. New York: Columbia University, 1996.
② 陈斌杰. 多元文化观下的高中数学教学研究[D]. 金华:浙江师范大学,2010.
③ 李双娜. 多元文化数学:素材开发与教学设计[D]. 金华:浙江师范大学,2012.
④ 李美玲. 基于项目学习的多元文化数学教学设计[D]. 金华:浙江师范大学,2013.

# 第二节  土著数学教育研究

多元文化数学教育研究必须关注少数民族数学教育。我国 2014 年成立了"中国少数民族数学教育专业委员会",有力地促进了我国少数民族数学教育的发展。然而,目前关于民族数学教育的研究与实践还存在一些问题,比如研究主题分布不均、研究对实践改善的效力不足、研究的经验性成分较强等。① 澳大利亚等大洋洲国家也面临着类似的民族数学教育问题,尤其是土著数学教育成了当地教育研究的热点问题。澳大拉西亚数学教育研究会(the Mathematics Education Research Group of Australasia,简记 MERGA)每 4 年出版一次的《澳大拉西亚数学教育研究》(*Research in Mathematics Education in Australasia*)(简记 RMEA)中,都有专门章节回顾 4 年来土著数学教育的发展。具体而言,面对土著学生在数学评价中的弱势,大洋洲研究者一方面反思并改进评价方式,另一方面探索影响土著学生数学学习的文化因素,并开展课程、教学、教师专业发展等方面的改进性和内生式研究。面对类似的问题,大洋洲土著数学教育的研究与实践能为我国提供借鉴:民族数学教育研究应采取内生式研究取向,具有系统思维与微观实证相结合的研究视角,强调以学生文化基础与教学研究为切入点等。② 下面较为系统地对大洋洲为代表的土著数学教育研究作出评介,并讨论其对我国民族数学教育研究的启示与借鉴。

---

① TANG H J, PENG A H, CHEN B F, et al. The status quo and prospects for research on mathematics education for ethnic minorities in China [A]. in Sriraman, B., Cai, J.F., Lee, K., et al.(Eds). The first sourcebook on Asian research in mathematics education [C]. Charlotte, NC: Information age publishing, 2014:733 - 758.

② 唐恒钧,张维忠,HAZEL T. 大洋洲土著数学教育研究特点及启示[J]. 民族教育研究,2016,27(1):123 - 129;并于 2015 年 11 月在广西民族大学由中国人类学民族学研究会教育人类学专业委员会召开第二届年会暨"文化多样性与教育"学术研讨会上进行过大会报告。

# 一、(大洋洲)土著数学教育研究的整体特点

## (一) 文献筛选标准及分析过程

文献的收集需满足以下两条标准之一：(1)作者供职于大洋洲教学或研究机构，或研究对象地处大洋洲；(2)研究主题涉及学前、中小学土著数学教育或相应教师教育。

以澳大利亚教育学索引（A＋Education）和澳大利亚莫纳什大学（Monash University）图书馆数据平台为文献源。后者集成了 ERIC、SpringerLink、OneFile、Informa-Taylor & Francis、Taylor & Francis Online-Journals、Informit Humanities & Social Sciences、Australian Public Affairs-Full Text、SwePub-Free access 等数据库。以题目中出现"indigenous（或 aboriginal）"且主题词包含"mathematics"为检索条件，对 2000 年以来发表的文章进行检索，共获得 76 篇文献。仔细阅读这些文献摘要，依据上述标准进行筛选并作去重处理，选出了符合标准的 53 篇文献。根据研究主题、研究学段、研究方法等，对这 53 篇文献进行初步分析，提炼出整体特点。在此基础上，参考 RMEA，其他著作中的相关章节，作进一步提炼与分析。

## (二) 整体特点

从文献梳理可以发现，大洋洲土著数学教育研究的主题集中于数学教育综合改革、课程改革、教学改革、数学评价及学生文化基础等方面。需要说明的是，在分析过程中当文章出现两个或两个以上的主题时，以文章的研究目标指向为依据选择其中重要的一个主题进行统计，但如果研究目标也涉及多个方面且重要性程度相同时，该文章归入综合改革一类。就 53 篇文献的分布比例而言，以教学改革最多（占 45.29%），其次为学生文化基础（占 16.98%）、教师专业发展（占 15.09%）、课程改革（占 11.32%），最后是综合改革与数学评价（均占 5.66%）。从研究学段来看，主要分布于小学和初中（占 84.91%），高中和学前段的研究明显较少。从研究方法来看，纯思辨性的论述很少，最多的是采用个案研究法、访谈法等质性研究范式，也有以问卷、测验等为载体的定量研究范式，还有采用定量与定性相结合的混合式研究范式。

## 二、(大洋洲)土著数学教育研究的主要内容

### (一) 数学评价如何反映土著学生真实的数学水平

"土著学生数学不好"这一论断,往往是根据他们在统一测试或课堂上的表现得出的,尤其是基于土著与非土著学生的对比之上。比如,2008 年澳大利亚 3、5、7、9 年级学生参加"全国读写能力与数学素养评价项目"(the National Assessment Program-Literacy and Numeracy,简称 NAPLAN),结果表明所有年级土著学生的表现均不如非土著学生。[1] 于是有研究者开始反思,现有的数学评价方式是否真实地反映了土著学生的数学水平。穆辛(Mushin)等指出,课堂上经常会让学生展示他们对数学的理解,然而问题是这种展示很难区分学生究竟是不理解数学概念还是存在语言上的问题。[2] 确实,学生在测试中能否获得高分,或能否在课堂上表现出被教师认为是"正确的"行为,这受多重因素影响。比如,格罗腾希尔(Grootenboer)等发现,在一些土著地区,学生会用类似于"大约走 15 分钟"来刻画距离,这与学校数学中刻画长度的方法并不一致,也往往会被误认为是没有数学知识的表现。因此,正如他们进一步指出的,"当我们用学校标准化的数学及考核形式评价土著学生时,后者表现出了较差的成绩,但这可能只是评价的平台存在问题。"[3]

正因如此,一些研究者进一步提出并试验了更适合于土著学生的评价方法。比如,穆辛等提出在土著学校一年级使用数学口语测试,以便更细致地观察学生有意义的手势语言、有声和无声的语言。[4] 这不仅能为教师提供学生真实的数学理解,也能

① JORGENSEN R, GROOTENBOER P, SULLIVAN P. Good learning = a good life: mathematics transformation in remote indigenous communities [J]. Australian journal of social issues, 2010,45(1):132-143.

② MUSHIN I, GARDNER R, MUNRO J M. Language matters in demonstrations of understanding in early years mathematics assessment [J]. Mathematics education research journal, 2013,25(3):415-433.

③ GROOTENBOER P, SULLIVAN P. Remote indigenous students' understandings of measurement [J]. International journal of science and mathematics education, 2013(11):169-189.

④ MUSHIN I, GARDNER R, MUNRO J M. Language matters in demonstrations of understanding in early years mathematics assessment [J]. Mathematics education research journal, 2013,25(3):415-433.

为改进教学提供线索。格罗腾希尔等也发现,土著学生已拥有比较好的测量知识,而且在访谈测试中的表现比在 NAPLAN 中更好。① 西蒙(Siemon)等在土著课堂教学评价的研究中,逐步由"丰富性任务"(Rich Tasks)发展到了"探索性任务"(Probe Tasks),使评价任务更加聚焦于某个数学概念或策略,任务呈现形式也由文字转变为卡片、实物等形式,对学生的要求由书面回答发展到口头回答甚至操作性回答。②

澄清传统数学评价中存在的问题,探索更能揭示土著学生真实水平的评价方式是非常重要的。一方面,当人们无意识地持续使用传统数学评价的结果来说明土著学生数学水平低下时,慢慢地就形成了一种公共话语:土著学生数学差是普遍而客观的现实。当这种公共话语和人们关于数学以及数学学习的其他观念相结合时,可能产生对土著学生更具危害性的观点。比如,有研究显示,在新西兰毛利学校普遍认为数学是与智力紧密相关的,数学水平低的学生是缺乏智力的。这就可能暗示着土著学生在智力这一先天禀赋上也是不如非土著学生的。另一方面,如NAPLAN 等测试在为某一些数学知识与技能赋予了价值的同时,边缘化了其他的数学知识形态。③ 测试是知识合法化的助推器,而在数学中被合法化的又往往主要是源自西方数学的知识,其合法化过程被学者称为"西方文化的扩张过程"④,这也给土著学生的学习带来困难。也正因如此,在澄清传统数学评价的问题以及探索新评价方法时,一个基础性的工作是承认土著文化的价值和土著数学的合法性。

**(二)土著文化及其学生的数学文化基础**

1. 土著文化中不同的数学

数学是一种文化实践。不同文化中的数学除了所具有的共性外,还深深地烙上了不同文化独特的印记。

---

① GROOTENBOER P, SULLIVAN P. Remote indigenous students' understandings of measurement [J]. International journal of science and mathematics education, 2013(11):169-189.

② SIEMON D E. Developing mathematics knowledge keepers-issues at the intersection of communities of practice [J]. Eurasia journal of mathematics, science & technology education, 2009,5(3):221-234.

③ MEANEY T, MCMURCHY-PILKINGTON C, TRINICK T. Indigenous students and the learning of mathematics [A]//PERRY B, LOWRIE T, LOGAN T, et al. Research in mathematics education in Australasia 2008-2011 [C]. AW Rotterdam, Netherlands: Sense Publishers, 2012:67-87.

④ D'AMBROSIO U. General remarks on enthomathematics [J]. ZDM, 2001,33(3):67-69.

首先表现在数学观念上。"本质上,西方数学自认为是抽象而自治地存在的,并且拥有一个独立于世界的、客观存在的价值取向。相反,土著的世界观则认为数学是关于宇宙的、非常人化的一种观点,其中人类被认为是与数学建构密切相关的。"①也正是因为不同文化所持的数学观念存在差异,导致数学价值观也有不同。② 佩奥斯(Perso)就曾举例指出,西方家长可能会因为他们的学前儿童能计算一定的数字而自豪,而土著家长则会因为他们的学前儿童能独立找到回家的路而自豪。③

其次,不同文化中具有独特的数学知识与方法。对巴布亚新几内亚(PNG)土著文化的考察发现,PNG 土著口语中有着不同的数字系统。④ 以 Kate 语为例,包含1、2、5、20 等基本数字,其他数字由这几个数字的加法构成。这是一个物质化、操作化的计数系统,其中 2 是循环的开始,5 是一个手的手指数,20 是所有手指和脚趾的数目。崔西(Treacy)等在对澳大利亚土著学生计算策略的访谈研究中,要求学生给照片上的每一个人提供一只木蠹蛾幼虫时,学生似乎看一眼照片就能抓来数目准确或非常接近于照片人数的幼虫,但有时他们根本说不出具体的人数。⑤ 可见,学生在完成这一任务时,可能使用了估算,也有可能使用了心理图像的匹配,但并不是学校数学中所强调的数数。出现这一现象的原因可能是在土著语言中只有 1 至 4 的数词,其中 4 又代表很多,导致在这样的文化情境中,数数变得没有必要。

① HARRIS P. Mathematics in a cultural context: aboriginal perspectives on space, time and money [M]. Geelong: Deakin University, 1991:130.

② TREACY K, FRID S, JACOB, L. Starting points and pathways in aboriginal students' learning of number: recognising different world views [J]. Mathematics education research journal(publish online), 2014.5.7.

③ PERSO T. School mathematics and its impact on cultural diversity [J]. The Australian mathematics teacher, 2003,59(2):10 - 16.

④ MATANG R A S, OWENS K. The role of indigenous traditional counting systems in children's development of numerical cognition: results from a study in Papua New Guinea [J]. Mathematics education research journal, 2014,26(3):531 - 535.

⑤ TREACY K, FRID S, JACOB L. Starting points and pathways in aboriginal students' learning of number: recognising different world views [J]. Mathematics education research journal (publish online), 2014.5.7.

## 2. 土著文化对数学教与学的影响

尼科尔(Nichol)等①指出传统土著教育具有如下特征:宗教信仰弥漫于方方面面;教育与经济生活紧密结合;儿童在与他人交往中学习,亲属关系是学习中心;教育以口头语言为主,多使用故事叙述的方式;多以非正式形式展开,以观察、模仿为主要方法;个人按社会惯习模式得以发展。在此基础上,他们将土著学生的数学学习特点归结为:整体性学习、图式化学习、操作性学习、合作学习、情境化学习和人本学习。近些年的一些实证研究也确实验证了上述文化特点,尤其是文化在以下方面的影响。

首先,语言的影响。一些研究者将问题聚焦于教学语言对学生学业成绩的影响,②发现语言是数学学习成功的强预测因子。③ 也有一些研究者考察了土著语言中独特的数学元素。比如,除前面提及的数词外,有研究者深入分析了使用不同语言的文化在空间参考系上的偏好,结果发现,土著学生在描述位置关系时习惯使用如"人在树后面(人面向树)""人在树前面(人背向树)"的内在参照系,这与其他研究者获得的关于欧洲英语使用者习惯于用左边、右边等相对参考系的结论不同。④

其次,土著社会经济文化的影响。欧文斯(Owens)指出,数学思考、概念和应用发生在如钓鱼、打猎、工艺品制作之中。⑤ 因此,土著学生一方面在校外习得了与学校数学不一样的知识,另一方面又使数学学习变得高度情境化。这一点在格罗腾希尔等的研究中也得到验证,即学生已发展起不同于学校数学的测量知识与方法,

---

① NICHOL R, ROBINSON J. Pedagogical challenges in making mathematics relevant for indigenous Australians [J]. International journal of mathematical education in science and technology, 2000,31(4):495-504.

② MATANG R A S, OWENS K. The role of indigenous traditional counting systems in children's development of numerical cognition: results from a study in Papua New Guinea [J]. Mathematics education research journal, 2014,26(3):531-535.

③ WARREN E, MILLER J. Young Australian indigenous students' effective engagement in mathematics: the role of language, patterns, and structure [J]. Mathematics education research journal, 2013,25(1):151-171.

④ EDMONDS-WATHEN C. Influences of indigenous language on spatial frames of reference in aboriginal English [J]. Mathematics education research journal, 2014,26(2):169-192.

⑤ OWENS K. Diversifying our perspectives on mathematics about space and geometry: an ecocultural approach [J]. International journal of science and mathematics education, 2013,1(34):1-34.

但情境变化也会导致学生表现的变化。①

再次,社会人际关系的影响。土著文化强调亲属关系和团队合作,这为合作学习提供了理论基础。但也正是与亲属关系相关的"羞辱感"对合作学习产生了负面影响,②即虽然土著学生强调合作,但不能羞辱他人,尤其是身份比自己高贵的人。于是,如果一位学生知道问题的答案,但当同班或同小组中有比自己辈分高的亲属时,他便不愿意表达观点。

### (三) 促进土著学生数学学习的教育改革与研究

#### 1. 土著数学教育改革与研究的基础

土著数学教育的发展是一个涉及多重因素、多重主体的系统工程。在多数研究项目中建立起了包括来自研究机构、学校和土著社会相关人员的合作共同体。③④⑤ 沙利文(Sullivan)等明确指出,"开展这种研究,要与社区有良好的沟通,这不仅要避免将改革强加于他们,还要请他们参与对项目的评价与建议。"⑥佩里(Perry)等在总结他们开展了持续七年的研究项目时强调,成功的重要原因是"建立了包含研究者、教师、土著数学教育工作者乃至土著社区人员在内的互惠、互信的学习共同体"⑦。因此,建立合作互惠的共同体是开展土著数学教育研究的第一个

---

① GROOTENBOER P, SULLIVAN P. Remote indigenous students' understandings of measurement [J]. International journal of science and mathematics education, 2013(11):169 - 189.

② GROOTENBOER P, SULLIVAN P. Remote indigenous students' understandings of measurement [J]. International journal of science and mathematics education, 2013(11):169 - 189.

③ OWENS K. Changing the teaching of mathematics for improved indigenous education in a rural Australian city [J]. Journal of mathematics teacher education, 2015,18(1):53 - 78.

④ HĀERA N, TAYLOR M. Researcher-teacher collaboration in Māori-medium education [J]. Alternative: An international journal of indigenous peoples, 2014,10(2):151 - 164.

⑤ SIEMON D E. Developing mathematics knowledge keepers-issues at the intersection of communities of practice [J]. Eurasia journal of mathematics, science & technology education, 2009,5(3):221 - 234.

⑥ SULLIVAN P, JORGENSEN R, BOALER J, et al. Transposing reform pedagogy into new contexts: complex instruction in remote Australia [J]. Mathematics education research journal, 2013,25(1):173 - 184.

⑦ PERRY B, HOWARD P. Mathematics in indigenous context [J]. Australian primary mathematics classroom, 2008,13(4):4 - 9.

基础。

第二个基础在于给土著学生以高期望。土著学生在数学上常给人失败的印象,教师也会有意无意地降低对这些学生的数学期望。但有研究表明,土著学生是有数学学习潜能的。① 许多学生在学校学习数学的失败,不能归因于其内在能力,而是教学方法的问题。② 因此,教育工作者应对土著学生数学失败的印象持审慎态度,并给予他们以高期望。这不仅要对土著学生带到学校的数学经验给以价值,同时也需要帮助他们投入到西方数学的学习中来。③

2. 土著地区数学课程改革

从文献的梳理可以发现,纯粹讨论数学课程改革的研究是比较少的,主要存在两个方面的研究。

一方面是构建适合土著地区的数学课程。梅尼(Meaney)介绍了一个土著学校数学课程校本开发的行动研究案例。④ 该研究以课程会议为载体,包括研究者、教师和家长共同参与讨论了如"什么是数学""如何教与学数学"等系列问题,发现家长和教师都有关于数学课程的观点,但以往都被忽视了。阿米莉亚·狄更森·琼斯在大量的文献分析后,指出当民族数学的观点被整合到数学课程时,这些观点就能以多种方式变为学生学习经验的一部分。他进而给出了民族数学在数学课程中转换的五环模型:分离、转化、(理论上的)整合、(实践上的)关联、一体化,同时还给出了一个实践案例。⑤

另一方面的研究是系统地考察如何有效地促进土著地区的数学课程发展。比

① WARREN E, DEVRIES E, COLE A. Closing the gap: myths and truths behind subitisation [J]. Australasian journal of early childhood, 2009,34(4),46-53.

② ZEVENBERGEN R, MOUSLEY J, SULLIVAN P. Making the pedagogic relay inclusive for indigenous Australian students in mathematics classrooms [J]. International journal of inclusive education, 2004,8(4):391-405.

③ WARREN E, MILLER J. Young Australian indigenous students' effective engagement in mathematics: the role of language, patterns, and structure [J]. Mathematics education research journal, 2013,25(1):151-171.

④ MEANEY T. An indigenous community doing mathematics curriculum development [J]. Mathematics education research journal, 2001,13(1):3-14.

⑤ DICKENSON-JONES A. Transforming ethnomathematical ideas in western mathematics curriculum texts [J]. Mathematics education research journal, 2008,20(3):32-53.

如对新西兰毛利人数学课程发展历程的分析发现,①土著数学课程发展中存在 4 个重要的要素:资源经营、决策经营、意义经营和系统中的能量。

3. **适切学生发展的语言环境**

土著学生语言上的困难有时比数学上的困难还大。② 因此,语言成为许多教学改革研究项目共同关注的问题。泽文伯根(Zevenbergen)指出要建立多语言的联接,③通过口语与书面语言的联接,既适应土著社会强调口语的传统,又逐渐培养土著学生的书面语言能力;通过学校语言与日常语言的联接,对同一个数学概念作多方位展示与讨论,为数学语言的理解架起桥梁。沃伦(Warren)等认为,数学交流是促进小学土著学生数学理解的一个关键性学习活动。④ 在其后续的研究中进一步发现,课堂上需要特别关注口语与数学表征的紧密结合。这是因为课堂上或测试中反映的许多情境化的数学,其有赖于学生所理解的数学语言以及在不同数学情境中语言的细微差别。⑤ 沙利文等充分重视了土著母语的价值,鼓励学生在小组讨论时使用母语以理解意义,在全班汇报时使用标准英文。⑥

4. **联接土著知识与西方数学的教学资源**

面对土著学生已有的数学经验,"教学中并不是孤立地构建一个新的(学校数

---

① MCMURCHY-PILKINGTON C, PIKIAO N, RONGOMAI N. Indigenous people: emancipatory possibilities in curriculum development [J]. Canadian journal of education, 2008, 31(3):614 - 638.

② EDMONDS-WATHEN, C. Locating the learner: indigenous language and mathematics education [A]. InClark, J., Kissane, B. Mousley, J. et al. (Eds.). Mathematics traditions and [new] practices [C]. Proceedings of the 34th annual conference of the Mathematics Education Research Group of Australasia, 2011:217 - 225.

③ ZEVENBERGEN R, MOUSLEY J, SULLIVAN P. Making the pedagogic relay inclusive for indigenous Australian students in mathematics classrooms [J]. International journal of inclusive education, 2004,8(4):391 - 405.

④ WARREN E, DEVRIES E. Young Australian indigenous students: engagement with mathematics in the early years [J]. Australian primary mathematics classroom, 2010,15(1): 4 - 9.

⑤ WARREN E, MILLER J. Young Australian indigenous students' effective engagement in mathematics: the role of language, patterns, and structure [J]. Mathematics education research journal, 2013,25(1):151 - 171.

⑥ SULLIVAN P, JORGENSEN R, BOALER J, et al. Transposing reform pedagogy into new contexts: complex instruction in remote Australia [J]. Mathematics education research journal, 2013,25(1):173 - 184.

学)知识,而是要建立两者的联系"。① 有研究充分利用土著学生在日常生活中习得的如"重复"等数学模式,并取得良好的效果。②

罗宾·艾弗里尔(Robin Averill)等通过系列实验研究,提出了联系土著知识与学校数学的三个模型:构件模型、整合模型和原则模型。③ 其中"构件模型"是指,在原有课程与教学中添加一些具有民族文化特色的元素,以增强教学的文化适应性。"整合模型"是将许多概念整合到一个文化情境之中,比如,土著编织物上呈现了代数、几何以及数学过程等诸多要素。而在"原则模型"中则提出了在开展文化适切教学时需关注的三个原则:伙伴原则、保护原则、参与原则。

5. 采用适合土著学生学习特点的教学方法

在教学方法上充分关注土著学习者的特点。在研究中比较注重以下教学方法。

第一,合作学习。许多研究都将合作学习作为一个应对学习者文化特征的重要手段,但在研究过程中也发现存在一些现实问题需要解决。如,前文提及的"羞辱感"问题。④ 在该研究中,教师通过让学生将答案写在小白板上,以及在讨论时允许同学间"耳语"等方式缓解羞辱感。泽文伯根等也指出,害羞是土著文化的一个典型特征,特别是,当土著学生因不知道某个问题的答案或出错时,就会退缩到安静的状态。因此他们将具有共同文化特质的学生分在一个小组中,使学生的害羞变得少一些。⑤

---

① GROOTENBOER P, SULLIVAN P. Remote indigenous students' understandings of measurement [J]. International journal of science and mathematics education, 2013(11):169 - 189.

② WARREN E, MILLER J. Young Australian indigenous students' effective engagement in mathematics: the role of language, patterns, and structure [J]. Mathematics education research journal, 2013,25(1):151 - 171.

③ AVERILL R, ANDERSON D, EASTON H, et al. Culturally responsive teaching of mathematics: three models from linked studies [J]. Journal for Research in Mathematics Education, 2009,40(2):157 - 186.

④ SULLIVAN P, JORGENSEN R, BOALER J, et al. Transposing reform pedagogy into new contexts: complex instruction in remote Australia [J]. Mathematics education research journal, 2013,25(1):173 - 184.

⑤ ZEVENBERGEN R, MOUSLEY J, SULLIVAN P. Making the pedagogic relay inclusive for indigenous Australian students in mathematics classrooms [J]. International journal of inclusive education, 2004,8(4):391 - 405.

第二,图式与操作性学习。梅尼等的调查显示,毛利教师与学生认为动手操作对数学学习是有帮助的。① 沃伦等②认为观察和操作是土著学生学习的重要方式,因此在研究过程中强调为学生提供具有图像、图表、符号等多种表征和适合操作的学习任务。

第三,情境学习。情境对于土著学生问题解决具有重要影响,因此在教学中要构建学生熟悉的情境。③ 马修斯(Matthews)④也指出,数学源于现实,而且是对现实中的一部分加以抽象化、符号化以形成数学,进而又由数学的评估性反思回到现实。基于此,他认为对于土著学生而言,情境化地讲故事是合适的教学方法。还有研究指出要为学生设计户外综合性学习任务,将数学学习置于土著文化情境之下,同时也实现数学内部、数学与其他学科间的综合。⑤

第四,脚手架教学。沙利文等⑥关注为学生提供深入的数学知识,而不是装饰性的、粗浅的数学。为实现这一目的,他们的核心策略就是为学生深入的数学学习提供数学和文化上的脚手架。

### 6. 土著数学教师专业发展

土著地区教师流动快、年轻而缺少经验。有研究者对土著地区数学教师的调查发现,尽管许多教师都意识到在这些地区开展数学教学需要不一样的方法,但他

① MEANEY T, MCMURCHY-PILKINGTON C, TRINICK T. Indigenous students and the learning of mathematics [A]. in Perry, B., Lowrie, T., Logan, T., et al. (Eds). Research in mathematics education in Australasia 2008 - 2011 [C]. AW Rotterdam, Netherlands: Sense Publishers, 2012:67 - 87.

② WARREN E, DEVRIES E. Young Australian indigenous students: engagement with mathematics in the early years [J]. Australian primary mathematics classroom, 2010,15(1):4 - 9.

③ GROOTENBOER P, SULLIVAN P. Remote indigenous students' understandings of measurement [J]. International journal of science and mathematics education, 2013(11):169 - 189.

④ MATTHEWS C. Stories and symbols: maths as storytelling [J]. Professional voice, 2009, 6 (3):45 - 50.

⑤ PERRY B, HOWARD P. Mathematics in indigenous context [J]. Australian primary mathematics classroom, 2008,13(4):4 - 9.

⑥ SULLIVAN P, JORGENSEN R, BOALER J, et al. Transposing reform pedagogy into new contexts: complex instruction in remote Australia [J]. Mathematics education research journal, 2013,25(1):173 - 184.

们并不知道这些不一样的方法究竟是怎样的。① 因此土著数学教师专业发展备受关注,文献中表现出以下特点。

首先,建构促进教师专业成长的伙伴关系。土著文化和学生独特的学习需求对数学教师的文化应对能力提出了挑战。因此,在许多研究中都构建了包含土著地区人员在内的合作伙伴关系。也有研究创造性地将学历教育与行动研究结合在一起。② 具体地,先从密克罗尼西亚土著数学教育工作者中选拔 42 位参加硕士或博士课程,通过质性研究课程了解自己所在岛屿的文化实践。再从中选择 18 位(10位博士候选人,8 位硕士候选人)进入到第二阶段的课程学习与研究,其目标在于挖掘土著文化中的数学文化实践与知识,并加以应用。

其次,以行动研究、准实验研究方法探索文化适应性教学模式,并发展教师的专业能力。在这些项目实施过程中,采用的并不是外在理论的输入,而是基于土著地区数学教育实践,旨在应对文化需求的行动研究③和准实验研究④。

## 三、对我国民族数学教育研究的启示

### (一) 研究取向:重视"在民族数学教育中研究"

近几十年数学教育中关于土著的研究发生了明显的转向,即由研究土著转变为与土著一起研究。⑤ 事实上,我国少数民族数学教育研究也有这种转向,逐渐开

① JORGENSEN R, GROOTENBOER P. Insights into the beliefs and practices of teachers in a remote indigenous context [A]//HUNTER R, BICKNELL B, BURGESS T. Crossing divides [C]. Proceedings of the 32nd annual conference of the Mathematics Education Research Group of Australasia. Palmerston North, NZ: MERGA, 2009:281 - 288.

② DAWSON A J S. Mathematics and culture in Micronesia: the structure and function of a capacity building project [J]. Mathematics education research journal, 2013,25(1):43 - 56.

③ JACOB L, MCCONNEY A. The fitzroy valley numeracy project: assessment of early changes in teachers' self-reported pedagogic content knowledge and classroom practice [J]. Australian journal of teacher education, 2013,38(9):94 - 115.

④ AVERILL R, ANDERSON D, EASTON H, et al. Culturally responsive teaching of mathematics: three models from linked studies [J]. Journal for Research in Mathematics Education, 2009,40(2):157 - 186.

⑤ JORGENSEN R, WAGNER D. Mathematics education with/for indigenous peoples [J]. Mathematics education research journal, 2013,25(1):1 - 3.

始强调开展基于民族地区数学教育实践的"内生式"研究。然而受长期以来我国对民族地区教育援助政策的影响,"援助性的""输入性"的教育研究与实践仍然或隐或显地存在着。

当然,这种"输入性"的民族数学教育研究是有价值的,能在一定程度上帮助人们了解这些地区的数学教育,并促进其发展。但是,我们又需要认识到数学、数学课程与教学均是价值负载的,课程与教学改革更是一种文化实践。一些少数民族数学教师到内地学习后感叹"无法复制",这便是例证。因此,需要通过多种方式,以民族地区为研究场域,构建以民族地区研究者和教师为主体、吸收外来研究者在内的合作小组,开展切实解决当地实际问题的项目研究。这其中最为关键的是研究小组的合作模式。大洋洲的许多经验值得我们借鉴,特别是密克罗尼西亚将学历教育与行动研究相结合,使合作变得更为紧密而切实。

(二)研究视角:系统思维与微观实证相结合

大洋洲土著数学教育研究中暗含了一种系统性思维,即,当面临土著学生在统一数学测试中处于劣势时,研究者从两个角度进行探索:其一,测试是否反映了土著学生真实水平;其二,哪些因素导致了土著学生处于劣势。沿着第一条线索,研究者关注如何改善评价方式;沿着第二条线索,研究者关注土著文化、土著学习者的特征及其与学校数学学习的关系,并进而发展到课程、教学、教师等方面的改革实践。另外,每一项研究又着眼于一个非常微观的问题,通过质性或定量的范式开展实证性研究,使每个现实的问题逐步推进,又在不同研究间相互补益。

中国少数民族数学教育专业委员会的成立必能助推我国民族数学教育研究的系统思维的形成,也能使国内研究者聚焦于各个问题加以突破。笔者认为,可以效仿 MERGA 的做法,定期出版民族数学教育发展的评论性文章,梳理进展、评估问题、提供方向。

(三)研究主题:聚焦学生文化与教学改革

在研究主题上,大洋洲土著数学教育更关注以学生已有文化为基础,开展教学改革的实证研究。事实上,学生已有的文化是数学学习的起点,教学改革也应以此为基础。笔者认为,在学生文化基础的分析中,应强调利用开放性问题和访谈的方法,以展现民族学生多样而真实的思维。但在研究中将一个研究的结论推广至整个民族需要特别谨慎,这有时会造成对该民族学生数学学习新的刻板印象。比如,沃伦①的研究发现,同样是土著学生,由于生活背景不一样,其学习特征也有差异。因此,需要从民族、生活背景甚至包括家长在内的重要他人等角度对学生的文化基础进行分析。

在有关教学的改革与研究中,大洋洲研究者常采用实验研究与行动研究,一方面通过合作学习、口语学习、图式与操作性学习等方法迎合土著学生现有的文化基础与特征,另一方面又立足于更广泛的世界观,强调土著数学文化与学校数学之间的关联,通过支架式教学等方式实现土著学生在学校数学中的高成就。事实上,在我国民族数学教育发展中更需要的是自下而上的改革方式,即以教学研究为切入点,采用实证方法探索适合民族学生深入学习的资源、语言空间和教学方法,并以此为基础进一步上升至课程乃至整个民族数学教育体系的改革。

总之,为推进我国民族地区的数学教育发展,需要在民族数学教育中开展研究,并具有系统思维与微观实证相结合的研究视角,同时强调以学生文化基础与教学研究为切入点。

---

① WARREN E, BATURO A R, COOPER T J. Power and authority in school and community: interactions between non-indigenous teachers and indigenous teacher assistants in remote Australian schools [A]//ZAJDA J, GEO-JAJA M A. The politics of education reforms: Globalisation, comparative education and policy research 9 [C]. New York, NY: Springer, 2010:193-207.

# 第六章

# 多元文化数学课程与教学

在全球化背景下，多元文化教育备受关注和重视。同时，随着数学文化，尤其是多元文化数学、民族数学研究的逐渐深入，国际数学课程改革中越来越多地体现了"多元文化"的理念。本章将以国内外新近发布的数学课程标准与教科书为载体，分析国内外数学课程及教科书中的多元文化观点，提出基于多元文化数学课程设计的理念、目标与原则，以及多元文化数学课程实施策略；同时以"勾股定理""一元二次方程"等具体内容为载体进行多元文化观下的数学教科书比较研究；最后讨论多元文化观下的数学教学。

# 第一节　多元文化观下的数学课程

在经济全球化、信息化的大背景下,在同一时空存在多样的文化已成必然。在应上述背景与需求中,多元文化数学及多元文化数学教育的问题受到了越来越多的关注,并在学校数学课程中得到了一定程度的体现。本节将以国内外现有数学课程及相关研究为基础,阐述数学课程强调多元文化的缘由、体现文化多样性的方面,以数学课程中的统计领域课程为例进行更具体深入的分析,进而论述对我国数学课程改革的启示。

## 一、数学课程强调文化多样性的缘由

### 1. 多元文化主义在数学教育中的体现

数学常被人们认为是价值中立的。因此相比于历史、语言等其他学科而言,数学课程中讨论多元文化问题的时间也相对较晚。分析现有的国外数学课程标准可以发现,在数学课程中渗透多元文化主义的思想主要有两方面的原因。

第一,作为基础教育的重要组成部分,数学应该具有各学科共通的教育功能。比如,由荷兰政府教育与科学文化部在 2003 年颁布的"获得性目标"(数学课程目标从属于该目标)中,要求小学生的社会行为尊重不同的宗教和文化,而中学生要根据保持人与社会之间关系的广泛性和平衡性考虑,在与其息息相关的环境和广阔的社会环境中,获得对自己所处位置的认识,同时在一个民主和多文化的社会以及在国际社会中做一个积极的公民,认识和处理不同文化背景的相似性和差异性。事实上,这是多元文化主义思想在数学教育中的直接渗透。也正因为如此,相应的观点很少具有数学学科教育的特性,而显得比较一般化。这一特点同样体现在1999 年英国颁布的《国家数学课程标准》(*The National Curriculum for England*

*Mathematics*)中。具体而言,该标准提出了三项一般教学要求,其中第二项为"回应学生多种多样的学习需求",即要求教师在做教学计划时应确立高期望值,并为所有学生提供达成期望的机会。这些学生包括男孩与女孩、有特殊教育需要的学生、残疾学生、来自不同社会与文化背景的学生、少数群体中的学生(包括旅行者、难民与养育院里的孩子们),以及拥有不同语言背景的学生。这是多元文化主义中的教育公平思想在数学教育中的直接体现。

第二,数学教育要承担起应有的社会责任。"多元文化教育不是专门针对某些社会成员的特殊教育,而是全民共同参与的教育……有助于培养学生在多元文化社会中的社会批判能力、反省能力和实践能力。"①数学教育应该培养学生用数学的观点审慎地看待社会文化现象,并具有社会责任感。比如,2002 年南非颁布的《国家数学课程标准(R‒9)》(*Revised National Curriculum Statement Grades R‒9 (School) Mathematics*),在一些具体内容的说明中都会阐述数学课程与人权、健康环境和社会公正之间的关系,强调用数学去理解相应的问题。该标准认为,数学教学的目的之一就是提高学习者对于数学关系如何应用于社会、环境、文化和经济关系中保持批判性认识。

2. 数学本身文化多样性的体现

包括我国在内的许多国家的数学课程标准均提及了数学文化观,在一些国家不只是概括地提出"数学是一种文化",还进一步指出了数学文化的多样性特点。比如,南非数学课程标准就认为,数学是一项人类活动,是经过不同文明的探索而得出的产物,是在社会的、政治的和经济的目标与制约背景下的一种有目的的行为。澳大利亚在 2011 年颁布的《国家数学课程标准》(*The Australian Curriculum Mathematics:Version 1. 2*)中强调,数学有其自身的价值和美,尤其是数学思想的发展历史悠久,几乎涉及所有文化,并将继续发展下去,为数学带来新的活力。

还有一些国家的数学课程标准虽然没有明确提出数学多元文化的观点,但其对数学课程的认识仍体现了这种思想。如荷兰数学课程目标在讨论小学阶段数学与算术的特征时提到,供学生发展"数学素养"的内容来自包括日常生活、其他学科领域以及数学自身等不同的来源。另外,在数学课堂中,孩子们不仅要用数学的方

---

① 陈时见. 全球化视域下多元文化教育的时代使命[J]. 比较教育研究,2005,27(12):37‒41.

式解决问题,也要用数学的语言向他人说明自己的观点和做法。他们要能接受和尊重他人的数学观点,同时也能给出自己的质疑和评价,在这样的环境中学会给予和分享。

### 3. 对学习者多样性的回应

从学习理论的角度看,学生的生活背景、学习经验、学习风格以及特殊的学习需求都会对数学学习产生影响。因此许多国家的数学课程标准都特别强调了对学习者多样性的关注。

比如,加拿大西北部教育协定(Western and Northern Canadian Protocol)在 2006 年制定的《数学课程标准框架》(*The Common Curriculum Framework for K - 9 Mathematics*)中指出,虽然学生聚到同一间教室里学习,但是他们拥有各自不同的知识、不同的生活经历和背景,因此,数学课程与这些背景和经历相联系,是顺利提高学生算术能力的一个关键因素。面对学生不同的学习风格、文化背景和发展阶段,恰当采用各种教学方法,以增强学生的数学理解能力。在各级水平上,学生通过使用各种材料、工具和联系来构建新的数学思想,要重视学习情境和尊重学生经验、思维方式的多样性,使学生能够敢于挑战知识权威、提出问题、进行猜测。该标准进一步指出,教师需要了解学生的多样性,加拿大西北部的学生来自不同的地理区域,具有不同的文化背景和语言背景。英国课程标准也提到,教师应该知道,学生会把他们的经历、兴趣和意志品质都带进学校,而这些经验、兴趣与意志品质必然会对他们的学习方式产生影响。

## 二、数学课程体现文化多样性的方面

近年来世界范围内开展的数学教育改革,尤其是数学课程标准的制订都充分地体现了文化多样性。这里以澳大利亚数学课程标准为例说明数学课程对多元文化的关注。①

澳大利亚课程设置、考评与报告管理局(Australian Curriculum, Assessment

---

① 张维忠,岳增成. 澳大利亚数学课程中的文化多样性及其启示[J]. 外国中小学教育,2013(11): 61 - 65.

and Reporting Authority,简称 ACARA)于 2010 年 12 月公布了第一个国家层面统一的数学课程标准,2011 年 3 月再次公布了经公众反馈修订的数学课程标准 1.2 版本(The Australian Curriculum Mathematics,简称 ACM)。这一课程标准的制定与推出,是澳大利亚各级教育部部长承诺为"促使学生充满自信地跨入不断变化且日益全球化的世界"而采取的一致行动。为此,该数学课程标准在课程内容、课程组织形式等方面积极呈现文化的多样性,践行了多元文化主义的基本理念。

(一)渗透多元文化主义理念,关注学习者的多样性,注重培养学生的跨文化理解能力

当前,多元文化主义的观念在数学课程中的地位越来越突出,很多国家都试图在数学课程的纲领性文件——数学课程标准或大纲中有所体现,但大多数国家仅仅将多元文化主义作为课程标准或大纲的制定原则,在课程理念、课程目标中有所提及。因此,多元文化主义教育往往停留在政策理念层面,很少有国家像澳大利亚这样将文化的多样性渗透在课程标准的多个部分并落实在课程内容的层面。在此番数学课程标准当中不仅有理念层面的阐述,如"数学课程试图让学生欣赏到数学推理的美,特别是数学思想发展的历史悠久、几乎涉及所有文化,并将继续发展下去,为数学带来新的活力";更有对具体内容标准详尽的描述,如"阅读来自其他文化中关于连续计数的故事,从而帮助学生用当地的语言和文化认识计数的方式"。多元文化主义在具体层面上的渗透为数学教育的相关人员,特别是数学教师的教学实践活动带来了极大的便利,使得数学教师对多元文化的认识不仅仅停留在理念上,更能运用到实际的教学活动中来,大大提升了数学教师对多元文化主义的认可度,摆脱了认识和行动"两张皮"的现象。除了课程内容的文化多样性,学生群体多元的文化背景也应得到足够的重视,这是 OECD 国家的普遍共识。[①] 因此,ACM 要求教师对所有学生建立很高的期待,并确保每一个学生多重、多样、变化的需求在课程中得到满足。这些需求的形成往往来源于个体的学习历史、语言文化背景和社会经济因素等。其中,ACM 特别强调要加强对有特殊需要的学习者和英语非母语学习者的数学教育。

---

① NUSCHE, DEBORAH. What works in migrant education? A review of evidence and policy options. OECD Education Working Papers, OECD publishing, 2009(22).

在承认与尊重差异的基础上，ACM进一步要求培养学生的跨文化理解能力，以使学生不仅认同自己的文化、语言和信仰，也尊重他人的文化、语言和信仰；认识到个人、群体和国家认同是怎样形成的；通过承认共同和差异、与他人建立联系以及培养互相尊重来学习和参与文化互动。在数学课程与教学中培养这种能力，即让学生接触一系列不同的文化传统，帮助学生理解这样一个基本的理念：数学起源于不同的文化，数学推理和理解在不同文化和语言中有不同的表述，但其本质仍然是相似的。数学课程标准中对跨文化理解能力的要求同时体现了对文化相对性的尊重和对文化普适性的诉求，与澳大利亚的多元文化主义政策在国家层面趋向整合相一致。①

(二)聚焦课程内容，多层面提出多元文化学习要求

ACM不仅将多元文化主义的理念渗透在数学课程标准的多个层面，还进一步将其具体化在课程内容的规定中。大部分国家在课程内容中仅叙述学生应掌握的学科知识点，鲜有国家将文化多样性真正整合在课程内容的具体安排之中。然而，澳大利亚ACM的课程内容有150多处具体涉及民族、国家或区域文化，在多个层面上体现了文化多样性。

在国家层面上，见表6-1所示，ACM提及具体国家的次数有39次，所涉及的15个国家分布在五大洲。在这15个国家中，亚洲有10个，占总数的三分之二，累计出现的次数(加上提到"中亚"这样的区域概念)达到26次，超过总数的50%。其中，不仅有像中国、韩国、日本、印度尼西亚等极具代表性的国家，也包括柬埔寨、东帝汶、巴基斯坦等国。政治权利往往通过直接或间接、隐性或外显的方式影响文化的支配，调节着我们如何学习以及学习什么②。ACM对亚洲文化的深入涉及与澳大利亚近来移民结构的调整有关，也与澳大利亚的国家政策有着密切的关系。尽管英国和新西兰位居移民国榜首，但排名前十的族群中有七个来自亚洲国家③。澳大利亚前总理霍华德(John Winston Howard)曾指出，澳大利亚未来的主

① LEEMAN, YVONNE and REID, CAROL. Multi/intercultural education in Australia and the Netherland [J]. Compare: A journal of Comparative Education, 2006, 36(1): 57 - 72.

② 卢克拉斯特. 人类学的邀请[M]. 王媛, 徐默, 译. 北京: 北京大学出版社, 2008: 60 - 61.

③ NUSCHE, DEBORAH. What works in migrant education? A review of evidence and policy options. OECD Education Working Papers, OECD publishing, 2009(22).

要经济利益将在亚洲,这是与我们息息相关的地区,不仅在地理上,在战略上与经济上皆如此。① 另外,在这一层面上,ACM不仅将不同国家和区域的文化作为数学学习的背景,如中国的对称刺绣、印度的莲花图案、不同文化中所流行的机遇游戏等;也引导学生在不同国家的情境下应用数学,比如,在统计与概率模块研究不同国家人们的富裕程度或受教育程度与健康的关系,研究媒体报道中的国际性问题的数据使用情况。相比多元文化的知识背景,在知识应用、问题解决上的多元化情境更为学生提供了全球化的视野。

表6-1 澳大利亚数学课程标准中国家层面的多元文化统计

| 国家 | 出现的次数 | 涉及的多元文化内容 |
| --- | --- | --- |
| 澳大利亚 | 12 | 硬币(2次)、使用平方米测量土地面积、城市和农村地区地图所用比例、温度测量、人口增长率、时区、居民年龄、14岁学生在学校一年中学习的科目数、年降雨量、年龄分布、物种多样性 |
| 日本 | 6 | 分数表示方式、日元、测量占地面积使用榻榻米草垫、温度测量、弹球盘、14岁学生在学校一年中学习的科目数量 |
| 中国 | 4 | 对称的刺绣物(如中国西藏文物)、考虑锥体的重要性、一所学校一个班级中大多数学生的出生地 |
| 印尼 | 3 | 城市地图所用比例、温度测量、锥体构造物 |
| 韩国 | 2 | 古老的计数游戏、锥体构造物 |
| 印度 | 2 | 卢布、莲花图案 |
| 美国 | 2 | 测量距离用英里、温度测量 |
| 马来西亚、巴基斯坦、新几内亚、柬埔寨、汤加、菲律宾、东帝汶、英国 | 1 | 年降雨量(马来西亚、巴基斯坦、新几内亚)<br>居民年龄(柬埔寨、汤加)<br>一所学校一个班级中大多数学生的出生地(菲律宾)<br>东帝汶14岁学生在学校一年中学习的科目数量(东帝汶)<br>测量距离用英里(英国) |

在民族层面,ACM的课程内容中7次具体提及原住民或托雷斯海峡居民,内容涉及加减法运算、计数、测量单位、对称、计时、统计等。例如,"识别原著居民石洞

① 唐颖,邓志伟.澳大利亚中小学多元文化课程[J].中国民族教育,2008(1):41-43.

或艺术中的对称性"、通过"原著居民的珠串"了解计数、"研究不同土著村落的计时方式和测量方式"以及"利用平行的盒形图比较原著居民和托雷斯海峡居民在整个澳大利亚人口中的年龄分布"等。对原住民文化的呈现是对澳大利亚社会本身存在的文化多样性的真实反映,也是澳大利亚国家知识的重要组成部分。并且,原住民学生作为少数群体在学校中往往处于劣势,这种劣势通常来源于主流学校教育中的文化中断。[①] 因此,在课程内容中增加与原住民群体相关的文化背景或应用情境,一方面有助于增加主流群体对国家整体的认识;另一方面也通过为原住民学生提供符合其文化视角和文化取向的材料,促进这些群体更好地发展自我、参与主流社会。

事实上,在数学课程中的多元文化内容上,澳大利亚以及美国、英国、荷兰、南非等许多国家都表现出了一定的共性,总体上包括以下几类多元文化数学的内容。

1. 传统文化中多样的数学

数学课程标准中普遍强调在数学课程中适当增加有关非西方文化中的数学。这方面的考虑主要有两个维度。

其一是增加同一数学内容在不同文化中的多样思维与方法。以"计数"的学习为例,澳大利亚要求教师组织学生阅读其他文化中关于连续计数的故事,从而帮助学生用当地的语言和文化认识计数的方式。另外,教师还要利用情境帮助学生认识其他文化中不同的计数方式。例如,在一个袋子中放置一颗鹅卵石代表一个物体,以此解决如"数出牛群的数量"等问题。南非则要求在教学中比较不同非洲语言中的计数,并且将这一现象与不同语系所在的地理位置联系起来。在学习测量单位时,澳大利亚要求在课程中体现如日本使用榻榻米草垫测量占地面积、澳大利亚使用平方米测量房屋面积、英美等国用英里测量距离等内容,通过这些多元文化中的数学旨在让学生认识到公制单位并不是世界上唯一的测量单位。

其二是同一个数学知识与方法出现在世界上的不同文化中。比如,在构造简单棱柱和锥体时,澳大利亚要求教学素材包括那些在中国、韩国、印度尼西亚发现的锥体构造物,并从文化视角考虑锥体的重要性。

2. 日常生活中的数学

国外的数学课程标准十分关注学生日常生活经验与学校数学的联系。在数学

---

① 庄孔韶. 人类学概论[M]. 北京:中国人民大学出版社,2006:290.

课程中,主要通过两个角度体现学生的日常生活。

第一,将日常生活作为提出数学问题与数学应用的载体。比如,澳大利亚在教学生学习估算以及用四舍五入法检查答案的合理性时,要求学生估算超市购物推车中商品的总花费等现实问题。在学习简单金融计划的制定时,要求学生为一次班级募捐做一个简单的预算。在学习度量单位时,让学生测量两个城镇间的距离,以此体会使用千米作为单位比米更加合适。

第二,将日常生活作为理解数学的载体。比如,澳大利亚在学习"借助日历来识别日期并确定每月的天数"时,要求从个人或是文化的角度确定特殊的日子。在认识"将角度作为测量旋转的媒介"时,将门部分打开或是彻底打开,从而比较所生成的角度的大小,同时利用旋转时钟指针形成的角度来表示时间,熟悉时间指针形成的角度的大小。

3. 社会生活中的数学

"通过数学教育,使学生对复杂的社会、政治问题作出理性的决定,以此来促进民主社会的建设。"[①]这被认为是数学基础教育中强调多元文化的一个重要原因。因此在数学课程中,常会采用来自环境、教育、社会正义等方面的问题情境,这些情境既为学生提供应用数学、进行数学探究的问题背景,同时通过这些问题的解决提高学生经由数学对社会问题进行判断乃至决策的理性意识与能力。比如,美国2000 年颁布的《学校数学教育的原则与标准》(*Principles and Standards for School Mathematics*)在"数据分析与概率标准"中建议,教师可以采用以下例子理解"样本在总体中的分布":假如某市登记的选民中有 65% 支持布莱克先生任市长,需要怎样的意外程度,才会使得在一个随机选择的由 20 位选民组成的样本中,至多只有 8 个人支持布莱克先生? 又如,澳大利亚建议教师在教学与统计有关的课题时,可以研究不同国家人们的富裕程度或受教育程度与健康的关系。

4. 文化生活中的数学视角

除去上述来源于学生日常生活、社会生活中所蕴涵的数学外,数学元素或数学的视角还存在于人们的文化生活中。这些文化生活也许既不是学生日常生活中所

---

① TATE W F. Mathematizing and democracy: the need for an education that in multicultural and social reconstructionist [C]. in C. A. Grant and M. L. Gonez (Eds.), Making schooling multicultural: Campus and classroom, Englewood Cliffs, NJ: Prentice Hall, 1996:198.

经常接触的,也不是社会所特别关注的,甚至其本身并没有数学元素或没有显性的、明确的数学意识。但用数学的眼光欣赏、珍视这些来自不同群体的文化,却能给学生带来乐趣和文化自尊,也能给数学带来亲和力。比如,澳大利亚在"创建对称性的模式、图片和图形"中强调要利用一些刺绣来帮助学习,例如,中亚纺织品上的图案、中国西藏文物、印度的莲花图案,以及雍古族或是中西部沙漠艺术中的对称性。在学习"利用分数、小数和百分数描述概率"时,建议研究不同文化中所流行的机遇游戏(比如日本有一种类似赌博的弹球游戏),估计组织者和参与者的相对利益。

### 5. 不同文化中的数学语言

国内外的数学课程中都非常强调数学以及数学学习中的语言问题。语言也是影响学生数学学习的重要因素。特别是,如果母语与教学语言不同时,这里就涉及了三种语言的转化:母语、教学语言和数学语言。南非数学课程标准指出,如果母语不是教学语言的话,要鼓励学习者用母语和至少一种当地语言去理解和学习数字的名字及记号。在英语国家的数学课程标准中一般也都会明确建议为母语不是英语的学生提供特别的帮助。再如,澳大利亚数学课程标准在谈到分数的学习时指出,要认识到在英语中使用"one third"的顺序是先分子后分母,但是在其他语言(如日语)中,这一概念可能应表示成"三部分,其中之一",其顺序变为先分母后分子。

### (三) 课程的组织方式以"系统—整合式"为主,多元文化融入数学课程以转化模式和社会行动模式为主

澳大利亚数学课程注重学科之间的联系,ACM 中设置"与其他学习领域的联系"模块,阐述了数学与英语、科学、历史之间的联系。这也决定了澳大利亚多元文化数学课程的组织方式以"系统—整合式"为主。"系统—整合式"是一种多元文化数学课程的组织方式,这种组织方式有两种形式:一种是全书的每一章都选择一个多元文化的主题,然后这些主题构成系统;另一种是强调以各科知识内容为主线,串联与其他学科相联系的多元文化的数学内容,并以主题单元的形式进行设计。[①] 很

---

① 张维忠,孙庆括. 多元文化视野下的数学教科书编制问题刍议[J]. 全球教育展望,2012,41(7): 84-90.

明显,澳大利亚主要采用第二种形式,比如 ACM 在各个年级都开设了"货币与金融数学"这一主题单元。

多元文化融入数学课程的质量,即多元文化数学课程开发的深度将决定多元文化数学课程内容的质量,进而影响多元文化数学教育的质量。澳大利亚多元文化数学课程开发较为深入,开发模式主要以转化模式和社会行动模式为主。转化模式和社会行动模式是美国著名学者班克斯开发出来的,他的多元文化课程模式有四个层次,由浅入深依次是贡献模式、附加模式、转化模式和社会行动模式。其中,贡献模式和附加模式都保持了原有的课程结构,只是加入一些多元文化的内容、概念、主题和视角;两者的差异主要在于以多大的力度介绍多元文化的元素。转化模式则是改变原有的课程结构,以便学生能从多元文化的视角看待问题。社会行动模式是在转化模式的基础上促使学生作出决策和采取社会行为以解决问题。澳大利亚的多元文化数学课程开发模式显然没有停留在前两个层次,这从 ACM 的课程内容中就可以看出,特别是可持续性发展主题的融入,更加延伸了转化功能,并且包括转化途径所应用的所有课程改革的全部因素和方法。不仅如此,它还要求学生运用学习过的概念、问题做出决定并采取社会行动。①

### 三、数学课程实施文化多样性的案例

现今学校数学课程存在的问题之一就是没有与学生的文化相联接,使学生误认为数学与他们的生活或未来是毫不相干的,这从一定程度上影响了学生学习数学的兴趣和态度。美国多元文化教育的奠基人班克斯认为,作为一项有成效的教育计划,必须帮助学生为在一个充满竞争的复杂社会中生存做好准备,教会他们有关文化、传统、历史等的认识。② 美国数学教育家摩尔③指出,统计课程,其核心是数学的一个分支,但绝不是一个独立的知识体系,它与社会密切相关。统计应被看

① 靳玉乐. 多元文化课程的理论与实践[M]. 重庆:重庆出版社,2006:38.
② BANKS J A. Multicultural education: issues and perspectives [M]. Boston: Allyn & Bacon, 1989:336.
③ MOORE D C. Statistics among the liberal arts [J]. Journal of the American Statistical Association, 1993(3):214-222.

作是自然科学与人文科学的交叉课程。注重对数据的解释、推理和评价，有助于平衡将统计当作一种技能的倾向。因而，统计课程的实施，需要我们在多元文化观念的指导下进行。这里以统计课程为例，更具体地讨论如何实现多元文化观下的数学课程问题。①

### (一) 统计模型的现实意义

统计是对现实世界的一种描述，主要在于分析实际的情境，决定如何用一个合适的形式表现这一情境。统计中采用的模型是对现实情况的拟合，并非是精确表示。因而，必须培养学生对所用模型的检验意识和校正能力。但事实上，以往的教材与教学都忽略了这一内容。约瑟夫等指出，在相应教学大纲或课程标准中都没有涉及这方面的内容。在此，他们列举了一个政治中的"普选"模型。在这个模型中，每一场选举都有两个样本空间(白人、黑人)，两者概率分别为 19/20,1/20。议会有 630 个席位，则我们可估计黑人应占有 32 个席位。但实际情况却不是，黑人所占有的席位数远低于我们的期望值！从这个角度上说，这个"普选"模型是一个较差的预测模型。因而，我们需要重新检验这个模型所依据的假设前提，使模型对现实的预测变得准确。进一步，作者指出，之所以会出现以上误差，是因为先前的模型中，我们假设了议会席位分配是整个人口的随机样本，忽略了其种族、经济条件等社会因素。事实上政治普选不是随机函数，候选人的选择及选取过程都带有种族的色彩，人们总偏向白人作候选人这一情况屡见不鲜。当然，还会有别的影响因素，提出种族因素是为了说明普选不是对整个人口的随机抽取，它带有强烈的社会背景，统计中的模型必须考虑现实意义，在讨论问题时，要特别注意社会(人文)文化为统计提供的环境。但换个角度说，统计也促进了人们对这些现实因素作更深入的思考。例如上面的议会席位分配情况，我们可以从统计方法入手，调查产生这一情况的现实原因及如何分配席位才能体现最大的公平。具体讲，我们可以分析历届议员的社会背景、经济条件、年龄特征、受教育程度等，以此统计出议员入选者的平均情况，预测新获选议员的大致分布状态，进而促使学生更深入地领会选举这一社会活动的真实意义及其背后隐藏的不公平因素。

通过"选举"这个例子，我们可以看出，整个模型的修正完善过程是统计课程中

---

① 张维忠，方玫. 多元文化观下的中学统计课程[J]. 外国中小学教育，2007(5):51-54,65.

具有价值的重要部分,若不能很好地处理这一内容,将导致学生缺乏对随机和统计的本质及重要作用的基本理解。也就是说,学生的统计观念和随机意识必须通过将所建立的模型与现实世界不断匹配、比较、修正的过程中得到培养。上述案例的教育价值就在于得出结论的过程中,从最初的直觉意识到最终的数学上的可行模型,显示了理性论证在表达个人观点时的重大作用。在统计课程中运用具有一定社会背景的数据,使学生感受到处理问题,特别是一些敏感问题时,将理性置于感性之上的必要性,并学会客观多元地看待问题,而相应的现实背景也使学生能更顺利地掌握统计中的一些关键概念。

(二)统计课程的现实性与情境性

英国数学教育家大卫·尼尔森等认为,统计课程的教学题材应取自现实生活,所使用的数据应有直接的社会相关性,极强的现实性和丰富的情境性是统计课程的特点。统计中的数据不仅仅是数,而且是来自真实世界的有上下文的数。例如数3.4在没有上下文的情况下就不具有任何信息,而一个婴儿出生重量为3.4千克使我们能对孩子的健康加以评论。这就是数据加上其上下文的知识使得我们能够理解和解释,而不仅仅是单纯进行算术运算。大卫·尼尔森等展现了大量这样的题材,例如厄瓜多尔香蕉出口贸易的利润分配图,就直观明了地呈现了数据隐含的不发达国家中农业工人的受压迫情况。他们指出,这些来自现实生活的信息有着重要作用,"它们使你身临其境,使你想要表达和交流,使你感受到数学的力量"。① 因此,对数据的研究不能只是强调教运算过程,教师以及教材编写者必须发挥想象力以提供对学生有意义的数据,这里的有意义具体是指紧密联系学生现实生活的,包含在丰富情境中的数。在德国,为了增强数学课程的现实性,教师开发了一系列基于报纸的真实取向的教学案例。在统计领域就有如下一例:有报纸刊登德国每个家庭平均至少有一种电器处于通电预热状态中,为此,每年每个家庭必须为此支付145马克。环境保护组织在波恩呼吁结束这种能源流失现象。教师利用这段报道,组织学生进行新的活动,如统计不同家庭中有通电预热功能的电器的数量,统计为预热而消耗的电量及支付的费用等,这样,使学生的数学学习更接近

---

① NELSON D, et al. Multicultural mathematics [M]. Oxford: Oxford University Press, 1993: 175-204.

真实的生活,能培养学生的一种质疑性思维,以数学为工具合理判断事件的真伪。①

（三）统计教学的主题化

我国的中学统计课程中,内容安排的顺序是以统计基本知识技能学习的展开为主线的,常常是把随机问题的有关数据采集好以后,作为已知条件列在例题或习题中,学生通过计算等操作熟悉统计的公式和方法。而约瑟夫等却将统计教学内容贯穿于一个大主题——社会中的不公平现象,所用的全部案例都是关于当今世界所存在的各种不公平现象,极具现实性,例如南北国家的粮食消费统计,南非白人和黑人的土地占有量和收入分配情况统计,英国和洪都拉斯的人均收入分配对比情况等。在观察分析这些图表与数据的过程中,学生学习、掌握相应的统计知识与方法,而方法的获得使学生能够更全面地审视数据,通过计算数据的集中趋势和离散程度,更深刻领会这一主题的社会文化意义。例如,为了让学生更好地联系数据与现实生活,在分析"南非白人和黑人的土地占有量统计情况"时,教师选取一部分学生充当白人和黑人进行现场模拟,通过观察分别代表两种人种的学生对教室面积占有情况上的巨大反差,让学生真切感受到其中的不公平现象,引起学生心灵的震撼和情感的共鸣,形成对社会现象的批判、反思意识。这一案例给我们提出了一个教学有效性的问题:若将这一情境迁移到足球场中,恐怕学生的反应不会如此强烈。同样的道理,若将白人与黑人换成伦敦人与非伦敦人的比较,可能是无意义的。要使学生对数据产生情感体验,必须考虑数据产生的背景与学生的生活经验、文化传统的关联性。利用学生的多元文化背景,选择一些敏感的社会问题,在统计课程中造成文化的冲突与碰撞,培养学生的社会行动能力,使学生学会关怀族群、关注贫穷等社会问题,批判性地认识造成文化和种族压迫的社会结构和不平等的教育关系。约瑟夫等通过"测量不公平现象"这个主题,将统计教学从最基本的平均值计算到曲线拟合等复杂内容串联起来,使知识的学习有了丰富的背景做铺垫,促进学生对统计概念的深刻理解、对统计方法的灵活运用,并且,在知识传授的过程中,让学生得到了情感上的满足,培养了多元文化观念,达到多元教育目标的实现。

这里值得指出的是,美国的一套数学教材《直观信息》讲的是以直观为特点的

---

① 徐斌艳. 来自报纸的数学问题——一种真实取向的数学教学[J]. 中学数学月刊,2001(10):3-6.

信息分析、整理和运用。全书共 8 章,每一章都围绕一个主题进行教学。第一章是"世界统计",里面所用例子全部是立足于现实的一些统计案例,例如有关"都市化""新生儿"等都是很敏感的社会题材。特别地,其中还引用了中国的素材,通过呈现中国 1949 年和 1980 年人口规模及城市人口比率,让学生详细分析中国的都市化趋势和人口增长率,与美国的情况做比较,以此作出评述,并预测 2025 年的相应情况。[①] 可以肯定,学生在学习这些主题时,除了掌握统计的基本知识、方法外,还得到了判断、处理现实问题的机会,增进对世界多元文化的认识和理解。

## 四、对我国数学课程改革的启示

随着我国课程改革的进一步深化,多元文化数学教育的理念已在目前数学新课程改革中有所体现。但对数学教科书的相关研究表明,在体现多元文化理念上还存在如介绍国外数学时存在偏见、少数民族数学文化的缺失等问题。通过对国外数学课程的分析,笔者认为我国数学课程改革可以在以下几方面作出进一步探索。

### (一) 聚焦课程内容,拓宽我国数学课程的文化视野

在很多时候,人们会将数学文化窄化为数学史,将数学教育文化多样性窄化为学生的多样性。从国外课程标准的分析中可以发现,数学教育中的文化多样性不仅是对学生文化多样性的回应,同时也是多元文化主义在数学课程中的渗透,还是数学本身文化多样性的体现。

将多元文化聚焦于课程内容将有利于改变教师的多元文化理念与实践"两张皮"的现状。然而,我国的多元文化在课程内容中没有较好地进行聚焦。以课程标准为例,在 2011 年颁布的《义务教育数学课程标准(2011 年版)》的课程内容中,很少见到多元文化的影子,而在附录 2"课程内容及实施建议中的实例"部分虽然包含了大量多元文化的实例,但绝大部分都是日常数学,这也决定了我国数学课程的文化视野偏窄的现状。笔者曾通过对数学教科书中的多元文化分析,得出我国数学教科书中存在着介绍国外数学时存在偏见、少数民族数学文化的缺失、农村学生文

---

① 孙晓天. 数学课程发展的国际视野[M]. 北京:高等教育出版社,2003:145 - 149.

化背景的忽略、性别刻板印象依然存在等多元文化问题也验证了这一点。① 澳大利亚的数学课程在呈现文化多样性方面就颇具特色，它既关注典型国家和主流民族的文化，比如英、美、中、日、韩等国家的文化和澳大利亚白人文化，也关注非典型国家和非主流民族的文化，比如巴基斯坦、柬埔寨、东帝汶、汤加等国家的文化和澳大利亚土著、托雷斯海峡居民的历史和文化；既关注城市文化，也没有忽略社区文化，这些都值得我们借鉴。

从教育内容来看，数学教育中的文化多样性体现在对非主流文化中被压抑的数学活动与数学思想的挖掘与重构，对学生日常生活、社会生活乃至文化生活中的数学元素的重视，以及对在不同文化中的数学语言的关注。也正是基于这样的认识，在改革我国数学课程的过程中，首先要进一步拓展文化视野。第一，在当前注重日常数学的基础上，加大对历史文化的关注度。日常数学固然重要，它对学生认识数学与生活的联系具有重要的作用，但是我们不能忽略历史文化。因为数学史的教育价值有很多，对学生而言，可以激发学习兴趣，开阔知识视野，提高数学素养，启发人格成长等。通过数学起源与发展的学习，学生可以更好地认识数学、理解数学。学习数学史，还有助于学生了解数学的过去，思考现在，并开创未来。② 第二，在当前国家重视中华优秀文化进课程的大背景下，加大对少数民族文化的重视程度。中国是一个拥有56个民族的多民族国家，有着丰富的少数民族数学文化，比如新疆哈萨克族的数与度量衡、天文历法、几何知识等独特的数学知识，然而在漫长的历史发展中，形成了世界上独一无二的"同化性文化"，即以"汉文化"为主体不断同化和融合各少数民族的文化以及外来文化，使得少数民族文化的独特性价值往往被忽视，这不仅对少数民族学生的发展不利，还使得其他民族的学生失去了认识他们数学文化的机会。③ 第三，在当前向西方主流国家学习的基础上，切莫忽略非典型国家的文化。中国的数学教育，在百年来的进程中曾一度放弃了中国古代的传统数学，采用与西方世界并行的现代数学的内容，在数学教科书的数学文化内容的设置上，也体现出了极强的欧洲中心主义，这使得我们几乎完全忽略了非典型

① 张维忠.数学教育中的数学文化[M].上海:上海教育出版社,2011:242-245.
② 朱哲,宋乃庆.数学史融入数学课程[J].数学教育学报,2008,17(4):11-14.
③ 刘超,张茜,拉扎提·纳斯哈提.新疆哈萨克族数学文化调查分析[J].兵团教育学报,2012,22(4):17-25.

国家的数学文化，也使得我们对这些非典型国家的认识还停留在粗浅的层面上。拿非洲国家来讲，我们对它们的认识往往定格于战争、贫穷等灾难上，殊不知它们也有着灿烂的数学文明，比如章勤琼等①人就以"非洲文化中的数学与数学课程发展的文化多样性"为题对此进行了详尽的评介。其次，要注重对可持续性发展主题的研究，比如健康、教育、环境等。这些主题的研究不仅能够使学生在应用数学讨论或解决问题的过程中，认识数学的重要性和社会中存在的重大问题，成为具有社会责任感的公民，还能拓宽学生的视野，特别使学生更加深入地认识非典型国家或少数民族。比如，ACM中提到的"比较澳大利亚、巴基斯坦、新几内亚和马来西亚国家中不同地区的年降雨量""澳大利亚、柬埔寨和汤加居民的年龄""比较土著居民及托雷斯海峡居民平均寿命与全体澳大利亚居民的平均寿命"，学生通过这些主题的学习，一定会对隐藏在主题背后的文化背景感兴趣，这将进一步激发学生进行研究和思考，从而促进可持续性发展主题研究意义的实现。

### (二) 注重数学与其他学科领域的联系，提高多元文化数学课程的开发深度

数学在社会生产与日常生活中的作用愈来愈大，这导致了数学与其他学科领域的联系愈加紧密。由联合国教科文组织发布的《基础数学教育中的挑战》多次提到这一点，比如"与之相关和高质量的科学和数学教育(SME)能够开发批判的和创造的思维，能够帮助学习者理解和参与公共政策的讨论，能够激励行为的改变，这些都能使世界走向一个可持续发展道路，并激励社会经济的发展""数学教育应该使学生理解数学不是静态的数学知识，而是活跃的和不断扩张的科学，它的发展由其他科学领域滋养，并反过来滋养它们"等。② 澳大利亚数学课程十分重视各学科之间的联系，特别是数学与其他学科的联系。在 ACM 中不仅设置了"与其他学习领域的关系"部分，提出"数学学习涉及其他领域学到的知识与技能的应用，特别是英语、科学和历史领域"，还规定了将土著文化、亚洲文化和可持续性发展作为跨学科重点，又在课程内容中开发了很多案例。我国对此也比较重视，比如在课程目标方面提到"体会数学知识之间、数学与其他学科之间、数学与生活之间的联系"，在

---

① 章勤琼，张维忠. 非洲文化中的数学与数学课程发展的文化多样性[J]. 民族教育研究，2012，23(1)：88-92.

② UNESCO. Challengesin basic mathematics education [EB/OL]. http://unesdoc. unesco. org/images/0019/001917/191776e. pdf. 2012-07-10.

教材编写建议方面提到"数学的许多内容与其他学科知识有着密切的联系,随着学生学习的深入,其他学科的知识也就成为学生的'现实',教材在选择数学学习素材时应予以关注"。[①] 当然,这方面的工作还不能仅仅停留在理念上,在实践行动上有待进一步加强。

在实践层面除了要加强数学与其他学科之间的联系外,我们还应该提高多元文化数学课程的开发深度。澳大利亚的多元文化数学课程开发所具有的程度很深,以转化模式和社会行动模式为主,这样的处理方式将会使得多元文化与数学课程的联系更加紧密,使教师较容易地开展多元文化数学教育,进而促进多元文化教育功能的实现。而我国的多元文化数学课程以贡献模式和附加模式为主,导致我国的多元文化数学课程的开发较浅,需要进一步强化开发的深度。

### (三)注重经"缘由""功能"到"内容"的多元文化数学课程的设计逻辑

深入分析国外数学课程中的文化多样性可以发现,其中暗含了以下数学课程的设计逻辑:数学教育中强调文化多样性的缘由,它潜在地确定了多元文化数学课程的教育价值,而教育价值又影响了数学课程内容的选择。

首先,"多元文化主义在数学课程中的反映",它决定了数学课程中强调多元文化的价值是为所有学生提供公平的教育机会,注重学生的社会责任感和跨文化交际能力的培养。体现在课程内容上,一是选取社会生活中的数学,通过学生对社会现实问题的数学探索与审视,培养学生的社会责任感和社会理性;二是通过传统文化、日常生活、文化生活中的数学以及不同文化中的数学语言等表现出对非主流文化的珍视,以培养学生的文化自尊、自信及对异文化的尊重与欣赏,进而为所有学生有效地融入课程提供可能。

其次,"数学本身文化多样性的体现"这一出发点,决定了数学课程中强调文化多样性的价值在于传递数学本来的模样,进而丰富数学课程的内容,并帮助师生建立起更为全面的数学观念,同时促进学生更好地理解学校数学。也正因如此,国外数学课程中强调对非主流文化中的数学元素与活动的重建,并与学校数学相关联。比如,澳大利亚数学课程标准中指出,要研究刻度的可替代方法,以证明国家之间

---

① 中华人民共和国教育部. 义务教育数学课程标准(2011年版)[M]. 北京:北京师范大学出版社, 2012:8,65 - 66.

刻度的变化,而且这种变化是随着时间而变化的。在澳大利亚、印度尼西亚、日本和美国等国家中温度测量单位的演化即是一个例子。又如,在理解学校数学时,可以利用土著居民和托雷斯海峡居民的加减方法,包括空间模式和推理。再如,南非数学课程标准也提到,历史发展过程中,经过不同文明的努力,人类具有了运用一定的方法进行测量的能力。测量主要关注选取和使用恰当的单位、工具和方法去量化事件、图形、物体和环境的特性。当然,需要注意的是,在此强调多元文化数学,是希望学生能借助多元文化数学,意识到数学多样发展的可能性与存在形态,同时经由多元文化数学更好地理解学校数学的背景,并借助多元文化数学与学校数学的多样思维发展现有数学。

再次,从学习理论的角度看,数学课程对学习者多样性的回应,旨在使数学学习对于所有学习者而言变得更有意义,具体表现在两个方面:数学活动既是可参与的,同时又是有价值的。为了学生能有效地参与数学学习,就需要关注数学语言的文化多样性,需要关注学生学习数学的生活背景与经验。为了学生所参与的数学活动变得更有价值,就需要选取来源于学生日常生活、社会生活中的数学问题。①

---

① 唐恒钧,张维忠. 国外数学课程中的多元文化观点及其启示[J]. 课程·教材·教法,2014,34(4):120-123.

## 第二节 多元文化观下的数学教科书

正如前节所述,国际上数学课程的改革纷纷趋于多元文化的视角。如美国《学校数学课程标准(2000)》中就数学对于多元文化的贡献作出了明确的肯定。与美国同一年颁布的《英国国家数学课程》也有类似的表述。无论是法国和德国及澳大利亚新版的数学教学大纲,还是俄罗斯《教学计划与课程标准(2007)》及葡萄牙《基础教育数学课程标准(2007)》,都指出数学是全人类共同的文化成就。另外,一些西方主要发达国家的数学教材,像英国的初中数学教材 *Practice Book*(Y7A—Y9B,2001)[①]、法国初中数学教材 *Math*(2007)、丹麦和波兰的中学数学课本[②]、美国的高中文科数学教材《直观信息》、美国和荷兰联合开发的初中数学教材《情境数学》等都展现了大量的多元文化的数学素材。[③] 我国 2001 年以后颁布的数学课程标准中也明确提出了数学是一种文化,要充分考虑不同文化背景下学生的数学学习。本节将对多元文化观下的数学教科书编制、多元文化观下数学教科书比较与数学教科书中的性别角色观念研究进行分析论述。

## 一、多元文化观下的数学教科书编制

当前西方发达国家的数学课程中已着重强调融入多元文化,并在其数学教科书中进行实践探索,而在我国的数学课程标准中仅有所体现,在数学教科书中具体落实情况如何还是个未知数。同时,回顾国内数学教科书的研究现状,很少有系统

---

[①] 傅赢芳,张维忠. 中英初中数学教材中应用题的情境文化性[J]. 外国中小学教育,2007(2):29 - 32.

[②] 徐斌,汪晓勤. 法国数学教材中的"平方根":文化视角[J]. 数学教学,2011(6):5 - 7.

[③] 孙晓天. 数学课程发展的国际视野[M]. 北京:高等教育出版社,2003:127 - 148.

地针对多元文化取向的数学教科书研究。但另一方面，教科书作为课程实施的基本线索，是数学课程中的多元文化理念在数学教学中得以落实的关键中介，因此，从多元文化观下开展数学教科书编制的研究极为重要。

（一）多元文化进入数学教科书的价值

考虑到数学学科本身的多元文化性、数学教育对象的文化多样性等，多元文化进入数学教科书变得自然且必要。反过来，在数学教科书研究中对多元文化缺乏足够的重视，也会引起麻烦。比如目前我国少数民族地区的数学教科书的使用就出现了一些问题。由于在民族地区大多使用汉语编写的教育部 2012 年审定通过的人民教育出版社编写的《义务教育教科书·数学》，少数民族学生的数学文化背景未得到充分的考虑，在其使用后对民族地区学生数学学习产生严重的影响。殊不知，我国西南、西北和东北等十多个少数民族的建筑、服饰、绘画、计量单位及天文历法、宗教等生活中以及民族数学史中蕴藏着丰富的数学文化。所以，我国数学课程改革中要充分考虑数学的文化多元性，特别是少数民族地区的数学课程中迫切需要这种多元文化。

另外，我国数学新课程改革已进入深化阶段。特别是 2011 年，重新修订了2001 年颁布的《全日制义务教育数学课程标准（实验稿）》，其中在前言中对于"数学观"的表述为：数学是人类文化的重要组成部分，数学素养是现代社会每一个公民应该具备的基本素养。在《普通高中数学课程标准（2017 年版 2020 年修订）》《义务教育数学课程标准（2022 年版）》中也都肯定了数学的文化属性，认为"数学承载着思想和文化"，并阐述了数学在科学、社会科学等领域以及社会生活、日常生活中发挥的广泛的文化价值，明确指出了数学在培养学生理性精神、科学精神，养成独立思考的习惯和合作交流的意愿，增强社会责任感等方面的育人价值。多元文化强调学生对世界上不同文化的理解、尊重和认同，强调对数学文化多元的认识与理解，所以把多元文化数学融入数学教科书是落实以上这些数学课程改革理念的良好载体，特别有可能为上述育人价值的落实提供通道。

（二）多元文化观下数学教科书内容选取的原则

多元文化数学进入数学教科书面临的首要问题是多元文化数学素材的挖掘。目前，多元文化数学素材挖掘的方式主要有两种。一是从数学史中进行挖掘，比如我国水族数学史中数的概念研究、藏族传统文化中蕴涵的数学思想的探究；二是从日常生活中进行挖掘,比如蒙古包中的黄金分割、苗族服饰的数学元素等。然而,并非所有与数学课程内容相对应的多元文化的数学素材都有必要进入数学教科书,这既要考虑数学教科书中的数学内容本身的难易程度及知识体系的特点,又要依据教育学和心理学的有关原理,综合考虑学生的接受能力。所以,多元文化的数学素材进入数学教科书必须考虑以下几个原则。

1. 典型性

所谓典型性原则是指所选取的多元文化的数学内容应紧扣中学数学教科书中的相关数学知识,并充分反映与代表数学的文化多元性。也就是说,所选内容不仅能在数学教科书的知识体系中占有重要的地位,又能重点突出不同文化者为数学所做的贡献。事实上,目前中学数学教科书中适合开发的主题单元有一元二次方程的解法、勾股定理的证明、球体积的证明、对称、圆周率、相似三角形、三角函数、数列、函数的概念、排列与组合等。就数学内容而言,可以是不同文化中的数学概念、数学符号、数学定理和公式证明等的介绍。比如,三角形面积公式的不同求法,无论是古希腊海伦(Heron of Alexandria)利用三边的求法,还是我国秦九韶或是日本村濑义益的算法,都表现出了数学思想表达的文化多元性。① 还有,排列与组合的知识,古代印度人、阿拉伯人、犹太人和欧洲人都做了大量的工作。此外,一元二次方程的解法,古巴比伦人、我国古代赵爽、印度人、阿拉伯人也各有自己的求解方法。② 就取材形式而言,要突出广泛性,还可以是不同文化中的生活及艺术中的数学等。譬如,非洲编织品中的勾股定理,我国剪纸、侗族鼓楼及非洲地区艺术品等中的数学对称。因此,典型性是多元文化数学融入数学教科书所考虑的首要原则。

2. 情境性

所谓情境性原则是指数学素材的选取既要考虑多元文化的视角,又要考虑情境的设置问题。一方面,选取的多元文化的数学素材要进行情境创设。根据弗赖登塔尔的现实数学教育理论,数学课程内容应该从学生熟悉的生活现实出发。具体到数学教科书中,应当从与现实生活密切相关的情景问题出发,因为情景问题是直观的和容易引起想象的数学问题,学生通过这些情景问题更能发现数学概念和

① 沈康身. 历史数学名题欣赏[M]. 上海:上海教育出版社,2002.
② 章勤琼,张维忠. 多元文化下的方程求解[J]. 数学教育学报,2007,16(11):72-74.

解决实际问题。所以,融入数学教科书中的多元文化的数学素材要进行情境的设置。事实上,对于几何中的多元文化数学素材一般是直观的,大多具有情境性的特点,不需要大力度的加工,而代数中的素材需要重新加工和创设情景。此外,统计课程是自然学科和人文学科的交叉课程,所选取的数据不是一个孤零零的数,而是具有上下文联系的真实背景的数,这些数据具有很强的现实性,又表现出极大的社会相关性。另一方面,要选取多元文化视角下具有原始情境性的数学素材。比如,对于初中数学教科书中"镶嵌"一节的素材选取,无论从自然界的蜂房镶嵌图案到古希腊的拼砖与罗马的马赛克,从中国的窗棂到 14 世纪西班牙摩尔族的王室宫殿中的阿尔罕布拉宫的奇妙设计,从埃舍尔出色的绘画作品到简洁的彭罗斯(Penrose)的拼砖中,都能寻找到不同文化下的美妙与神奇的镶嵌图案,这些多元文化的数学素材自身就具有十足的情境性。①

3. 接受性

这里的接受性原则有两层含义:一方面,要充分考虑多元文化数学素材融入数学教科书中的"信息负荷"问题;另一方面,要从学生心理方面考虑其"认知负荷"问题。这是因为从数学史角度挖掘得到的多元文化数学素材往往过于强调学术抽象,不能很好地适应现有的数学教科书内容的教学。另外,从日常生活中挖掘得到的多元文化数学素材由于过于强调数学的文化背景,缺乏突出的数学元素和深刻的数学思想。接受性原则就是要求将过于学术化的数学史角度的多元文化素材转化为教育形态的数学,以便更好地运用到数学教科书的教学实践上。进一步,提炼日常生活中的多元文化数学内容,特别是数学思想的挖掘,同时兼顾数学方法的渗透。目前,关于从日常生活中开发多元文化数学素材的研究有一些成功的案例。比如,我国凯里学院的张和平等以黔东南苗族服饰及侗族鼓楼中的两个民族生活中的原生态数学文化为背景,开发其中的初等数学和高等数学知识,并结合研究性学习的理论,成功地开展了实践教学活动。② 又比如,美国阿拉斯加的文化数学项目(Math in a Cultural Context,简称 MCC),主要是发掘本地土著居民的数学文化传统,并运用到数学课程的开发和教学中去,已经在美国阿拉斯加偏远地区实施了

① 张维忠. 文化视野中的数学与数学教育[M]. 北京:人民教育出版社,2005:167-177.
② 张和平,罗永超,肖绍菊. 研究性学习与原生态民族文化资源开发实践研究——以黔东南苗族服饰和侗族鼓楼蕴涵数学文化为例[J]. 数学教育学报,2009,18(6):70-73.

二十年。① 因此，从已有研究的实践成果来看，从学生的可接受性的心理和能力水平出发，多元文化数学进入数学教科书应该会取得不错的效果。

4. 激趣性

激趣性原则是指所选取的多元文化的数学素材在处理方式上既能让学生理解其数学知识，又能激发学生的学习兴趣。这就要求所选取的素材的表达形式要灵活多样，在文字表述的过程中要配上相应的数学图片，对插图等形式的处理要从多学科的视角选取素材。这些都能激发学生对多元文化数学的热爱，促进对不同文化的理解。

### （三）多元文化观下数学教科书内容组织的方式

数学的多元文化内容融入数学教科书，具体有三个层次的组织方式：第一个层面是在现行数学教科书的各部分中适当增加多元文化的数学内容，即要素-附加式，目的是促进学生对世界多元文化的理解与认同，培养多元文化的数学观；第二个层面是像新课程改革中提倡的开设《数学史选讲》《数学文化》等课程一样，开设《多元文化数学》选修专题或课程，可以采用系统-整合式的方式；第三个层面是基于目前我国数学教育现实的考虑，走多元文化数学整合数学课程之路，采用"专题研究—问题拓展"（简称专题-拓展式）的方式。

1. 要素-附加式

这种组织方式的理论基础来源于美国著名多元文化教育专家班克斯所提出的多元文化课程设计的四种模式，即贡献模式、附加模式、转化模式和社会行动模式中的前两种模式。其中，贡献模式是指着重介绍其他个别文化元素；附加模式强调保留原课程结构，在原课程中加入不同的文化内容及概念、主题和观念。② 以此为借鉴，所谓要素-附加式，是把多元文化的数学素材作为要素渗透或附加到数学教科书的各个环节的组成部分中。比如，可以在数学教科书的引言、章头图、例题、练习题、插图以及阅读材料中，引入不同文化中的数学内容，这种素材只是一种辅助学习数学知识的手段。

---

① 常永才，秦楚虞. 兼顾教育质量与文化适切性的边远民族地区课程开发机制——基于美国阿拉斯加土著学区文化数学项目的案例分析[J]. 当代教育与文化，2011，3(1)：7-12.
② 靳玉乐. 多元文化课程的理论与实践[M]. 重庆：重庆出版社，2006.

首先,章头图是引入多元文化数学的良好载体。2001 年课程改革后所出版的数学教科书,几乎都不约而同地在每一章的开头使用了"大器十足"的章头图,这为多元文化数学的引入创造了良好的条件。章头图可以有两种方式呈现:全图式背景和方格图式背景。全图式背景是指以一张完整的大图呈现不同国家、民族、阶层、时代和性别中的数学,并在全书中保持其合理的比例,这种形式目前为各版本教科书采用最多的形式。方格图式背景是指把一张大图分为若干个小格,在每个小格中放入具有多元文化背景的数学图片,这种呈现形式目前是少数版本数学教科书采用的兼顾形式。比如,现行青岛出版社出版的(简称"青岛版")八年级上册数学教科书中第一章"轴对称与轴对称图形"的章头图就采用这种形式,它的背景图是一张大图,内容是广西壮族的桂林山水,下方是个小图,内容是我国六个民族的图案。

其次,数学史是多元文化数学研究的重要载体,现行各版本的数学教科书的引言都采用了言语叙述和问题提出等两种形式引入数学史。比如有研究表明,浙江教育出版社出版的(简称"浙教版")6 册初中数学教科书中出现的 53 处数学史料,引言中就出现了 18 处(占 34%)。① 言语叙述是以直接文字语言叙述的方式介绍有关的多元文化数学,通常可以介绍不同国家和文化中的数学家的生平、成就以及趣闻轶事、重大的数学成果与事件、重要数学思想方法的起源等。问题提出这种呈现形式可以采用"情境+问题"的方式引入多元文化数学。

再次,现今的各个版本的数学教科书中都有大量的插图,都极力通过插图来展现数学文化。主要有数学人物类插图、生活类插图、数学类插图以及导读类插图。因此,在各类插图中可以引入多元文化数学。像数学人物类插图可以选择不同国度和性别的数学名人头像插图等,如人民教育出版社出版的(简称"人教版")初中数学教科书中就出现了 18 幅数学家的头像,这些头像涉及了多个国家。② 生活类插图可以选择不同时代和不同国家文化中与数学有关的创造物插图。像人教版初中数学教科书中就展现了 30 多幅与数学有关的建筑插图,其中不仅有埃及的金字塔,也有香港的中银大厦,法国的埃菲尔铁塔以及我国古代的赵州桥。还可以选择不同国家和文化中的艺术插图,比如人教版数学教科书的许多插图中,不仅出现了

---

① 孙庆括. 浙教版数学教科书中数学史料的分析与建议[J]. 中学数学月刊,2010(10):14-17.

② 翠花,周志鹏. 品位初中数学教材的插图文化[J]. 数学教育学报,2008,17(6):98-99.

中国的窗花,也出现了古希腊维纳斯雕塑像及荷兰的镶嵌绘画大师埃舍尔的镶嵌作品,这些艺术插图从一个侧面展现了数学的文化多元性。

最后,对于例题和练习题中展现的多元文化数学,不仅可以直接引出不同文化的数学经典史料中的数学名题,还可以对其进行加工或重新编排。此外,像"读一读""阅读与思考""阅读材料"等栏目更是呈现多元文化数学的重要载体。

2. 系统-整合式

无论是国外的数学课程改革还是我国的数学课程改革,都强调注重数学与其他学科的联系与整合。比如,美国的一套数学教材《探索数学》就非常注重通过数学与其他学科的联系的形式展现数学的文化多元性,其第六册第七章中对位值的介绍,通过引用古巴比伦人所使用的楔形文字,对数系的起源做了简单的描述;同时,在整个章节中,教材都把数学内容与艺术、消费、科学和健康等多种学科联系起来。还有,荷兰的弗赖登塔尔研究所于 20 世纪 80 年代中期到 90 年代初期成功开发的一套名为 Profi 的高中数学教材中所选取的数学情景的素材,多取自于物理、化学和生物科学及数学史等。这种设计形式既考虑了数学的文化多元性,又考虑了其他学科中的数学。另外,我国 2001 年颁布的数学课程标准在课程资源开发的建议中也强调关注数学与其他学科之间的综合与联系,要求从自然现象、社会现象和人文遗产等其他学科中挖掘可以利用的资源来创设数学情境。

基于国内外注重在数学课程改革中通过数学与其他学科整合的形式展现数学的文化多元性的理念,提出了多元文化数学融入数学教科书的系统-整合式。主要有两种组织方式:一种是全书的每一章都选择一个多元文化的主题,然后这些主题构成系统。比如,1998 年美国 Wing for learning 出版社出版的高中文科数学教材《直观信息》(Date Visualization),全书共八章,每章都有多元文化的相关主题,如第一章"世界统计"中的例子,用的全部都是不同文化中的例子。这些主题在全书中构成一个多元文化的系统。另一种是强调以各科知识内容为主线,串联与其他学科相联系的多元文化的数学内容,并以主题单元的形式进行设计。比如"对称"这个数学主题单元,就可以选择以数学中的对称、科学中的对称、建筑中的对称、生活中的对称等为小节标题来展现数学的多元文化。明显地,这些其他学科中的对称知识就与数学对称知识为单元组成了一个系统,见图 6-1。后一种形式适用于开设多元文化视野下的数学选修课程。

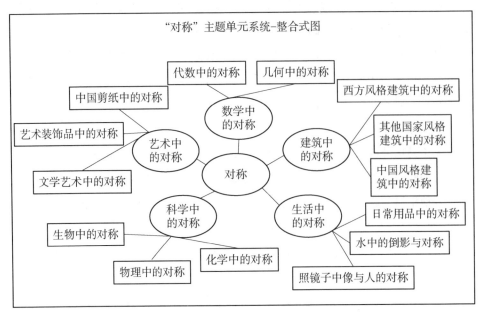

图 6-1　"对称"主题单元系统-整合式图

### 3. 专题-拓展式

专题-拓展式,即"专题研究,问题拓展"的简称,是指数学教科书中在介绍相关的多元文化的数学专题知识后,提出一定的问题加以拓展。比如,"勾股定理"的证明方法有很多种,现行各版本初中数学教科书都注意到了这一点,将勾股定理的不同证明方法放在教科书的各个部分,向学生充分展示勾股定理证明的文化多元性。然而,教科书只能止此为止。事实上,可以提出这样的问题:请你通过各种途径查阅资料,对不同地区和时期的证明方法加以比较分析,能写一篇介绍勾股定理的文章吗? 你能发现类似的其他数学知识的证明方法吗? 殊不知,像三角形面积公式的求法、一元二次方程的求根公式等内容都适合此种方法。因此,在教科书编制中可以从以下方面的切入进行改善。

首先,完善"数学史话"专题。由于地域、时代和思维方式等的不同,造就了世界上许多国家和民族产生了自己的数学传统,比如以理性为主的古希腊产生了演绎体系的数学,以实用为目的的古代中国等东方国家产生了算法为体系的数学。从数学的发展史来看,对同一数学概念和定理,不同文化中有其不同的表现形式,这就表现出了数学的文化多元性,像一元二次方程的求根公式及杨辉三角的表示方法就是最好的例证。考察现行数学教科书中的"阅读与思考""数学史话""阅读材料"等重点呈现数学史的专题,发现其介绍都一定程度地体现了数学文化多元性的理念。然而,所呈现的多元文化数学专题偏少,介绍形式过于机械化地罗列史料。进一步,可以通过下列两种形式完善:第一种在设置方式上注意连续性和综合性相结合。连续性指以数学课程中一个领域为单位,整体考虑多元文化数学的史料设置。比如,对于"数"这个领域就可以从初中的"负数""无理数"开始,一直到高中的"复数"的介绍都应从整体上遵循数的文化多元性的规律,这样就能更好地培养学生的多元文化数学意识。综合性是指打破时空的限制,对同一数学内容,展现不同时空下数学家对同一成果的研究,突出数学思想方法。比如,对三角形面积公式的求法与证明,既可以选择我国的出入相补原理,也可以选择西方的演绎几何的证法,以便更好地实现多元文化的数学教育目的。第二种在处理形式上,要突破原有的文字叙述的形式,可以增加数学史方面的图片,比如邮票上的数学、泥板上的数学等。总之,在原有的体现多元文化数学的史料中,在设置方式和处理形式上增加灵活性,以便发挥多元文化的数学史料的应有教育功能。

其次,优化"数学活动"栏目。这里的数学活动分为两个方面:静态的数学活动课程与动态的数学活动课程。前者是指在数学教科书中开设"数学活动"专栏,主要展现具有多元文化数学的算法,让学生动脑和动手去高效地重演历史的过程。后者是指把选取的多元文化数学素材设计成一些有意义的课堂教学活动,比如角色扮演、演讲与讨论等,使学生理解和体会不同文化中的数学对人类的贡献。这个方面扎斯拉维斯基已做了大量的研究,还有澳大利亚学者阿米莉亚·狄更森·琼斯[1]探讨了将原住民的相关数学活动植入西方课堂的教学方式,都取得了良好的效果。比较而言,我国现行数学教科书中设置的"数学活动"专栏,基本上都还是强调数学知识运用的数学活动,很少注意数学活动素材选取具有文化多元性的背景。比如,考察我国现行人民教育出版社和上海科学技术出版社出版的两套初中数学教科书中的"数学活动"栏目后发现,仅有人教版七年级下册第116页的数学活动2

---

[1] DICKENSON-JONES A. Transforming ethnomathematical ideas in western mathematics curriculum texts [J]. Mathematics Education Research Journal, 2008, 20(3):32 - 53.

中的素材有些许多元文化的背景,其他均很少有所体现。

最后,开发"数学游戏"单元。以数学游戏为载体的数学学习活动能激发学生的数学学习兴趣,将学生引入到深度的数学思考中。也因此,数学游戏等受到数学课程改革的关注。比如,教育部颁布的《义务教育数学课程标准(2011年版)》中就明确要求,教师可以运用讲故事、做游戏、直观演示、模拟表演等教学活动来激发学生的数学学习兴趣。据此,数学教科书中增加了许多数学游戏的知识。比如,人教版数学教科书中设置了"填幻方"等5个游戏;青岛版义务教育实验数学教科书增加了"翻硬币的游戏"等6个游戏;北师大版初中数学教科书中也介绍了10多个数学游戏素材。分析发现,这些数学游戏的编排大多以文字叙述式的阅读材料为主,设计形式单一,偏重数学知识的运用。同时,数学游戏题材显得十分单调,很少有体现具有多元文化的数学游戏题材。因此,突显数学游戏题材的文化多元性是未来数学教科书中设置"数学游戏"单元需要考虑的方向。

**(四) 多元文化进入数学教科书的现状:数学史的视角**

多元文化进入数学教科书的现状如何?笔者将从数学史的视角对我国数学教科书进行分析,探讨在我国数学教科书中使用数学史是否有效地解决了学校数学与数学教学多样性和公平性的问题。[①]

1. 数学史与数学及数学教学多样性

我国《义务教育数学课程标准(2011年版)》指出"数学是人类文化的重要组成部分",并将"人人都能获得良好的数学教育,不同的人在数学上得到不同的发展"作为基本理念之一,表明我国学校数学教育强调学生对数学不同文化及其多元价值的理解,注重提升学生数学交流及数学多元文化理解能力。而在数学教育中,数学史强调数学在人类文明发展中的作用。在数学教学中充分运用数学史,能有效激发学生数学学习动机,增强学生学习数学的积极态度。因此,数学史可作为数学教学的辅助工具,帮助教师实现数学课堂教学目标,深化学生对数学概念及数学思想的理解。

从文化与历史的角度出发,每个社区都在历史上建立了一种基于其历史与文

---

① 张维忠,马俊海. 我国初中数学教科书中的数学史及其启示[J]. 当代教育与文化,2018,10(6):
56‑60.

化的数学,德安布罗西奥将其称为"民族数学",具体是指个人在不同文化与环境脉络中,适应与解释实体世界的不同方式;并将民族数学作为不同的文化系统中"跟踪与分析数学知识产生、传播、扩散并标准化过程的方法"①。从该角度出发,数学由其文化及历史背景决定,不同的文化及历史背景可产生不同的数学,数学史则是一种探索数学哲学、科学和社会学的桥梁,能帮助学生理解数学作为社会文化产物这一本质的属性。

由于数学由社会文化建构,数学史揭示了人类经验的有限性和数学系统的公正性。借助数学史,有助于学生识别社会历史及文化问题。同时,通过数学方法来源的(文化)多样性,学生可从中感受到数学发展多样性的力量。因此,将数学史应用于数学教学,能有效提升学生对于数学与数学教学多样性的积极态度。同时,德安罗西奥指出,在文化真空意义下进行数学的历史还原,数学纯粹是一个"帝国霸权支配群体"的现象。因此,我国学校数学教育应充分重视如何有效利用数学史帮助所有学生获得发展的问题。数学史还能帮助学生重新对数学进行定位,尤其有助于少数民族地区的孩子克服对学习数学的陌生与恐惧,并在数学课堂中拥有多样性的话语权。当数学教师在介绍数学解题策略及数学史成就时,不仅要在特定的文化背景下突显数学思想的发展,更要鼓励学生从多元文化视角看待数学及其发展。在探究数学史的过程中,学生会接触多元文化数学,并了解数学文化系统的优缺点,这有助于学生重建数学作为一种在其特定文化背景下的人类实践产物的观点,增强其多元文化的理解能力。在传统上,欧洲学术数学为学校数学提供了学科基础,可能导致人们认为欧洲数学优于其他文化的数学,甚至认为它是唯一的数学,并巩固欧洲学术数学在学校数学中的主导作用。事实上,这是一种文化帝国主义,用霸权主义控制、压制并边缘化其他文化群体,以欧洲为中心的数学历史叙事使霸权合法化,将阻碍从属群体发出自己的声音。因此,有必要对学校数学进行多样性重构,使学校成为所有学生公平地学习数学的场所。基于此,将分析数学史在我国数学教科书中的运用,探讨数学史进入教材是否有助于解决学校数学中面临的多元文化数学问题。

---

① 张维忠. 数学教育中的数学文化[M]. 上海:上海教育出版社,2011:209.

2. 分析框架

以教育部颁布的《义务教育数学课程标准(2011年版)》为指南,由人民教育出版社自2012年起陆续出版的七年级上、下两册初中数学教科书为研究对象。[①] 根据我国义务教育数学课程标准,初中数学由"数与代数""图形与几何""概率与统计"与"综合与实践"四个领域组成。在"数与代数"中,七年级的学生学习数与式、方程与不等式的有关性质,包括有理数的数学性质、整式的加减运算、一元一次方程、二元一次方程组等内容。在"图形与几何"领域,七年级的学生学习平面基本图形的性质及运用坐标描述图形的位置和运动,包括基本图形的初步认识,点、线、面、角等内容。在"统计与概率"领域,七年级的学生学习数据的收集、整理和描述,包括统计调查、绘制直方图等。在"综合与实践"领域,七年级的学生需结合实际情境,以问题为载体,综合运用代数与几何等基础知识自主设计、实施并反思建立数学模型解题问题的过程,旨在培养学生综合运用有关数学知识解决实际问题、发展学生应用及创新意识,积累学生的相关活动经验。

基于已有研究,借助金美鞠(Mi-Kyung Ju)[②]等建立的研究框架,从多元文化视角出发对我国人教版七年级数学教科书进行统计分析。该分析框架由数学史的起源维度和内容维度构成。其中,分析框架的起源维度与教科书中包含的历史相关,包括三个子类:欧洲数学史(EM)、非欧洲数学史(NEM)、多元文化联系(MC),具体如表6-2所示。

表6-2 数学史的起源维度

| 类型 | 维度 |
|---|---|
| EM | 在文化和历史上由欧洲共同体生产创造的民族数学,尤指欧洲的学术机构 |
| NEM | 由欧洲数学共同体以外的文化群体生产的民族数学 |
| MC | 试图在各种文化群体中搭建起诸多民族数学间的联系,促使学生对不同的数学方法进行调查、解释或进行比较。 |

---

[①] 林群. 义务教育教科书·数学(七年级上、下册)[M]. 北京:人民教育出版社,2012.

[②] JU M K, MOON J E, SONG R J. History of mathematics in Korean mathematics textbooks: implication for using ethnomathematicsin culturally diverse school [J]. Int J of Sci and Math Educ, 2016,14(7):1321-1338.

分析框架的内容维度与数学史的内容类型有关,包含 C1、C2、C3 和 C4 四个子类,具体如表 6-3 所示。

表 6-3　数学史的内容维度

| 类型 | 维　　度 |
|------|---------|
| C1 | 由数学史作为趣闻的案例组成,数学教科书中只简单地介绍历史,如数学家简介、成就等,既未说明给定历史案例的历史意义,也未阐明其数学意义。 |
| C2 | 教科书只将相关数学问题的历史解答或策略作为最终结果,未进行数学过程阐释。 |
| C3 | 教科书介绍了相关数学问题的历史解决方案或策略,并解释了其相关的数学背景。 |
| C4 | 教科书中运用数学史培养学生更高的认知能力,如数学探索、论证、比较、猜想等建构自己的数学思想。 |

在数学史的内容维度中,四个子类对数学史的运用程度不断加深,其中 C3 与 C2 的区别在于,C3 将数学结果与数学发展的历史和文化背景联系在一起。

3. 研究结论与若干启示

在我国数学教科书中包含有诸多如埃及金字塔、中国的艺术剪纸等历史文物图片及翻牌游戏中的数学道理等内容。然而,教科书并没有明确说明其教学意图,这样很难判断编者是否将其作为历史的教育用途。因此,本文分析仅局限于数学史被明确使用的情况,即可以确定数学史的起源和教学功能。根据所用分析框架,经笔者统计分析得到了我国教科书中数学史的使用情况,见表 6-4(数据单位为%)。

表 6-4　数学史中各代码的使用频率

| 使用类型 | 欧洲数学 | | | | 非欧洲数学 | | | | 多元文化联系 | | | | 总数 |
|---------|------|------|------|------|-------|------|-------|------|--------|------|------|------|------|
| | C1 | C2 | C3 | C4 | C1 | C2 | C3 | C4 | C1 | C2 | C3 | C4 | |
| 数与代数 | 8.92 | 1.79 | 0.00 | 0.00 | 25.00 | 0.00 | 3.57 | 1.79 | 8.93 | 0.00 | 0.00 | 0.00 | 50.00 |
| 图形与几何 | 5.36 | 0.00 | 0.00 | 0.00 | 7.14 | 3.57 | 0.00 | 0.00 | 3.57 | 0.00 | 0.00 | 0.00 | 19.64 |
| 概率与统计 | 0.00 | 0.00 | 0.00 | 1.78 | 1.79 | 0.00 | 0.00 | 0.00 | 0.00 | 0.00 | 0.00 | 0.00 | 3.57 |
| 综合与实践 | 1.79 | 0.00 | 5.36 | 0.00 | 7.14 | 0.00 | 12.50 | 0.00 | 0.00 | 0.00 | 0.00 | 0.00 | 26.79 |
| 总数 | 16.07 | 1.79 | 5.36 | 1.78 | 41.07 | 3.57 | 16.07 | 1.79 | 12.50 | 0.00 | 0.00 | 0.00 | 100.00 |

我国数学教科书对数学史的使用是多样的。从内容维度分析，C1(69.64%)在数学教科书中使用最为普遍。在数学教科书中，章节以历史的成就或数学家及其成就开头；在章节末，以阅读与思考的形式展示"方程""代数"等的起源和历史发展。根据分析框架，C1将处理历史案例作为轶事，并未涉及其历史意义。因此，C1的主导地位说明我国数学教科书并未有效地将数学史融入到学生的有意义数学学习中，也并未将数学理解为历史意义下的人类实践。例如，下面是某章节末的"方程"史话①，用来说明方程的历史发展。

人们对方程的研究可以追溯到很早以前。公元820年左右，中亚细亚的数学家阿尔-花拉子米(al-Khwarizmi, 780—850)曾写过一本名叫《对消与还原》的书，重点讨论了方程的解法，这本书对后来的发展产生了很大影响。

通过史话，有助于学生了解历史，但他们很少思考数学家的数学研究动机及方程的概念是如何在历史的发展中产生的，即并未揭示方程发展的历史和相关背景，更会误认为数学属于阿尔-花拉子米这样的数学天才，掩盖其是人类在社会历史和文化中实践的产物的本质。C1类案例对数学史的使用只提供了对历史事实或工艺品的简要描述，并未强调其历史背景、原因及当时数学家与数学集体间的关系。

同样，C2的案例(5.36%)也可视作是数学史的轶事用法，但它们将历史视为最终产物。例如，教科书中介绍了欧几里得《原本》中证明$\sqrt{2}$不是有理数的方法。我国数学教科书经常使用该方法，教学生如何在引入无理数的概念后判断某数是否为无理数。在该案例中，数学史被简单地用于在不促进学生数学思维的情况下证明$\sqrt{2}$不是有理数的过程。

C3(21.43%)和C4(3.57%)的案例可通过增加后续的问题来促进学生的问题解决、数学解释、演绎、论证推理等数学思维能力。尽管C3的使用率远低于C1，但C3出现的频率表明，我国数学教科书试图借助数学史培养学生的数学能力。在C3的案例中，数学史中的趣闻、方法、工艺品或数学家经常与数学问题相结合。这表明，C2可以很容易地被修改为C3的任务。

虽然C3的案例有助于提升学生的数学思维及对历史产生过程的理解，但他们经常只提出简单的封闭式问题，如在教科书中使用给定方法计算答案或给出证明。例如，在

---

① 林群. 义务教育教科书·数学(七年级上、下册)[M].北京：人民教育出版社,2012.

介绍 $\sqrt{2}$ 不是有理数的证明方法后,教科书中会要求学生使用类比的方法,证明 $\sqrt[3]{2}$ 是无理数。在任务中,要求学生简单地重复给定的程序。例如,下面是 C3 的一个例子。①

我国古代数学著作《孙子算经》中有"鸡兔同笼"问题:"今有鸡兔同笼,上有三十五头,下有九十四足。问鸡兔各几何。"你能用二元一次方程组表示题中的数量关系吗? 试找出问题的解。

在数学教科书中,二元一次方程组是数与代数中的重要内容。在上面的例子中,结合了我国古代经典数学著作中的问题,第一个问题是要求用给定的方法表示数量关系,第二个问题是找出问题的解。该任务可增强学生对不同历史、文化和社会之间联系的理解。

虽然 C4 在数学教科书中使用最少,但 C4 的案例为学生提供了一个进行数学解释、论证、比较、分析的机会。例如,在学习二元一次方程组及其解法后,要求学生使用简便的方法解决"鸡兔同笼"问题。这样的案例很有价值,它鼓励学生运用所学知识及生活实践,对同一问题从多元文化的视角加以分析、解决。

从起源维度分析,非欧洲数学史(62.50%)在我国数学教科书中最为普遍,这表明我国数学教科书高度重视非欧洲数学史及其教育价值。表 6-4 显示,提及欧洲数学史的百分比为 25%,提及多元文化联系的百分比为 12.50%。因此,在一定程度上,我国数学教科书改编来自不同文化群体的史料。我国数学教科书中,非欧洲数学史常根据欧洲数学认识论进行改编。例如,数学教科书中介绍了其他文化群体的数学历史问题,并要求学生用教科书中所教授的欧洲数学方法来解答。例如,介绍了《算学启蒙》中"马匹追赶"问题。②

(我国古代问题)跑得快的马每天走 240 里,跑得慢的马每天走 150 里。慢马先走 12 天,快马几天可以追上慢马?

该题中使用了我国古代元朝朱世杰所著的《算学启蒙》中的问题。然而,这个问题是使用欧洲一元一次方程的方法加以解决的,教科书中并未介绍用我国古代的文化思维方式来解决。洪崇思(S. S. Hong)指出③,方程理论在东西方数学史中

① 林群. 义务教育教科书·数学(七年级上、下册)[M].北京:人民教育出版社,2012.

② 林群. 义务教育教科书·数学(七年级上、下册)[M].北京:人民教育出版社,2012.

③ HONG S S. Theory of equations in the history of Chosun mathematics [M]. Daejeon Korea: Proceedings of History and Pedagogy of Mathematics, 2012:719-731.

完全不同。虽然符号表示法是一项强有力的数学发明,但学生见证不同文化群体之间的数学对话关系是很重要的。事实上,历史上不同思维方式间的对话对于数学的发展至关重要。

在我国数学教科书中,虽然充分承认欧洲数学群体所作出的贡献,但并未高度以欧洲为中心。同时,教科书中介绍了不同群体数学史上的历史趣闻及数学问题等,它们却并未揭示数学实践中多样性的力量。例如,虽然教科书阐述了法国数学家笛卡儿最早用 $x$、$y$、$z$ 等字母表示未知数,我国古代用"天元、地元、人元、物元"等表示未知数,表明了不同数学群体间的差异,但并未充分讨论其数学背后的文化认识论。教科书中阐述了中国人使用负数的历史,却并未介绍西方使用负数的起源。若教科书提出各种各样的历史方法来探寻负数的起源,则学生不仅可以更深刻地理解它的数学意义,还能学习数学的文化并感受其数学多样性的力量。

在提出数学多样性问题时,重要的是检验数学教科书是否公平地处理数学的多样性问题。分析表明,数学教科书在一定程度上体现了数学对话。例如,教科书中对一次方程组的古今表示及解法进行了分析,这能够帮助我国学生对自己的文化遗产具有更高的尊崇。同时,通过文化群体如何影响其他文化群体的数学发展,教科书可以帮助学生理解数学是如何通过沟通而非差异来构建的。在这方面,有必要考虑如何利用数学史教育学生尊重差异,与不同背景的人合作等。

为了达到这一目的,数学史的应用要高度揭示不同数学文化系统间的对话与交流。例如,通过介绍中国古代和韩国传统的线性方程的解法,让学生讨论每一种解法的优缺点,了解不同民族是否对数学的发展产生了影响。通过这种调查,学生可以比较不同文化群体的数学,并探索他们的数学贡献。学生能理解数学是通过沟通而非差异来发展的,开放是数学发展的关键。数学史的教育意义在于帮助学生重新发现自己作为文化的存在。从相对论的角度来看,数学文化系统是一种知识系统,可通过交流而非差异来改进,教科书中适当引入数学史有助于学生倾向协作,并具备公平处理社会多元与公平问题的能力。

总体而言,我国数学教科书以多种方式融入数学史,但最常用的方式是轶事引入。因此,在一定程度上,数学史并未有效同学生的数学学习相结合。多数数学学习任务并不能促进学生创造性思维的发展。纵观历史,不难发现数学家的成就具有前驱性。先代数学家们在历史上积累的数学成果为新成就奠定了基础,这表明数学与其他历史或当代数学家的实践是一种对话关系。换句话说，数学是某种文化和历史背景下的集体实践。在这一点上，理解历史性对于把学生的数学观重新定位为文化历史语境下人类对话实践的产物具有重要的意义。同时，有必要寻找将数学史有效融入数学教科书的途径，以支持学生发展演绎、推理、批判性思维等更高的认知能力。此外，以欧洲为中心的数学观在我国最近出版的数学教科书中并未占主导地位，这表明我国数学教科书的组织已在一定程度上能促进学生对数学多样性的理解，这是可喜的变化，但还未能有效融入我国民族数学史料。数学史是宝贵的资源，有助于学生理解数学多样性的力量和数学的平等本质。因此，有必要制定数学教科书的指导方针，涉及如何有效整合数学史的多样性问题。特别地，建议数学史的教育应用应提出数学家们在做什么，如何做，在何种历史文化背景下做，以帮助学生理解数学实践中数学多样性的意义。

因此，有必要对数学史进行更为系统的研究，特别是对非欧文化群体及我国少数民族的数学史研究。同时，数学教科书开发人员需要从多元文化的角度来适应数学史研究的最新发展，为学生成为多元文化社会的公民做好准备。除发展教科书外，数学教师对数学史的认知在学校数学教育实践中起着重要作用。因此，有必要设计加强有关数学史的教师教育课程，以培养教师的数学史知识、信念及教学能力，以支持学生的数学发展，使学生具备多元文化时代所要求的数学核心素养。

## 二、多元文化观下数学教科书的比较

国内外数学课程标准与教科书中越来越多地体现了"多元文化"的理念，分析探讨多元文化观下的数学教科书编制理念与原则后，从多元文化视角比较国内三个版本初中数学教科书落实多元文化的情况，以及选取"勾股定理""一元二次方程"等具体内容为载体展开多元文化观下的数学教科书比较研究。

### （一）数学教科书比较：多元文化视角

目前，我国正处在新一轮基础教育课程改革的深化时期，与数学课程标准相对应的数学教科书也呈现出"一标多本"的可喜局面，相应地出现了各种版本数学教科书之间的比较研究。然而，基于多元文化视角下的数学教科书比较研究并不多见。特别是,随着我国数学课程标准中表现出来的如"数学教育要面向全体学生""学生的数学学习要从学生已有的经验出发""由于学生所处的文化环境、家庭背景和自身思维方式不同,学生的数学学习活动应当是一个生动活泼、主动的和富有个性的过程"等对多元文化的重视,从多元文化的视角对教科书进行比较研究就显得更为必要了。基于这样的目的,这里选取了三个版本的初中数学教科书进行了相关统计分析,从一个侧面剖析了数学教科书中落实多元文化的情况,为进一步编写与修订以及完善数学教科书提供一些参考。①

1. 统计对象与方法

此次选取的研究对象为人民教育出版社(简称"人教版")②及浙江教育出版社(简称"浙教版")③和上海科学技术出版社(简称"沪科版")④出版的从2003年9月开始使用至今的义务教育数学课程标准实验教科书(7—9年级),共18本。之所以选取人教版数学教科书,是因为它使用面广,具有一定的代表性;选用沪科版和浙教版数学教科书是因为它们是在我国经济比较发达的地区使用的,具有一定的对照性。选用三套数学教科书,也是为了增强统计结果的一般性,另外这三套数学教科书都是根据2001年教育部颁布的初中数学课程标准编制的,对其进行考察也能反映出初中数学课程标准中的多元文化性。这里的多元文化指教育中的多元文化,主要借鉴班克斯的研究成果。班克斯把多元文化按种族或民族来源、社会经济水平、地域、城镇农村、宗教、性别、年龄、特殊性等划分为八大类,进一步每一类还可以进行划分为各种文化。⑤ 结合数学学科及数学教科书的特点,本文着重从国别、民族、阶层、性别、区域等方面考察多元文化。具体主要从教科书插图(包含章头图)和文本(阅读材料除外)、阅读材料等范围进行统计。统计单位是按人次及次数或个数。比如阅读材料中出现多个国家的数学成就,每个国家就算一次;另外,不是所有多元文化包含的维度里都能覆盖全部的统计范围,比如国家文化仅指阅

① 张维忠,孙庆括. 多元文化视角下的初中数学教科书比较[J]. 数学教育学报,2012,21(2):44-48.
② 林群. 义务教育课程标准实验教科书·数学(7—9年级)[M]. 北京:人民教育出版社,2003.
③ 张孝达. 义务教育课程标准实验教科书·数学(7—9年级)[M]. 上海:上海科学技术出版社,2004.
④ 范良火. 义务教育课程标准实验教科书·数学(7—9年级)[M]. 杭州:浙江教育出版社,2004.
⑤ 郑金洲. 多元文化教育[M]. 天津:天津教育出版社,2004.

读材料中出现的所有国家的数学文化,性别文化的统计主要指插图里出现的男女人物次数。这样做主要是因为有的统计范围没有多元文化的维度,但三个版本数学教科书中每个多元文化维度的统计范围是一致的。

2. 统计结果

(1) 国家文化

a. 选取中国传统数学的篇数比例总体趋势略高于西方

三套教科书共83篇阅读材料中(见表6-5),除了文化背景不突显的38篇外,体现中国传统数学的内容有23篇,占近28%;体现西方文化中的数学共18篇,占约22%;总体上看,都倾向于对中国传统数学文化的介绍,以围绕介绍数学史的形式展开得比较多。进一步看,在对各国数学文化题材的选取上,人教版比较均衡,而浙教版和沪科版则更注重中国或西方的数学文化,令人吃惊的是分别在其19篇和36篇"阅读材料"中无一篇体现非西方文化中的数学内容。此外,选取文化背景不突显的数学的篇数较多,大多是介绍现代西方科学技术的成果,所占比例都在45%左右。值得指出的是,在体现中国传统数学的内容中,除"正负术"与"天元术"体现了中国古代数学中的算法思想,其他内容都只能算是数学史的介绍,没有涉及数学思想方法与人文精神价值的层面。

表6-5　阅读材料中不同国家文化构成表

|  | 中国传统数学 | 西方文化中的数学 | 非西方文化中的数学 | 不突显文化背景中的数学 |
|---|---|---|---|---|
| 人教版 | 7 | 4 | 4 | 13 |
| 浙教版 | 7 | 4 | 0 | 8 |
| 沪科版 | 9 | 10 | 0 | 17 |

b. 中西方数学文化中不同国家出现的频次不均衡

统计发现,阅读材料中出现的国家共16个(见图6-6),人教版、浙教版和沪科版中出现国家的总次数分别为41,35,52(平均43次);中国出现的总次数分别为15,27,15(平均19次),约占国家平均总次数的44%;其次古希腊平均出现6次(约占14%);然后法国平均出现5次(约占12%);埃及平均出现3次(约占7%);英国和德国平均各出现2次(约各占5%);其他国家均出现一次左右。可见,中国是所有出现国家次数最多的,占所有国家出现次数的近一半,另外所出现的国家基本都是数学发展史上的数学发达国家。

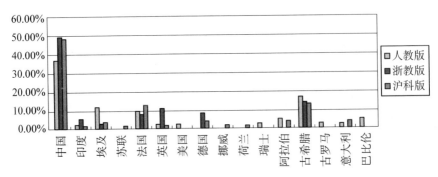

图6-2 阅读材料中不同国家出现次数比例统计图

（2）阶层文化

a. 以数学家为代表的精英人物的数量远多于以工人为代表的大众人物的数量

对人教版、浙教版和沪科版数学教科书阅读材料和插图中人物身份的分析表明（见表6-6和图6-3），人教版排名前6位的是：数学家（42.19%），不明确（9.38%），运动员（6.25%），白领（4.69%），物理学家（3.13%），哲学家（1.56%）；浙教版排名前6位的是：数学家（41.67%），不明确（22.92%），运动员（18.75%），艺术家（6.25%），哲学家（4.17%），建筑师（2.08%）；沪科版排名前6位的是：数学家（54.79%），不明确（31.51%），官员（5.48%），传教士（4.11%），哲学家（2.74%），建筑师（1.37%）。显然，数学家出现的比例最高。从整体看，三个版本精英人物出现121次，大众人物出现64次，精英人物出现的次数将近大众人物的二倍。可以说，每个版本教科书的精英人物出现的次数都高于大众人物，字里行间渗透着主控阶层所需要的主流价值倾向。

表6-6 阅读材料和插图中不同阶层人物统计表

|  | 精英人物 | 大众人物 |
| --- | --- | --- |
| 人教版 | 40(62.5%) | 24(37.5%) |
| 浙教版 | 31(64.6%) | 17(36.4%) |
| 沪科版 | 50(68.5%) | 23(32.5%) |

b. 精英人物所从事职业的类型多于大众人物

统计发现（见图6-3），精英人物从事职业的类型包括数学家、哲学家、建筑师、物理学家、天文家、艺术家、白领和官员等；而大众人物从事的职业主要是运动员、工人、传教士等。总体上，精英人物所从事职业的类型多、范围广。另外，在价值取向上，城市背景的精英人物多于乡村背景的。比如，三个版本中数学家平均占46%之多，而且介绍他们时，大多提及其身处知识分子家庭或身处普通民众之上的政府高官或贵族之家。这样可能会暗示具有城市背景出生的人物更有机会成为杰出人物。

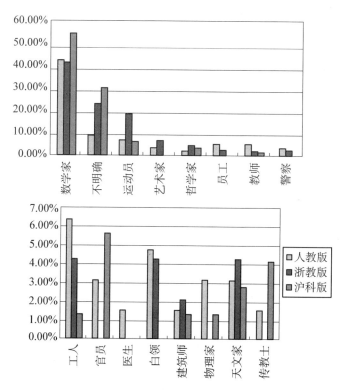

图6-3 阅读材料和插图中的人物职业比例统计图

（3）性别文化

数学教科书中呈现与性别有关的插图主要有两种形式：一种是通过一张或几张图片，创设一个男女合作的场景，再配以适当的文字提出一定的数学问题；另一种是介绍有关数学史上的数学名人头像等。统计发现，插图中存在着较为明显的性别刻板印象。比如,三个版本教科书阅读材料中,没有一处涉及女性创造数学的例子。

a. 插图中的男女出现次数,男性总体趋势明显高于女性

人教版、浙教版、沪科版教科书插图中(见表 6-7),男性出现的次数分别为 59, 60,22 人次,分别约占相应版本男女总人次数的 79%,77%,71%;女性出现的次数分别为 16,18,9 人次,分别占相应版本男女总人次数的 21%,23%,29%。可见,"男多女少"的现象在各版本教科书中表现出了一致性。从总体上看,男女人物共出现 184 次,其中男性出现的总次数为 141 人次(约占 77%),而女性出现的总次数仅 43 人次(约占 23%),女性出现的频次比男性少 50%左右。这种趋势在许多学者对其他版本的数学教科书的分析中可以得到相互印证。如唐恒钧对北京师范大学出版社出版的初中数学教科书的前三册进行分析,男性出现 190 人次,女性出现 62 次,男性出现的频次显著高于女性。[①]

表 6-7 插图中的性别文化统计表

| | 男性人物 | | 女性人物 | |
| --- | --- | --- | --- | --- |
| | 成年男性 | 同辈男性 | 成年女性 | 同辈女性 |
| 人教版 | 38(84.4%) | 21(70.0%) | 7(15.6%) | 9(30.0%) |
| 浙教版 | 44(83.0%) | 16(64.0%) | 9(17.0%) | 9(36.0%) |
| 沪科版 | 16(66.7%) | 6(85.7%) | 8(33.3%) | 1(14.3%) |

b. 成年人中男性出现次数多于女性,同辈中男性出现次数也多于女性

统计表明(见图 6-4),插图中成年男性出现的总次数为 98 人次(占 80%),成年女性出现的总次数为 24 人次(占 20%),成年男性出现的频次比成年女性多近 60%;进一步看,人教版、浙教版、沪科版教科书插图中,成年男性出现的次数分别为 38,44,16 人次,成年女性出现的次数分别为 7,9,8 人次,每个版本的教科书也表现出成年男性出现的频次多于女性。另外,同辈男性出现的总次数为 43 人次(占 69%),同辈女性出现的总次数为 19 人次(占 31%),同辈男性出现的频次比同辈女性多 40%左右。可见,插图中成年男性与成年女性以及同辈男性与同辈女性分别所占比重悬殊非常大。

---

① 唐恒钧,陈碧芬,张维忠. 数学教科书中的多元文化问题[J]. 现代中小学教育,2010(7):28-31.

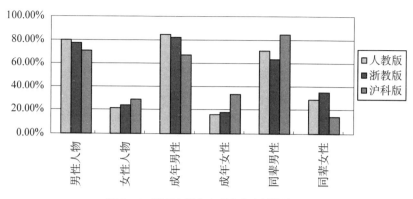

图 6-4　插图中男女出现次数比例统计图

c. 成年男性从事的职业种类明显多于女性

三个版本教科书插图中(见表 6-8),成年男性的职业种类占 69％,成年女性为 31％。男性职业种类比女性的二倍还要多。进一步分析,人教版和浙教版的男女职业种类悬殊较大,沪科版的男女职业种类差别不大。在男性职业种类中,男性出现的人物次数与职业种类平均之比为 2.6∶1,在女性职业种类中,这种平均比例为 1.5∶1,这说明在男性的每种职业中男性平均出现 2.6 次,在女性的每种职业中女性平均出现 1.5 次,与插图中男性出现的人次数高于女性的结果相吻合。

表 6-8　插图中成年两性角色及职业统计表

| | | 性别行为角色职业类型统计 | 种类 | 人次 |
|---|---|---|---|---|
| 男 | 人教版 | 数学家、工程师、运动员、教师、白领、技术员、裁判员、警察、建筑工人、收割员、木匠、油漆工 | 12 | 31 |
| | 浙教版 | 数学家、宇航员、官员、运动员(泛指)、医生、厨师、警察、服务员、工人、跳伞运动员、探险队员 | 11 | 25 |
| | 沪科版 | 数学家、拉面师傅、运动员、实验员 | 4 | 13 |
| 女 | 人教版 | 白领、教师、医生、演员、工人 | 5 | 7 |
| | 浙教版 | 体操演员、打字员、运动员、教师 | 4 | 6 |
| | 沪科版 | 运动员、售货员、教师 | 3 | 5 |

（4）区域文化

a. 与城市背景内容有关的插图数量略高于乡村

总的看来，三个版本教科书插图中（见表6-9），反映城市倾向的插图为70个（约占53%），反映乡村倾向的插图为62个（约占47%），两者所占比重大致相当。但在人教版、浙教版、沪科版教科书插图中，反映城市背景的数量居多，分别为25，39,6个，占相应版本总插图个数的53%,57%,35%；反映乡村背景的插图分别为22,29,11个，占相应版本总插图个数的47%,43%,65%。可见，人教版和浙教版中反映城市文化背景的插图所占比例高于乡村，沪科版中反映城市文化背景的插图所占比例低于乡村。

表6-9 插图中城乡背景文化统计表

|  | 城市背景 | | | | 乡村背景 | | | |
|---|---|---|---|---|---|---|---|---|
|  | 现代建筑 | 游乐场景 | 舒适生活 | 其他 | 自然风景 | 荒凉场景 | 劳作生活 | 其他 |
| 人教版 | 10 | 8 | 2 | 5 | 7 | 5 | 6 | 4 |
| 浙教版 | 14 | 10 | 6 | 9 | 9 | 8 | 5 | 7 |
| 沪科版 | 2 | 2 | 1 | 1 | 4 | 3 | 3 | 1 |

b. 有关城市背景的插图多为正面描写，而乡村背景的插图多为负面描写

统计发现（见图6-5），反映城市背景的内容中现代文明的特色更浓一些，如现代家庭生活、游乐场景等，突出了数学对现代城市文明和现代生活的正面影响。三

三个版本数学教科书插图中的区域文化相应比例图

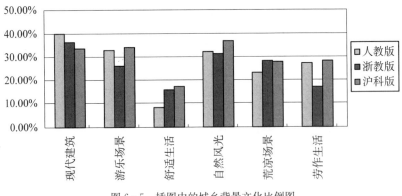

图6-5 插图中的城乡背景文化比例图

个版本描写城市内容的反映现代的壮观建筑和游乐场景方面,分别平均占城市背景的 36.4%,30.3%;与乡村有关的插图内容,生活上以劳作为主,景物以荒凉的自然风光为主,所选插图大多为数学知识点做衬托而已,几乎没有实际作用,展现乡村给人以生活单调封闭的印象。三个版本描写乡村内容的反映荒凉场景及劳作生活方面,分别平均占乡村背景的 25.9% 和 23.9%。由此可以发现,对城市和乡村描写的倾向存在明显的差异。

（5）民族文化

三个版本的数学教科书中都不约而同地出现了蒙古包的插图,以此作为我国少数民族数学文化内容的反映,但数量明显不足,类型也非常单一,在此不再做进一步的统计分析。

3. 分析与讨论

通过比较发现,三套教科书不同程度存在下列问题。

（1）介绍国外数学时存在偏颇

教科书的"阅读材料""阅读与思考"和"数学史话"等专栏中选取了大量的数学史料素材,关注了数学史料介绍的文化多元性,对国外数学文化史的内容选取上以时间为顺序介绍了多个国家在某一数学成果的进展,彰显出一定的思维开放性。但对外国数学史介绍的视角与措辞存在一定的偏颇,对同一数学成就在不同文化中的发现过程的介绍不够详细,介绍外国的成果只是一笔带过或简单罗列。如浙教版阅读材料中对神奇的 π 的介绍,只是罗列多个国家的成果,没有着重介绍各个国家 π 发展的历史过程。而介绍我国的数学史就比较详细,且倾向使用"最早""早多少年"等字眼,如关于负数的发展,浙教版中的阅读材料直接以"中国古代在数的发展方面的贡献"作为一个专题,人教版也在阅读与思考中设置"中国人最早使用负数"专题。其实,印度在"公元 7 世纪"出现负数概念,但只被理解为"负债";欧洲数学家"迟迟不承认负数",认为"不可思议",欧洲最早承认负数的是 7 世纪的笛卡儿,不过他把其称之为"假根",直到 19 世纪,负数在欧洲才获得普遍承认。另外,过多地介绍了少数数学文明古国及数学强国的数学文化,而拉美、非洲等其他文化中的数学成就的介绍几乎空白。可见,教科书中对于不同文化中所具有的不同价值体现还没有得到足够重视。其实,例如一些非洲人民生活中经常所用的装饰品上镶嵌的图案中就蕴涵着丰富的勾股定理的证明思想。

可以说,无论是表层的内容分布还是深层的文化价值负载,教科书对国外数学的介绍的包容度不够。因此,通过数学课程教科书,如何让学生了解各种文化下的数学成果与数学思想,又如何让学生学会尊重和欣赏各种不同的文化,进而培养学生以开放的心态创造新文化的胸怀与志向? 这些问题还有待解决与完善。数学课程应当置于多元文化的视野中,关注所有不同文化背景学生的数学学习,同时,应注意体现数学教育的科学应用和文化价值的功能;反映不同文化中的数学成就和数学思想方法,体现数学演绎和归纳的不同特性,进而增进学生对于异质文化的理解、欣赏与尊重。研究多元文化中的数学成果与数学教育思想,比较不同文化中的数学传统与数学教育价值观,并进而追溯形成这种传统与价值观的社会文化历史因素。①

(2) 缺乏数学史料选取的平民性

教科书的阅读材料中,显示创造数学主人公的职业时,数学家占了近一半,其中有一部分数学家拥有显赫的家庭背景。数学史料的这种职业背景是否会给学生这样的暗示,即做出数学发现的主要是数学家或社会上层人士? 尽管数学发展的现实可能确实如此,但我们是否需要向学生强调这一点? 数学史在数学教育中的一项重要价值就在于让学生明白数学是人类活动的结果,即使平凡的劳动人民也在他们的生产、生活中创造和应用着数学。因此,数学教科书中的数学史料应体现更多的平民色彩,教科书编写者应更多地考虑数学"平民"阶层的一面。事实上,这样的素材也是广泛存在的。如"一次函数"章节中可以向学生展示中国古代的老百姓利用水壶中水的变化来记录时刻的"中国古代漏刻",这其中还有函数思想的萌芽。在"中心对称"一节中可以向学生介绍中西方古代妇女织布中的对称图案,也可以介绍我国苗族服饰和侗族鼓楼中的对称知识。②

(3) 性别刻板印象依然存在

教科书插图中的性别刻板印象,一方面表现为,成年女性角色存在明显的缺位现象。男性主人公的职业比较广泛,譬如数学家、宇航员、运动员、工人、警察、跳伞队员等职业类型中,男性占据了绝对的多数,特别是数学史上介绍的名人,全部都是男性。另外,成年男性从事的职业要么富有挑战性,要么具有耗费体力等特点。

---

① 张维忠,章勤琼. 论数学课程中的文化取向[J]. 数学教育学报,2009,18(4):15-17.
② 孙庆括. 浙教版数学教科书中数学史料的分析与建议[J]. 中学数学月刊,2011(10):14-17.

而女性职业类型一般带有社会传统定型,比如打字员、教师、演员等。总体上看,男性的职业则具有多样化的特点,且在一定程度上与"男主外"的角色定位相吻合。女性的职业类型较狭窄,并在一定程度上呈现了传统女性"主内"的特点。同时,还发现男性的职业相对于女性而言,往往与成功或成就相联系,占据了社会结构中的上层。另一方面,同辈群体的活动表现出较明显的性别差异。比如兴趣爱好上,男生往往兴趣广泛。与之相比,女生则较为单一,大多为跳舞唱歌等文艺活动。如人教版八年级上册第 120 页的插图中,仅展现男生一个人在测试弹簧秤的长度;浙教版七年级上册第 150 页介绍体操的插图中只配女生角色;八年级下册第 153 页的插图中,也只显示男孩一人在测试纸板的重心;还有在与运动相关的插图中,从事运动的几乎都是男生。形象能力上,教科书中带有冒险性的科学活动,基本上都是男生参与,这与从事科技活动的大多为成年男性的现象可以互为印证。

(4) 忽视农村学生的文化背景

教科书中为数学知识和数学问题呈现提供了两种主要背景:一种是以一个可替代的数学背景知识插图的形式出现,如要介绍圆锥体时,可以举生活中的例子,天坛、蒙古包、烟囱等;另一种是在数学活动和专题学习特有的文字背景中,以设计、探究及调查等形式呈现。这两种背景的设计很多具有城市化倾向。前一种背景的插图中除呈现了少量农村现实和农村田园风光的图片外,反映城市背景的大多是经济发达城市,并以上海、香港、杭州等沿海地区居多,内陆地区、经济欠发达地区或是贫困地区很少。后一种背景中的调查活动,比如收集数据、统计信息,需要电脑、电话等现代设备,一些活动所需的特定场地,如现代厨房等。这些资源大多与农村实际不相符合,很多农村学校要配置这些教学资源也是不可能的,对农村学生来说更可能是完全陌生的。这在某种程度上直接限制了该领域的数学课程的实施。正如扎斯拉维斯基认为,我们不能离开对社会、语言、艺术、科学的研究而单独地讨论数学课程。数学课程必须对学生的现实与未来生活有意义,最重要有效的数学课程是联系学生自己的生活经验。① 因此,当前开发适合农村学生生活背景的数学文化的校本课程,是解决数学教科书城市背景严重的一条有效途径。

① ZASLAVSKY C. The multicultural math classroom: bringing in the world [M]. Portsmouth, NH: Heinemann, 1996.

（5）少数民族数学文化缺失

数学教科书中少数民族数学文化的缺失表现在两个方面。一方面是忽略对少数民族数学文化的介绍。教科书中体现少数民族数学文化的内容过少，仅有一处，也只是以蒙古包作为插图材料而已。另一方面是忽视少数民族学生学习数学的文化背景。教科书有些内容题材脱离学生的生活实际，如游乐园、红绿灯等对于少数民族尤其是偏远地区的少数民族学生来说是比较陌生的，教师要花很多时间去给学生解释这些无关数学内容的问题。其实，可以从以下三个方面做一些努力。

首先，从物质文化和非物质文化挖掘少数民族数学文化素材。无论是从藏族古代文化中的雍仲符号到苗族的服饰图案，还是侗族的鼓楼、黎族的锦缎及蛙型纹身图案、蒙古族的鹿棋盘及岩画图案等都蕴涵着对称、全等、变换思想；水族的铜鼓、古墓及民间工艺品，鄂伦春族桦树皮制品，羌族的古砖、刺绣及陶罐，傣族的佛塔建筑和竹编生活用品、壮族及土家族吊脚楼等均蕴涵着丰富的几何图形；布依族的鸡骨占卜充满概率论原理；彝族毕摩插枝仪式图含有矩形周长求解；传统蒙古包具有黄金比例结构；还有水族的民间古歌反映了原始的数学概念。① 通过分析、挖掘或抽象这些凝结在少数民族物质和非物质中的潜在的数学文化内容，并用文字语言表达概括出来，就是少数民族数学文化，这些内容也可以作为数学教材中平面图形、图形和变换、概率等章节的正文素材或选读材料，理应引起重视。

其次，使用汉语编制的数学教科书以贡献途径和附加途径两种形式渗透少数民族数学文化，并翻译成少数民族文字在民族地区使用。

最后，使用民族文字自编的数学补充教科书。比如，西藏八宿县郭庆乡小学1—3年级使用的是藏文编写的五省区教材，每周7课时，4—6年级使用的是汉语编写的数学通用教科书，每周8课时，4—6年级使用藏语和汉语双语教学。② 这种形式可以为初中少数民族数学教科书的编写提供借鉴。

（二）"勾股定理"：中、日、新数学教科书比较

这里将从多元文化的视角进一步考察中国、日本和新加坡三国数学教科书中

---

① 付茁. 对我国少数民族数学教学中渗透本民族优秀文化的思考[J]. 数学教育学报，2009，18（10）：35 - 37.

② 于波. 多元文化视角下的民族地区中小学数学课程教材建设[J]. 民族教育研究，2011，22（3）：116 - 118.

的"勾股定理"①。之所以选取日本和新加坡，一是因为中、日、新三国同处"儒家文化圈（CHC）"②，其价值观、文化背景及数学教育传统有一定的相似之处；二是因为日本和新加坡在数学教育方面的成就非常突出，比如"国际数学与科学教育成就趋势调查（TIMSS2003）"显示，新加坡学生在四年级和八年级的数学成绩均排在第一位，日本学生在四年级排在第三位，八年级排在第五位。③ 对于三国的教科书，我们选取北京师范大学出版社的《数学》④，日本教育出版株式会社的《中学数学》⑤，新加坡 Marshall Cavendish 出版的 *New Mathematics Counts*⑥。这三套教科书在各自国家中都被广泛使用，并有一定的影响。此外，国内有研究者对后两套教科书进行过介绍和分析，这也有助于我们从总体上把握这两套教科书的情况。

1. 教科书中的"勾股定理"

在这里主要采用文本分析法和统计分析法，从内容的广度和内容的深度两个维度对这一内容进行比较。在考察其广度时认可"用'知识点的数量'来刻画课程的广度"⑦这一做法；在考察其深度时借用鲍建生的"数学题综合难度的多因素模型"⑧进行分析。考察内容的广度时我们关注勾股定理的发现与证明，主要统计教科书中的知识点；考察内容的深度时我们关注勾股定理的应用，主要分析教科书中的例题和习题。

（1）内容的广度

a. 知识点的统计与比较

《数学》八年级上册第一章为《勾股定理》，分为三节：1"探索勾股定理"，内容是勾股定理的发现和证明；2"能得到直角三角形吗"，内容是勾股定理的逆定理；3"蚂蚁怎样走最近"，主要内容是勾股定理及逆定理的应用（定理的简单应用在第 1、2

① 朱哲，张维忠. 中日新数学教科书中的"勾股定理"[J]. 数学教育学报，2011，20（1）：84-87.

② 范良火，黄毅英，蔡金法，等. 华人如何学习数学[M]. 南京：江苏教育出版社，2005：389.

③ TIMSS & PIRLS International Study Center. TIMSS 2003 international mathematics report [M]. IEA, 2004.

④ 马复. 数学[M]. 北京：北京师范大学出版社，2006.

⑤ 泽田利夫. 中学数学[M]. 日本东京：教育出版株式会社，2008.

⑥ Tay Choon Hong, Mark Riddington, Martin Grier. New mathematics counts（2nd Edition）[M]. Singapore: Marshall Cavendish International（Singapore）Private Limited, 2007.

⑦ 孔凡哲，史宁中. 现行教科书课程难度的静态定量对比分析[J]. 教育科学，2006，22（3）：40-43.

⑧ 鲍建生. 中英两国初中几何数学课程综合难度的比较研究[D]. 上海：华东师范大学，2002.

节也有涉及）。涉及的知识点有 6 个：①勾、股、弦的定义，②勾股定理（文字、公式），③证法 1 和 2（包括赵爽、弦图、《周髀算经注》），④证法 3（包括刘徽、青朱出入图、《九章算术注》），⑤直角三角形的判定方法，⑥勾股数。

《中学数学》第三册第 6 章为《勾股定理（三平方の定理）》，分为两节：1 勾股定理，2 勾股定理的应用。其中第 1 节由"勾股定理"和"勾股定理的逆定理"两小节组成，第 2 节由"平面图形中的应用"和"空间图形中的应用"两小节组成。涉及的知识点有 6 个：①定理的证法，②勾股定理，③等腰直角三角形，④特殊直角三角形的三边之比，⑤锐角三角形和钝角三角形，⑥勾股定理的逆定理。

*New Mathematics Counts* 第三册第 3 章为《勾股定理与三角学（*Pythagoras' Theorem and Trigonometry*）》，该章前两节为勾股定理的内容：3.1 勾股定理（包括 3.1.1"求直角三角形未知边的长度"和 3.1.2"直角三角形的判定"两小节），3.2 勾股定理的应用。涉及的知识点有 3 个：①斜边，②勾股定理，③直角三角形的判定方法。

*New Mathematics Counts* 的知识点最少，这说明该教科书内容的广度低于其他二书。这里知识点的提取，主要是关注教科书中的概念、定义，性质、运算法则、定理、公理、公式，方法等内容；知识点不包括例题和习题中的问题类型和解题方法，不包括阅读材料中的内容；有些知识点包含几个小点，但作为一个整体，本文仅记为一个（这对本文结论影响不大）。

b. 勾股定理的发现与证明

《数学》在"折断的旗杆"作为问题情境引入后，安排了"做一做"，通过三个活动引导学生发现勾股定理。这几个活动的任务是：在方格纸上画出若干直角三角形，每个三角形再以三条边为边向外作正方形；计算正方形的面积；寻找三个正方形面积之间的关系，从而得到结果。其中，在计算正方形面积时，可以通过量边长、数方格等方式；当方格数不能直接数出时，则考虑通过其他方式（比如拼补）得出。随后，《数学》通过计算一般直角三角形斜边上正方形的面积来证明勾股定理。计算方法有两种：方法 1，将其每条边上补一个边长分别是 $a$、$b$、$c$ 的直角三角形，如图 6-6 所示，得到一个新正方形，则 $c^2 = (a+b)^2 - 4 \cdot \frac{1}{2} ab = a^2 + b^2$；方法 2，将其分成四个直角三角形和一个小正方形，如图 6-7 所示，则 $c^2 = (a-b)^2 + 4 \cdot \frac{1}{2} ab =$

$a^2+b^2$。教科书认为方法 2 是赵爽所使用的方法,随后介绍赵爽及其弦图。此外,教科书通过课文和习题的形式,还介绍了总统证法、刘徽证法、达·芬奇证法、"风车证法"和毕达哥拉斯证法(辛普生证法)。

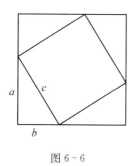

图 6-6

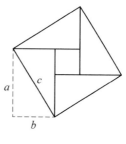

图 6-7

《中学数学》在本章一开始以两个问题作为问题情境引出本章内容,这两个问题与《数学》中的"做一做"非常相像,其任务也是引导学生通过直角三角形三边上正方形的面积探索三边平方之间的关系,从而发现勾股定理。之后,第 1 节中先提出猜想,然后证明,最后明确给出勾股定理。第 124 页展示了定理的一种证明方法,这与《数学》中的方法 1 相同。此外,还在第 158 页安排了"自由研究:勾股定理的其他证明"。"自由研究"类似我国教科书中的"课题学习""数学活动",这一活动通过提示引导学生尝试用其他两种方法证明勾股定理,其中方法 1 与《数学》中的方法 2 相同,方法 2 是利用相似三角形的性质(或者说是利用射影定理)。最后又提出问题:"还有没有不同于 1 和 2 的其他证明方法? 利用书末的图来考虑一下。"将书翻到最后,11 幅图占了 2 页的篇幅,其中 7 幅图演示了欧几里得证法,2 幅图演示了毕达哥拉斯证法,还有 2 幅图则演示了"总统证法"。一般教科书都回避欧几里得证法,对"总统证法"都是从面积计算和代数运算角度来介绍,而《中学数学》使用图形变换这一角度介绍这两种证法,颇有新意,同时也有助于学生的直观理解。

*New Mathematics Counts* 本章 3.1 节,在 3.1.1 节之前用两页的篇幅安排了一个"活动(Activity)",通过 4 个步骤,将长直角边上的正方形分成四个全等的四边形,并与短直角边上的正方形一起,重新拼成斜边上的正方形,这显示了直角三角形两条直角边的平方和等于斜边的平方。这个活动让学生在发现勾股定理的同时也验证了该定理。这正是勾股定理的"风车证法",这一过程并不涉及代数运算。

该书以展示为主,给出明确的步骤和方法,让学生跟着做;操作上并不难,但学生想深刻理解它,也不是特别容易。

总之,对于定理的发现和证明,《数学》和《中学数学》是通过计算面积(算术和代数运算)来进行,设计活动让学生探究;而 *New Mathematics Counts* 是通过图形剖分(几何变换),安排的活动以展示为主,探究的成分不大。从证法数量上看,《数学》一共有 7 种,《中学数学》有 3 种(另外书末附录还有 3 种),而 *New Mathematics Counts* 仅一种。总体而言,《数学》对定理的发现和证明非常重视,《中学数学》相对弱化,而 *New Mathematics Counts* 很明显地进行了淡化处理。这也可以看出 *New Mathematics Counts* 在知识广度上不及另外二书,但这并不是说它做得不好,事实上,勾股定理的发现与证明在教学中是个难点,我们也可以借鉴本书,不关注勾股定理的形式证明,对其发现与证明进行"淡化"处理,而把重点放在定理的应用上。

(2) 内容的深度

a. 勾股定理的应用

三种教科书都很重视定理的应用,都给出了一定数量的例题和习题。我们先来看三种教科书中的一些具体例子,从中我们可以感受三种教科书在习题难度上的不同。

**勾股定理的简单应用:梯子问题**

*New Mathematics Counts* 第 106 页例 6:

长 5 米的梯子斜靠在墙上,梯子的下端距离墙 3 米,那么梯子能达到多高的墙面?

这里,梯子的长度和地面距离容易测量,而墙壁高度不易测量,但借助于勾股定理,通过计算可以得到所需结果,这就体现出勾股定理的作用,体现了数学是有用的。我们在《数学》中也看到了类似的题目,复习题的第 11 题(第 29 页):

一架云梯长 25 米,如图(图略)斜靠在一面墙上,梯子底端离墙 7 米。

① 这个梯子的顶端距地面有多高?

② 如果梯子的顶端下滑了 4 米,那么梯子的底部在水平方向也滑动了 4 米吗?

这一题有两小题,其中②的难度比①要大一些,而 *New Mathematics Counts* 中没有出现类似于②这样难度增大的题目。

我们在《中学数学》中没有发现"梯子问题"。事实上,《中学数学》中极少出现以"生活情境""科学情境"为背景的数学题。① 另一方面,日本在 TIMSS 历次测试中的成绩说明数学与生活联系的比例与学生的成绩没有直接的联系。②

**勾股定理的复杂应用:蚂蚁问题**

《数学》在本章第 3 节以"蚂蚁怎样走最近"为标题,研究了"蚂蚁问题"(第 22 页):

如图 1-18(图略)所示,有一个圆柱,它的高等于 12 厘米,底面半径等于 3 厘米。在圆柱下底面的 A 点有一只蚂蚁,它想吃到上底面上与 A 点相对的 B 点处的食物,沿圆柱侧面爬行的最短路程是多少?(π 的值取 3)

除此之外,《数学》习题 1.5 中的第 3 题(第 24 页)和章末复习题中的第 12 题(第 29 页)把圆柱体换成了长方体,是该问题的变形。习题 1.5 第 3 题中蚂蚁的起点和终点位于长方体两个相对的顶点,而复习题第 12 题的终点在长方体的一条棱上,这样题目的难度就又有所增加。

《中学数学》中也有类似的问题(第 164 页):

在右图圆锥(图略,图中标出圆锥的半径和母线分别为 4 cm 和 16 cm)中,从底面圆上一点出发,沿着圆锥侧面绕行一周。请回答以下问题。

① 求圆锥的高和体积。

② 求绕行轨迹的最短长度。

该题中,"蚂蚁"要爬的表面是在圆锥上;但解题时,要用的方法和原理与前面的问题是一样的。我们在 *New Mathematics Counts* 中没有发现"蚂蚁问题"。

**勾股定理从二维到三维的推广**

*New Mathematics Counts* 第 101 页安排了一个"课外活动(TIME-OUT ACTIVITY)"Fit for a Cabinet,该题的大意是这样的:

艾米家电视柜的长与宽分别是 28 英寸和 23 英寸,那么他们是否可以买对角线长 39 英寸的电视机?

这一题目应该说十分简单,只要把题目的意思理解了,得到解答应该十分容易。我们在《数学》中也看到过几乎一模一样的题目,但它仅仅是作为一道"随堂练

① 李淑文. 中日两国初中几何课程难度的比较研究[D]. 长春:东北师范大学,2005:49.
② 曹一鸣. 中国数学课堂教学模式及其发展研究[M]. 北京:北京师范大学出版社,2008:125.

习"(第 5 页);此外,该书章末复习题第 13 题(第 29 页),题目大意是电梯的长、宽、高分别是 1.5 米、1.5 米、2.0 米,那么能放入电梯内的竹竿最大长度是多少? 这一题比电视柜题的难度加大了,它不能直接利用勾股定理得到解答,需灵活地使用两次定理,其本质是把勾股定理从二维平面推广到三维空间。《中学数学》中也有这样的推广,第 135 页第 2 节"在空间图形中的应用"安排了"挑战角:长方体对角线的长":

设长、宽、高分别为 $a$、$b$、$c$ 的长方体的对角线长为 $s$,求证:$s = \sqrt{a^2 + b^2 + c^2}$。

我们在 New Mathematics Counts 中没有发现勾股定理从二维到三维的拓广。从总体看,New Mathematics Counts 中的例题与习题都比较基础,没什么难度,绝大多数学生都可以理解和完成。这也体现了"大众数学"和"注重基础"的教育思想。

**勾股定理在其他图形中的应用**

我们看到《中学数学》中的题目还涉及勾股定理在其他图形中的应用。第一,不仅有平面图形中的应用,还有空间图形中的应用。而《数学》虽有涉及但并不突出。第二,在平面图形中,不仅仅考察直角三角形和一般三角形,而是将直角三角形与其他图形(比如圆)结合起来,使学生有更完整和全面的认识。我们在 New Mathematics Counts 也看到了这样的习题,但《数学》中没有。

b. 习题难度

从以上一些具体例子的介绍和分析中,我们直观地感受到 New Mathematics Counts 中例题和习题的难度比较小,而《中学数学》和《数学》中的相对难些。利用"数学题综合难度的多因素模型",对三种教科书中的例题和习题进行分析统计,将各难度因素的加权平均值汇总成表 6-10。

表 6-10  三种教科书中例题和习题各难度因素的加权平均

| 样本 | 探究 | 背景 | 运算 | 推理 | 知识含量 |
|------|------|------|------|------|----------|
| 《数学》 | 1.53 | 1.42 | 1.98 | 1.34 | 2.32 |
| 《中学数学》 | 1.59 | 1 | 1.95 | 1.57 | 2.81 |
| 《NMC》 | 1.12 | 1.09 | 2.06 | 1.11 | 2.17 |

(此处《NMC》代表 New Mathematics Counts。)

由表 6-10 得到图 6-8 所示的统计图。

图 6-8 显示,从综合难度上看,《中学数学》要高于《数学》,而《数学》又要高于 *New Mathematics Counts*,这与我们的直观感受一致。*New Mathematics Counts* 在探究、推理和知识含量三个因素上要明显低于其他两种教科书,而《数学》在背景上要明显高于另外两种教科书。朱哲曾指出,数学题综合难度反映的不是课程难度,而是课程的深度。① 笔者接受这一观点,并据此认为,三种教科书的深度以《中学数学》、《数学》、*New Mathematics Counts* 依次下降。

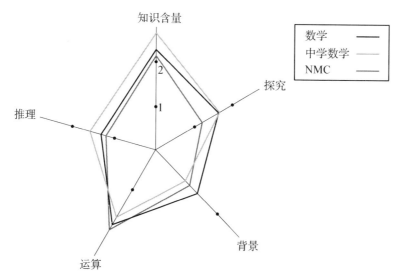

图 6-8 三种教科书中例题和习题在综合难度上的比较

2. 结论与思考

通过以上的比较和分析,我们得到三种教科书的比较结果。同时也让我们对数学教科书的编写(尤其是《勾股定理》这一章的编写)产生了一些思考。

(1) 比较的结论

如果教科书的难度包括内容的广度和深度两个维度,那么通过以上的比较,我们认为《中学数学》最难,《数学》次之,而 *New Mathematics Counts* 最易。

《中学数学》和 *New Mathematics Counts* 对勾股定理的发现和证明做了弱化处

① 朱哲.日本教科书《中学数学》中的"勾股定理"[J].数学教学,2008(12):37-40.

理;《数学》重视对勾股定理的证明,向学生展现了多元文化背景下的数学内容。

三种教科书对定理的应用都很重视,都给出了一定数量的例题和习题。从例题和习题的难度看,*New Mathematics Counts* 最容易,《中学数学》最难。而且,《中学数学》中的例题和习题比较有特色。

(2) 对数学教科书编写的一些思考

a. 面向所有学生,注重基础训练

"大众教育"与"精英教育"之争由来已久,在我国目前开展的数学课程改革是采用了"数学为大众"的理念。有数学家和数学教育家提出疑问,降低难度(普遍的低标准)会不会降低我国数学教育的质量? 新加坡的实践可以从某种程度上打消我们的顾虑。我们看到,*New Mathematics Counts* 中数学题的难度并不高,但新加坡的数学教育成效是相当高的。所以我们可以认为,只要得法,注重基础的数学教育也可以取得较高的质量。不做难题、繁题、偏题、怪题,把基本的题目做会了、掌握了,基础扎实了,学生同样可以有更大的发展。"重视基础,重视训练"是我国传统教育的精华,而双基教学又是数学教学的优良传统,在新课程改革的背景下,我们不但要继承,而且还要发扬。

b. 注重数学知识间的联系

目前我国教科书的设计一般采用"螺旋上升"的方式,而非直线前进。循序渐进、逐层深入、螺旋上升,到一定的时间,将需要掌握的知识全面地掌握。这样安排,是从学生的认知水平,对知识的可接受程度方面来考虑的,有其积极的一面。但是,这次学一部分,若干时间后学习难度提高的另一部分,再过若干时间学习难度更高、更加综合的部分,不同时间所学的内容之间的联系就可能减少,或者本来是整体的内容因为分置不同的位置和时间,它们的联系就失去了。这样把本来是整体的知识,人为地分割开来,忽视完整的单元知识的系统建构和完善的数学认知结构的形成,使得学生对数学的理解只是零星的概念、定理和习题,在数学知识的再现和问题解决过程中就容易产生断裂现象,导致分析问题、解决问题能力不高。笔者认为,教科书编写在螺旋上升与直线前进两者之间应取得必要的平衡,该分的时候就分,可以合的时候也不妨合起来;应该注重数学知识间的联系,把相关数学知识作为一个整体展示给学生。比如《勾股定理》这一章,我们看到,我国教科书只介绍定理在平面图形中的应用,而没有涉及立体图形;即使是在平面图形中,也没有涉及定理在圆中的应用。而《中学数学》对这些内容都做了有机的统整,它不求深度和难度,但求学生对内容有一个完整、全面的认识。我们不能说我们应该完全照搬日本的这种做法,但是,《中学数学》可以引发我们深入的思考,在修订教科书时作出慎重的选择。

c. 多元文化数学在教科书中的呈现

对勾股定理的证明,一方面做淡化、弱化处理,另一方面,我们可以把重点放在对方法的欣赏上。勾股定理的证明方法众多,而且不同的方法与不同的文化、不同种族的思维方式紧紧联系在一起,所以它是体现多元文化数学的极好题材。《数学》通过课文和习题的形式,介绍(探索)了赵爽证法等 7 种勾股定理的证明方法;介绍如此多的方法,这在同类教科书中是很少见的。教科书还安排了两则"读一读":勾股世界、勾股数组与费马大定理。在习题 1.4"联系拓广"中介绍普林顿 322 号泥板,与第一则"读一读"相呼应。教科书这样的处理,就把多元文化背景下的数学呈现在了学生面前。我们认为数学教科书中呈现多元文化数学的内容是数学教科书编写的发展方向。通过对不同时期、不同地域数学成果及其思想方法的比较,可以使学生明白,数学并不只属于某个民族、某种文化。数学教科书和数学教学引导学生尊重、分享、欣赏、理解不同文化下的数学,借此拓宽学生的视野,加深对数学知识的理解,培养开放的心灵。以往我们过分强调某项数学成果我国比西方早多少年,这其实滋长了狭隘民族主义的思想;本着一种尊重、理解和支持的态度向学生介绍多元文化的数学,重在对所有数学成果的欣赏和分享上,就可以让学生用一种"泛爱万物"的胸怀去了解不同时期、不同文化背景下的思考方式。

d. 数学史料有机融入教科书之中

更进一步,我们的数学教科书应该让数学文化浸润其中。通过我们的数学课程与数学教学,学生能感受丰富多彩的数学文化,体验数学的价值。一般认为,数学史、数学应用是体现数学文化最常用的 2 种载体。[①] 在教科书编写以及教学实践中,对数学应用相对重视些,在操作上也相对容易些;而对数学史的应用则处理得相对简单,往往在正文之后安排"读一读""数学史"这样的栏目,如日本的《中学数

---

① 张维忠,徐晓芳.基于数学文化的教学案例设计述评[J].浙江师范大学学报(自然科学版),2008,31(3):246 - 250.

学》安排了"数学ミニ事典（数学小典故）"，新加坡的 *New Mathematics Counts* 安排了"Did you know?"小栏目，也是游离于正文之外。"勾股定理"这一单元，包含相当丰富的数学史内容，如何有效地将它们呈现出来，是教科书设计和编写者应认真思考的问题。数学史知识在中学教科书中的安排应该有总体上合理的布局及介绍的视角，而且插入的数学史内容应与教科书恰当地融合。"唯有数学史进入'正文'，我们的数学教学才能充分地反映数学的文化底蕴。"①所以，数学教科书的设计与编写，应将数学史料有机地融入其中。而已有的教学实验研究也表明，使用数学史的课程对于提高学生学习数学的积极性是十分有效的。②

（三）"一元二次方程"：中新教材中的数学文化比较

方程是初中代数学习中的核心内容之一，并且方程在不同文化的数学历史中都占有一席之地，同时方程作为人们研究等量关系问题的重要的数学模型又与现实生活有着广泛的联系。因此，方程是渗透与体现多元文化数学理念的合适载体。也基于此，以中新数学教材作为研究对象，以"一元二次方程"为例，比较分析两国三种教材中的数学文化，为数学课程教材中多元文化数学的编制及教学提供启示与建议。③

1. 比较的理论框架

数学文化的内容类型，借鉴沈春辉等对数学教材中数学文化的比较框架，分为：数学史、数学与生活、数学与科学、数学与人文艺术四类；④数学文化的运用水平，采用王建磐等所提出的分析框架，将数学史的运用水平分为点缀式、附加式、复制式、顺应式四类，将其余类型的数学文化运用水平分为外在型、可分离型和不可分离型三类；⑤由于前面均是数学文化的形式要素分析，而未涉及数学文化对学生的认知水平的要求，故笔者将美国"QUASAR"项目中对数学任务的认知要求分类

---

① 张维忠，汪晓勤. 文化传统与数学教育现代化[M]. 北京：北京大学出版社，2006：23.

② MARSHALL G L, RICH B S. The role of history in a mathematics class [J]. Mathematics Teacher, 2000, 93(8)：704 - 706.

③ 张维忠，潘富格. 中国与新加坡教材中的数学文化比较——以"一元二次方程为例"[J]. 现代基础教育研究，2018，32(4)：147 - 154.

④ 沈春辉，柳笛，汪晓勤. 文化视角下"中新美法"四国高中数学教材中"简单几何体"的研究[J]. 数学教育学报，2013，22(4)：30 - 33，102.

⑤ 王建磐，汪晓勤，洪燕君. 中、法、美高中数学教材中的数学文化比较研究[J]. 教育发展研究，2015(20)：28 - 32，55.

结合到以上数学文化分析框架中。数学文化的认知水平,借鉴斯坦因(M. K. Stein)等人对数学任务的分类,分为低认知水平、高认知水平两类,并且从低到高的水平分为:记忆性的任务,无联系的程序性任务,联系的程序性任务,做数学的任务四种水平①,最终得到数学教材中数学文化的比较分析框架(表6-11)。

表6-11　数学文化分析的理论框架

| 内容类型 | 运用水平 | 认知水平 |
|---|---|---|
| 数学史 | 点缀式、附加式、复制式、顺应式 | 记忆性 |
| 数学与生活 | 外在型 | 无联系程序性 |
| 数学与科学 | 可分离型 | 联系程序性 |
| 数学与人文艺术 | 不可分离型 | 做数学的任务 |

三种教材具体为:中国选取人民教育出版社2012年出版的《义务教育教科书·数学(九年级上册)》②(以下简称人教版)和浙江教育出版社2013年出版的《义务教育教科书·数学(八年级下册)》③(以下简称浙教版),新加坡选取2015年出版的 *New Syllabus Mathematics 2*④ 和 *New Syllabus Mathematics 3*⑤(以下简称NSM)(注:"一元二次方程"在我国教材编排中是一章节的内容,而在新加坡是分布在两本教材中,所以在研究中选取了我国两版教材各一本以及新加坡教材两本)。

2. "一元二次方程"中的数学文化比较与分析

(1) 数学文化具体栏目的比较

人教版、浙教版初中教材的栏目设置非常相近,人教版有:章头引入、问题探究思考、例题、练习、习题、阅读与思考、数学活动等;浙教版有:问题情境、合作学习、做一做、例题、课内练习、作业题、阅读材料等;NSM有:章头、复习、例题、课堂练习、

---

① STEIN M K,等. 实施初中数学课程标准的教学案例[M]. 李忠如,译. 上海:上海教育出版社,2001:3-26.

② 林群. 义务教育教科书·数学(九年级下册)[M]. 北京:人民教育出版社,2012.

③ 范良火. 义务教育教科书·数学(八年级下册)[M]. 杭州:浙江教育出版社,2013.

④ YEO D J, SENG T K, YEE L C, et al. New syllabus mathematics 2(7thEdition)[M]. Singapore: ShingleePublishers PteLtd, 2015.

⑤ YEO D J, SENG T K, YEE L C, et al. New syllabus mathematics 3(7thEdition)[M]. Singapore: ShingleePublishers PteLtd, 2015.

思考讨论、练习等；为了明确本文的研究内容，将栏目设置划分为四个部分：非正文、引入、例题、习题（表6-12）。

表6-12　三种教材具体栏目内容划分

| 栏目 | 内　　容 |
| --- | --- |
| 非正文 | 章头引入、问题情境、阅读与思考、数学活动、阅读材料等 |
| 引入 | 问题探究思考、合作学习、做一做等 |
| 例题 | 有解答的题目 |
| 习题 | 无解答的题目，如课内练习、作业题等 |

以上述分析指标体系为基础，通过 SPSS19.0 统计软件，得到两国三种教材"一元二次方程"章节的数学文化在不同栏目上的分布统计与卡方检验表（表6-13）。从卡方检验的 $P$ 值（$P=0.087>0.05$）可知，三种教材数学文化在不同栏目上一致性显著。从统计结果可知，浙教版数学文化内容的总量略高，人教版和 NSM 总量相当。从具体栏目可知，在非正文部分，浙教版所占比重最高为 21.1%，原因是浙教版每章每节开头都会设置与数学家、数学史、现实情境问题等相关的内容；在引入部分，人教版所占比重最高为 27.6%，原因是人教版引入部分采用系列问题展开，通过问题的层层递进，让学生主动思考，之后真正进入本章的学习；在例题上三种教材数学文化的分布都比较少，在习题上三者分布居多均大于 50%，这主要是大量的习题背景都与生活情境相关，如配镜框、设计彩条、打高尔夫球等，而例题大部分是纯数学的问题，如利用配方法、公式法、因式分解法解"一元二次方程"等。

表6-13　数学文化在不同栏目上的分布统计和卡方检验表

| 栏目 | 数学文化 | | | 卡方检验 | |
| --- | --- | --- | --- | --- | --- |
| | 人教版 | 浙教版 | NSM | 卡方值 | $P$ 值 |
| 非正文 | 3(10.3%) | 8(21.1%) | 2(6.7%) | 13.803 | 0.087 |
| 引入 | 8(27.6%) | 3(7.9%) | 1(3.3%) | | |
| 例题 | 0(0%) | 2(5.3%) | 2(6.7%) | | |
| 习题 | 18(62.1%) | 25(65.8%) | 25(83.3%) | | |
| 合计 | 29(100%) | 38(100%) | 30(100%) | | |

（2）数学文化内容类型的比较

见表6-14，从卡方检验的 $P$ 值（$P=0.893>0.05$）可知，三种教材在数学文化类型上一致性显著。从百分比数据可知，三种教材都比较重视数学与生活的联系。从具体数值可知，浙教版在数学文化内容总量上略高于其他两种教材，共计38道，主要原因在于浙教版数学与生活的题目略多，共27道，而人教版与NSM总量一致，无明显差异。

表6-14 数学文化内容类型的分布统计和卡方检验表

| 内容类型 | 数学文化 | | | 卡方检验 | |
| --- | --- | --- | --- | --- | --- |
| | 人教版 | 浙教版 | NSM | 卡方值 | $P$ 值 |
| 数学史 | 5(16.1%) | 2(5.3%) | 2(6.5%) | 3.576 | 0.893 |
| 数学与生活 | 18(58.1%) | 27(71.1%) | 23(74.2%) | | |
| 数学与科学 | 5(16.1%) | 6(15.8%) | 4(12.9%) | | |
| 数学与人文艺术 | 3(9.7%) | 3(7.9%) | 2(6.5%) | | |
| 合计 | 31(100%) | 38(100%) | 31(100%) | | |

在数学史类型上，人教版所占比重为16.1%，浙教版和NSM分别占比重5.3%和6.5%，人教版更加注重将数学史应用于数学教材中。在数学与生活类型中，两国三种教材比重都超过50%，且浙教版和NSM比重分别高达71.1%和74.2%，说明三种教材都非常强调数学与现实生活的联系。在数学与科学、数学与人文艺术类型上，三种教材数量相当。

总体而言，三种教材都涉及数学文化的各个类型，但主要集中在数学与生活的联系上，对于其余三种内容类型关注较少。从中可以看到，三种教材的数学文化涉及领域广但较为集中，呈现出明显分布不均匀的现象。

a. 数学史

见表6-15，从卡方检验的 $P$ 值（$P=0.638>0.05$）可知，三种教材在数学史上无太大差异。在数学史类型上，人教版对数学史的应用不仅仅是显性型，既介绍数学家生平，展示数学家肖像，又更好地融入了隐性型知识，即将数学史与"一元二次方程"知识紧密结合。数学史在人教版中主要分布在章头、阅读与思考、数学活动栏目，如章头中将黄金分割比与一元二次方程相结合，阅读与思考栏目中介绍黄金分割数,展示正五角星中存在黄金分割数,数学活动栏目中介绍杨辉三角,利用一元二次方程解决三角点阵中前 $n$ 行的点数计算。而浙教版与 NSM 类似,在阅读材料栏目都介绍了数学史知识,在习题上都改编了数学名题"握手问题"等。

表 6-15 数学史的分布统计和卡方检验表

| 数学史 | 数学文化 | | | 卡方检验 | |
|---|---|---|---|---|---|
| | 人教版 | 浙教版 | NSM | 卡方值 | $P$ 值 |
| 显性数学史 | 1(20%) | 1(50%) | 1(50%) | 0.900 | 0.638 |
| 隐性数学史 | 4(80%) | 1(50%) | 1(50%) | | |
| 总计 | 5(100%) | 2(100%) | 2(100%) | | |

b. 数学与生活

三种教材在数学与生活中的一致性没有数学史方面的高, $P=0.236>0.05$ 表示基本保持一致(表 6-16)。浙教版在数学文化内容总量上略高于其他两种教材,主要在于浙教版数学与生活的题目略多(达 27 道)。不同之处在于浙教版更加注重数学与公众生活的联系,如销售利润,台风影响问题,计算机上网增长率,国内生产总值平均增长率等。浙教版中公众生活问题是个人生活问题的两倍,特别是浙教版在课后练习上以"会用一元二次方程解决简单的实际问题"和"体会方程在现实中的具体应用"为学习目标,设计了若干道现实生活情境的练习题。而人教版和 NSM 习题设计上是将纯数学题目和含有其他情境的题目夹杂在一起,未进行分类处理。另外,人教版在数学与生活的情境设置上,更加合理地分配个人生活情境和公众生活情境,两者所占比重相同。

表 6-16 数学与生活的分布统计和卡方检验表

| 数学与生活 | 数学文化 | | | 卡方检验 | |
|---|---|---|---|---|---|
| | 人教版 | 浙教版 | NSM | 卡方值 | $P$ 值 |
| 个人生活 | 9(50%) | 9(33.3%) | 13(56.5%) | 2.884 | 0.236 |
| 公众生活 | 9(50%) | 18(66.7%) | 10(43.5) | | |
| 总计 | 18(100%) | 27(100%) | 23(100%) | | |

与我国两种教材相比,NSM 的不同之处在于更加强调数学与学生个人生活的联系,所占比重为 56.5%。NSM 中列举了一系列与学生个人生活有关的实例,如家庭旅游,学校建筑,足球下落,排球比赛,等等。NSM 中关于公众生活的现实情境素材,也比国内两种教材显得更加丰富。

c. 数学与科学

见表 6 - 17,从卡方检验的 $P$ 值($P=0.169>0.05$)可知,两国三种教材在数学与科学类型上一致性较弱。从表中数据分布可知,浙教版和 NSM 涉及的内容更加广泛,包括地理、物质、高新科学,而人教版涉及的内容较集中,主要有生命科学和物质科学。

表 6 - 17　数学与科学的分布统计和卡方检验表

| 数学与科学 | 数学文化 | | | 卡方检验 | |
|---|---|---|---|---|---|
| | 人教版 | 浙教版 | NSM | 卡方值 | $P$ 值 |
| 生命科学 | 2(40%) | 0(0%) | 0(0%) | 9.089 | 0.169 |
| 地理科学 | 0(0%) | 3(50%) | 1(25%) | | |
| 物质科学 | 3(60%) | 2(33.3%) | 1(25%) | | |
| 高新科学 | 0(0%) | 1(16.7%) | 2(50%) | | |
| 总计 | 5(100%) | 6(100%) | 4(100%) | | |

另外,人教版、浙教版、NSM 三种教材在数学与科学领域中,共同之处是都运用了"小球受重力作用,落到地面所需要的时间"这个物理方面的实例。浙教版和 NSM 在本章中未涉及生命科学知识,人教版未涉及地理科学和高新科学知识。这一结果也说明教材编排中与其他学科融合的难易度,更容易融入的是物理知识,而与生物、化学、历史、政治等学科结合相对较难。

d. 数学与人文艺术

在数学与人文艺术类型上,由于三种教材在"一元二次方程"这章中均未涉及与音乐相关的内容,但增加了游戏知识。因此,将数学与人文艺术的分析内容调整为人文、美术、建筑、游戏四类。见表 6 - 18,从卡方检验的 $P$ 值($P=0.073>0.05$)可知,两国三种教材在数学与人文艺术上一致性没有前者高。

表 6-18　数学与人文艺术的分布统计和卡方检验表

| 数学与人文艺术 | 数学文化 | | | 卡方检验 | |
|---|---|---|---|---|---|
| | 人教版 | 浙教版 | NSM | 卡方值 | $P$ 值 |
| 人文 | 0 | 0 | 1 | 11.556 | 0.073 |
| 美术 | 3 | 0 | 0 | | |
| 建筑 | 0 | 1 | 0 | | |
| 游戏 | 0 | 2 | 1 | | |
| 总计 | 3 | 3 | 2 | | |

　　三种教材在数学与人文艺术内容上数量相当,人教版主要集中在美术领域,而浙教版体现在建筑、游戏中,NSM 则体现在人文、游戏中,后两者都设置了有关游戏的题目,以增加数学的趣味性,培养学生的学习兴趣。

　　(3) 数学文化运用水平的比较

　　见表 6-19,从卡方检验的 $P$ 值($P＝0.848＞0.05$)可知,三种教材在数学史运用水平上一致性显著。三种教材中数学史的运用水平是比较高的,无点缀式运用水平。人教版中 60% 的条目属于顺应式水平,对数学史与数学知识的结合较为紧密,尤其是在章头、阅读思考和数学活动栏目,结合"一元二次方程"知识解决正五角星中黄金分割比问题和杨辉三角点阵中前 $n$ 行的点数计算问题。浙教版则是在节头介绍数学家韦达并展示其头像,在阅读材料栏目详细呈现"一元二次方程"的发展史,这些内容较全面但未能真正与本章知识融合。

表 6-19　数学史运用水平的分布统计和卡方检验表

| 数学史运用水平 | 数学文化 | | | 卡方检验 | |
|---|---|---|---|---|---|
| | 人教版 | 浙教版 | NSM | 卡方值 | $P$ 值 |
| 点缀式 | 0 | 0 | 0 | 1.378 | 0.848 |
| 附加式 | 1(20%) | 1(33.3%) | 0(0%) | | |
| 复制式 | 1(20%) | 1(33.3%) | 1(50%) | | |
| 顺应式 | 3(60%) | 1(33.3%) | 1(50%) | | |
| 合计 | 5(100%) | 3(100%) | 2(100%) | | |

　　就其他数学文化类型的运用水平而言,见表 6-20,从卡方检验的 $P$ 值($P＝$

0.418＞0.05)可知,三种教材在其他数学文化类型的运用水平上无太大差异。从具体数据可知,三种教材在本章中无外在型运用水平,数学文化的运用水平相对较高。有30％左右的题目是属于不可分离型,如人教版、浙教版中"球体上抛""储蓄年利润""销售利润""围棋赛制"等情境,NSM中"火箭发射""流感病毒传染""中国硬币面积""学生相互送卡片"等情境,这些内容用生活中真实的问题情境加以引入。在可分离型水平上三种教材的比重都超过50％,特别是人教版高达76％,这一结果的原因在于数学与生活类型上,出现了较多的可分离的应用情境,如浙教版中,"一块长方形绿地长100 m,宽50 m,在绿地中开辟两条道路后,绿地面积缩小到原来的88.32％,求 $x$?"显然这个问题是为了让学生练习解"一元二次方程"而强加的情境,在真实生活情境中没有工人会考虑开辟道路后绿地缩小的面积所占原来面积的百分比。同样地,在人教版和 NSM 也出现了类似的强加情境问题。因此,需进一步提高教材中生活素材的运用水平。

表6-20　其他类型运用水平的分布统计和卡方检验表

| 其他类型<br>运用水平 | 数学文化 | | | 卡方检验 | |
|---|---|---|---|---|---|
| | 人教版 | 浙教版 | NSM | 卡方值 | $P$ 值 |
| 外在型 | 0 | 0 | 0 | 1.746 | 0.418 |
| 可分离型 | 19(76％) | 19(57.6％) | 18(66.7％) | | |
| 不可分离型 | 6(24％) | 13(39.4％) | 9(33.3％) | | |
| 合计 | 25(100％) | 33(100％) | 27(100％) | | |

总体而言,三种教材中的数学文化运用水平较高,数学史以复制式和顺应式为主,其他数学文化类型不可分离型也占一定的比重,但在可分离型上比重更大。因此,数学文化的运用水平有待加强与提高。

(4) 数学文化认知水平的比较

见表6-21,从卡方检验 $P$ 值($P＝0.017＜0.05$)可知,三种教材在"一元二次方程"这章中的数学文化认知水平有明显差异。其中,记忆性水平比重极小,仅浙教版占3.3％,主要是因为浙教版在节头展示数学家的肖像和介绍数学家的成就,但未与本章知识点结合。联系程序性水平在三种教材中比重较大,浙教版占33.3％,仅次于该版教材的无联系程序性水平,人教版和 NSM 分别占54.2％、70.0％。明显区别的是 NSM 中联系程序性和做数学任务水平两者比重共达到 97.6%，该比重远大于其他两种教材。这一结果说明 NSM 中学生对数学文化内容的认知水平会更高，如 NSM 在引入部分展现《几何原本》中发现配方法这一过程，让学生再次经历知识的产生、发展过程，进一步掌握新知识和新方法。

表 6-21　认知水平的分布统计和卡方检验表

| 认知水平 | 数学文化 | | | 卡方检验 | |
|---|---|---|---|---|---|
| | 人教版 | 浙教版 | NSM | 卡方值 | $P$ 值 |
| 记忆性 | 0(0%) | 1(3.3%) | 0(0%) | 15.466 | 0.017 |
| 无联系程序性 | 4(16.7%) | 12(40%) | 1(3.4%) | | |
| 联系程序性 | 13(54.2%) | 10(33.3%) | 20(70.0%) | | |
| 做数学的任务 | 4(16.7%) | 7(23.3%) | 8(27.6%) | | |
| 合计 | 24(100%) | 30(100%) | 29(100%) | | |

总体而言，三种教材的认知水平较高，主要集中在联系程序性及其以上水平，但是培养学生做数学的任务水平仍需加强。

3. 研究结论与建议

（1）研究结论

a. 数学文化的内容总量大，但具体栏目分布不均衡

在数学文化内容的总量上，浙教版比其他两种教材的总量多，说明其包含的数学文化内容相对其他两种教材更加丰富。具体到本章中的各个栏目，三种教材数学文化集中分布在习题栏目上，其他三个栏目数量较少，最少的是例题栏目，这说明数学文化内容分布不均衡，更多体现在题目情境中，特别在例题栏目中还未能更自然地与数学文化相融合。

b. 数学文化的内容类型涉及领域广，但分布较为集中

在数学文化类型上，三种教材都关注了数学史、数学与生活、数学与科学、数学与人文艺术等内容。相比之下，三种教材在数学与生活的联系上比重较大。数学史大部分设置在非正文部分，人教版隐性数学史知识比重较大，说明人教版较恰当地将数学史与知识点相融合。数学与生活部分，NSM 在个人生活情境上类型较丰富，同时也关注公众生活情境。数学与科学、数学与人文艺术部分，三种教材设置

的内容及类型都比较少。

c. 数学文化的运用水平相对较高,但仍需加强与提升

在数学文化运用水平上,三种教材中数学史的运用水平以复制式和顺应式为主,其他数学文化的运用水平主要是可分离型,而不可分离型也占一定比重。数学史的运用在非正文部分存在未经加工直接照搬素材的问题,这种没有经过修饰的知识很难激发学生的兴趣,甚至教师会用"不读或课后阅读"的手段来处理。其他数学文化的运用在例题、习题部分出现强加问题情境的现象,造成数学偏离实际生活的情境,这也使得教师难以把握教材,学生难以将数学知识应用于实际生活中。

d. 数学文化内容基本符合学生的认知水平

三种教材数学文化的内容编排基本符合学生的认知水平,体现重视基本知识、基本技能,促进学生提高学习能力等特点。在数学文化内容的认知水平上,三种教材有明显差异。NSM 相比我国两种教材认知水平较高,联系程序性和做数学的任务两者占据较大比重,表现为水平 3>水平 4>水平 2>水平 1,我国两种教材在四个认知水平上所占的比例有所不同,人教版表现为水平 3>水平 2=水平 4>水平 1,浙教版表现为水平 2>水平 3>水平 4>水平 1。不同之处在于 NSM 更加注重培养学生做数学的能力,体现数学的应用价值;相同点是三种教材中记忆性认知水平所占的比重都最少。

(2) 若干建议

a. 合理均衡各个栏目中数学文化的数量分布

三种教材中大部分的数学文化内容都出现在习题部分,而非正文、引入、例题中的数学文化不多。事实上,在非正文处渗透数学史,可以了解数学史与实际生活的联系,开阔学生的学习视野。引入中的数学文化知识,可以用于情境教学,激发学生的学习兴趣。如 NSM 在引入部分将配方法的整个过程用图形方式展示出来,既可以展现数学知识起源与发展过程,又可以培养学生直观想象能力。例题中的数学文化内容,可以掌握概念的推理与应用过程。因此,数学教材中各个栏目数学文化应该均衡分布,不能过于局限在某个栏目中。

b. 呈现多样性的数学文化类型

传统的数学教学常给人一种数学纯粹性和先验性的印象,目前颁布的课程标准提倡数学文化与数学知识相结合,学校数学教学强调数学文化观与数学教学的融合,这试图去解决传统教学的弊端,并在文化视角下进一步培养学生的数学核心

素养。① 相对传统"双基"教学而言,数学文化观强调的是:数学是人类的一种文化实践,数学的发展是历史性的、多样性的、具有人文价值的。因此,教材中多样性的数学文化类型,有助于学生形成较为全面的数学观,也能开阔师生数学与文化的视野。

c. 采用更高水平的数学文化运用方式

"高评价、低应用"是目前数学文化与数学史存在的严峻问题,②其中一个主要原因在于教材中数学文化运用水平不高。教材中数学史多以复制式和顺应式出现,然而融入数学史可以直接反映数学文化的深厚底蕴。数学史料不应局限于以非正文、阅读材料的形式呈现的点缀式或附加式,而应采用更高水平的运用方式,使数学史为数学知识增添色彩。实质上,数学本身就是一种文化,数学既根植于文化又促进了文化的发展,数学应该与文化紧密结合,可是教材中其他数学文化的运用水平大部分处于可分离型,这一现象会造成数学文化是强加于问题情境的认识误区,反而让人们觉得数学文化是数学知识的"帽子",变得可有可无。因此,教材中应采用更高水平的数学文化运用方式。

d. 呈现更为合理自然的数学文化认知水平

基于学生本阶段的水平和能力,教材中安排适合学生学习能力的数学知识,有助于学生的身心发展。然而高认知水平的数学任务,可以培养学生高水平的思维和推理能力,从高水平任务中不断积累学习经验,对数学本质的认识能得到潜在的发展,创新精神和实践能力也能得到提升,这也是我国学生目前缺乏的能力。事实上,数学文化具有历史性、发展性等特征,这可以帮助我们进一步认识数学知识的来源和本质,进一步感受不同时代背景对数学思维和推理方式的影响。因此,基于学生现有的知识储备,呈现更为自然的数学文化认知水平是非常重要的。

当然,在目前数学教学的过程中,由于学生一般科学思维方法的欠缺,教师安排高认知要求的教学任务就容易陷入两难困境,这也是发展高认知水平的主要障碍。事实上,可以在教材中设置探究环节,如NSM中配方法的推理探究过程,也可以在教材习题栏目中安排非常规题,如开放题、情景题和探究题,融入数学文化,让学生在体验数学的同时认识数学。

---

① 唐恒钧,张维忠,李建标,等. 澳大利亚数学教材中的数学文化研究——以"整数"一章为例[J]. 数学教育学报,2016,25(6):42-45.

② 汪晓勤. 主要国家高中数学教材中的数学文化[J]. 中学数学月刊,2011(5):50.

## 第三节　多元文化观下的数学教学

　　《义务教育数学课程标准(2011 年版)》指出:课程内容的选择要贴近学生的实际,通过义务教育阶段的数学学习,学生能够体会数学与其他学科之间、数学与生活之间的联系。另外,其在实施建议中明确指出在数学课程学习中应该介绍数学发展史的有关材料。① 2022 年 4 月,教育部在修订《义务教育数学课程标准(2011 年版)》的基础上,颁布了《义务教育数学课程标准(2022 年版)》,强调落实立德树人的根本任务,开启了中华优秀传统文化融入数学课程标准的首次尝试,突出了在义务教育阶段对学生进行中华优秀传统文化的渗透与熏陶。在教程编写建议中明确指出:"教材编修要勇于打破固有教材模式,为教材使用者提供广泛的素材资源和开放的使用空间。如教材中介绍数学文化、数学发展前沿等。内容设计要反映数学在自然与社会中的作用,展现数学发展史中伟大数学家,特别是中国古代与近现代著名数学家,以及他们的数学成果在人类文明发展中的作用,增强学生的爱国情怀和民族自豪感。"②多元文化数学观下的数学教学,尤其是教学设计可以从以下三个维度考虑:(1)注重多元的数学文化史;(2)注重日常数学与学校数学的整合;(3)注重数学与其他学科的整合。同时,这三个维度也体现了课程标准的理念与目标。下面呈现两则相关教学设计。

### 一、基于多元数学文化史的教学设计——"用字母表示数"

　　从多元数学文化史这一维度出发对浙江教育出版社出版的《义务教育教科

---

① 中华人民共和国教育部. 义务教育数学课程标准(2011 年版)[M]. 北京:北京师范大学出版社,2011.
② 中华人民共和国教育部. 义务教育数学课程标准(2022 年版)[M]. 北京:北京师范大学出版社,2022:95.

书·数学(七年级上册)》第四章第一节"用字母表示数"进行教学设计,通过这一教学设计希望学生了解数学知识的多元文化历史,进而学会欣赏与尊重现有的数学知识,并对数学学习产生进一步的兴趣。

**(一)教学过程**

1. 探究引入:用火柴棒搭正方形

让学生按照这样的方法搭正方形,由图6-9可得,搭1个正方形需要4根火柴棒,搭2个正方形需要7根火柴棒,搭3个正方形需要10根火柴棒。如果搭4个正方形、5个正方形……,需要多少根火柴棒呢? 如果要搭的正方形的个数越来越多,可以怎么表示所需要的火柴棒的数目呢? 通过学生自主探究、动手操作之后,教师让学生回答上述问题。此时学生的回答大致包括以下两种情况:(1)纯粹用文字来阐述:火柴棒的数目为正方形个数的3倍再加上1;(2)用字母来表示:设正方形的个数为 $n$ 个,则火柴棒的数目为 $(3n+1)$ 根,当然在此学生会用不同的字母表示。教师引导学生比较这两种表示方法,学生体会到第二种表示方法其实是用字母来表示数,并且比第一种方法更加简洁明了。此时,教师写出本节课的主题,讲授在历史上早期的数学家就是用文字来表示数(就如有些学生的表示方法),后来经过许多数学家的努力才发展到用字母表示数。教师进一步提问:同学们想知道"用字母表示数"的历史发展过程吗? 这个提问不仅激发学生的兴趣,也从前面的探究学习自然而然地过渡到后面关于"用字母表示数"的多元历史的学习。

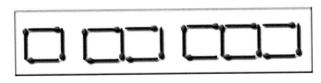

图6-9

2. 根据历史时间的顺序,讲述"用字母表示数"发展的多元历史

埃及

埃及人称未知数为"堆"。例如莱茵德纸草书第24题:已知"堆"与七分之一"堆"相加为19,求"堆"的值。① 此时也可以简单地介绍一下莱茵德纸草书,拓宽学

---

① 李文林.数学史概论[M].北京:高等教育出版社,2011.

生的视野。这个例题虽然是一个一元一次方程,但是对于学生现有的知识水平而言作为一个介绍性的例子是完全可以的,并进一步为之后学习一元一次方程埋下了伏笔,激发了学生的好奇心。

巴比伦

古巴比伦人用长、宽、面积这些文字来表示未知量,所求的未知量并不一定确实是这些几何量,但他们用 tigibum 和 igum 表示互为倒数的两个数。

希腊

在《几何原本》中,欧几里得用线段来表示数,线段的名称用两个字母来表示,偶然也会用一个字母,但他不会用字母来表达"任意多个",不会用字母来表达奇数、偶数和其他数①。

海伦在他的《几何》一书中提到加一块面积、一个周长和一个直径。他用这些话所表示的意思当然是指加上它们的数值。海伦将面积与线段相加时,他并不是在胡乱应用几何的知识,因为我们知道面积和线段完全是两个不同的量,他其实只是沿袭巴比伦人的习惯,用面积和长度代表某些未知量。

丢番图(Diophantus of Alexandria, 246—330)第一次用字母"ζ"来表示未知数,但是他并不知道用字母来表示任一个数。他还用专门的符号来表示乘幂,二次幂记为 $\triangle^Y$,三次幂记为 $K^Y$,等等。

印度

印度数学家婆罗摩笈多(Brahmagupta,约 598—665)以及婆什迦罗(Bhaskara)等都用梵文颜色名的首音节来表示未知数。例如第一个叫未知量,其他的就叫黑的、蓝的、黄的等。他们用每个字的头一个字母来表示数②。

阿拉伯

阿拉伯数学家花拉子米用文字来表示未知量,他称未知量为"东西"或植物的"根",从而把解未知量叫求根。阿拉伯人完全是用文字来表示数的,从这方面来讲比起印度人甚至比起丢番图,他们都后退了。

---

① 汪晓勤.用字母表示数的历史[J].数学教学,2011(9):24-28.
② 莫里斯·克莱因.古今数学思想(第一册)[M].上海:上海科学技术出版社,2002.

中国

宋元时期的数学家李冶用"天元"表示未知数,称为"天元术"。朱世杰在李冶的基础上推广得到"四元术",即以"天""地""人""物"来表示四个不同的未知数。(在此又为一元一次方程的学习作了铺垫,即让学生初步感受中国是将未知数称为"元"。)

法国

经过这么多国家数学家的探索,16世纪法国数学家韦达(Vieta,1540—1603)终于实现了历史性的突破,他使用字母来表示未知数以及已知数。他用 A 或其他元音字母 I、O、V、Y 等来表示未知量,用 B、G、D 或其他辅音字母来表示已知量。之后笛卡儿采用了小写字母,并将字母表中靠前的字母(如 $a$、$b$、$c$ 等)表示常数,而靠后的字母(如 $x$、$y$、$z$ 等)表示未知数。

3. 探索新知

李老师要去文具店买笔记本奖励给她班上的三好学生,已知笔记本 $a$ 元一本,有 5 个三好学生,则李老师需要花费_____元(数与字母相乘,可省略乘号,数字要写在字母前面)。

小明去文具店买了 $a$ 本练习簿,每本练习簿为 $b$ 元,则他要付_____元(字母和字母相乘时,乘号可以省略不写,或用"·"来代替)。

老师去水果店买水果,苹果 3.5 元一斤,梨 3 元一斤,老师买了 $a$ 斤苹果和 $b$ 斤梨,总共花费了_____元(后面带单位的相加或相减的式子要用括号括起来)。

长方形的面积是 $a\,\mathrm{cm}^2$,其长为 3 cm,则宽为_____cm(除法运算要写成分数形式)。

妈妈买了 $1\frac{1}{3}$ 斤青菜,每斤为 $m$ 元,则她要支付_____元(带分数与字母相乘时,带分数要写成假分数的形式)。

利用字母表示数还能简明地表示一些数学规律。

用 $a$、$b$ 来表示两个数,则有

加法交换律:$a+b=b+a$;乘法交换律:$ab=ba$。

用 $a$、$b$、$c$ 表示三个数,则有

加法结合律:$(a+b)+c=a+(b+c)$;乘法结合律:$(ab)c=a(bc)$;

分配律:$a(b+c)=ab+ac$。

4. 课堂小结与作业布置(略)

(二) 反思与启示

"用字母表示数"是学生由自然的"算术语言"向抽象的"代数语言"过渡的起点,是学生进入代数学习的入门知识,是学习方程、不等式、函数等的重要基础。但是大量研究表明,"用字母表示数"对于许多学生都是一个认知的难点,首先初一的学生处于具体思维的阶段,还未达到抽象思维的层面;其次,他们不明白为什么要用字母表示数。本案例试图通过数学课程中融入"用字母表示数"的多元文化历史,有效地帮助学生理解所学的知识,进而得到多元文化数学课程如下的价值。

1. 使学生更好地理解数学的本质和起源

回顾"用字母表示数"的发展历史:从用字母表示未知数,发展到用字母表示未知数和已知数;从用字母表示特定意义的量,发展到还可以表示变化的数量;从在文字水平和缩写水平上运用字母,发展到在符号水平上运用字母。在这个学习过程中,学生一方面体会到人类认识提升的三个阶段:文字叙述代数——缩写代数——符号代数。另一方面,学生不仅仅感知用字母表示数推动数学发展的历史功绩,更重要的是领悟用字母表示数的数学本质:字母表示数的过程,不是字母替代文字的过程,而是具体数量符号化的过程。①

2. 使学生学会欣赏与尊重不同文化在数学发展过程中的贡献

多元文化数学的研究者德安布罗西奥、格迪斯等都指出数学存在于所有的文化中,但这并不意味着在所有文化中,数学思想都是一致的,所以我们要欣赏与尊重不同文化中的数学及数学思想。本教学设计向学生讲授各个国家不同文化的数学家是如何研究"用字母表示数"的,可以让学生感受到不同文化都有其自身的数学,并对数学知识发展做出了贡献。

3. 促使学生建立文化自尊和尊重现有的知识

在"用字母表示数"的发展历史上,中国古代的数学家也做出了贡献,而且一直影响着我们今天所学的数学。比如我们现在所学的一元一次方程、二元一次方程

---

① 蔡宏圣.和谐:小学数学教学设计的新视角——以"用字母表示数"的教学设计为例[J].课程·教材·教法,2007,27(8):38-41.

等仍然把未知数称为元,这种表达方式从古沿用至今。在这个学习过程中,学生首先体会到中国的文化有着丰富的数学底蕴,对数学知识的发展做出了贡献,从而产生文化自尊。其次,学生学习"用字母表示数"的多元历史,体会到今天学习的知识,在历史上是经过许多数学家的努力才得到的,从而懂得去尊重现有的数学知识。

4. 促使学生对数学更感兴趣

由于数学知识本身的抽象性,数学知识组织的逻辑性,数学知识叙述的片断性,所以在学生看来数学是一门晦涩难懂、枯燥乏味、毫无乐趣可言的学科,从而使他们对数学学习失去兴趣。在调查中,学生都提到,希望数学课是生动有趣的,不只是呈现从课本上吸取知识的"死板"的教学方式,而是应该适当地穿插一些课外知识,让大家更好地掌握它、理解它。本节课融入"用字母表示数"的多元历史正是满足学生的需要,即讲述一些与所学内容相关的知识,便于他们理解与掌握,从而激发他们数学学习的兴趣。

总之,融入多元文化历史的数学课程一方面可以让学生体会知识的发生、发展过程,从而帮助学生对数学知识本身的有效性学习;另一方面可以促进学生在情感、态度与价值观等方面的发展,比如学习兴趣的培养等。因此,我们应该重视多元文化数学课程的价值,并进一步设计好多元文化数学课程以促进数学的教与学。[1]

## 二、以历史文化的发展为线索的教学设计——"勾股定理"

以历史文化的发展为线索设计勾股定理的教与学,让学生从不同的文化中感受数学证明的灵活、优美,感受勾股定理的丰富文化内涵,形成多元文化的数学思想,并且以勾股定理为载体,实现与其他学科的完美融合,最终达到数学教育的整体目标。

(一) 结构图

勾股定理的发展有着悠久的历史,人们对它的探索至今仍未停止。勾股定理

---

[1] 宋丽珍,张维忠,唐恒钧. 多元文化视角下的一则教学设计——"用字母表示数"[J]. 中学数学杂志,2012(12):6-8.

因其独特的魅力有着广泛的应用,建筑、绘图、测量、生活等方面都能见到它美丽的身影(如图 6 - 10)。开展有关勾股定理的数学活动可能需要如图 6 - 11 所示的一些数学概念。

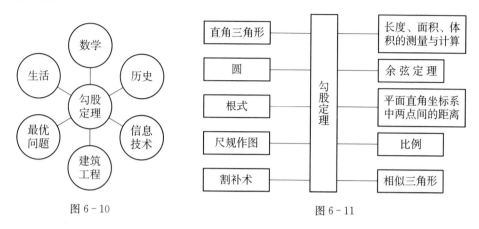

图 6 - 10

图 6 - 11

### (二)活动建议

围绕勾股定理这个主题,我们设计了丰富有趣又有挑战性的活动。在此,我们提供几个建议,全班同学可以分组选择相应的活动。活动建议 1—7 适合初中的学生;活动建议 8 适合小学生,小学教学中也可以从活动建议 1—7 中选择较简单的适合小学生的活动;活动建议 9—10 适合高中生,高中教学也可以从活动建议 1—7 中选择有一定难度的适合高中生的活动。

建议 1:勾股定理的历史探索

① 西方很多学者研究了勾股定理,给出了很多证明方法,其中有文字记载的最早的证明是毕达哥拉斯给出的,你能找到这一依据吗?

② 在历史上很多数学家证明过"勾股定理",如古希腊的毕达哥拉斯、中国的赵爽、美国第二十届总统伽菲尔德(James Abram Garfield, 1831—1881)等。其中有很多趣事,请找出他们的趣闻和相关的著作。

③ 在中国,勾股定理又称商高定理;在西方,毕达哥拉斯定理又称百牛定理。你知道中西方这两个别名的历史缘由吗?

所需数学知识或技能:勾股定理,直角三角形、正方形、三角形面积的计算能力,割补术,查阅数学史的能力。

活动形式:通过图书、网络查找与勾股定理的发展有关的数学史实;寻找历史上名人证明勾股定理的趣闻和相关的著作。

成果形式:研究小报告(勾股定理在历史上的起源、趣闻,勾股定理的别名和比较)。

建议2:历史上勾股定理的证明

① 历史上,中国是较早发现勾股定理的国家,你能找到我国关于勾股定理的一些经典的证明方法吗?

② 赵爽的勾股圆方图和弦图这两种证明方法主要是用什么原理证明勾股定理的? 请简单地阐述他的作图方法?

③ 我国古代在对勾股定理的证明中体现了数学中非常重要的一种思想方法,你能从中体会出来吗? 这种思想方法对后来解析几何的发展有何重大影响?

④ 勾股定理被称为"几何学的基石",世界上几个文明古国都进行了广泛深入的研究,证明方法多达400多种,有的十分精彩,有的十分简洁,你学会了其中哪几种证明方法? 从中你还能得出新的方法吗?

所需的数学知识或技能:勾股定理不同的证明方法,三角形、正方形面积的计算能力,全等三角形,割补术,了解中西方之间的文化差异,查阅中外文献的能力。

活动形式:组内成员讨论查找的结果(中西方勾股定理不同的证明方法,并对不同的方法做比较,归纳其运用的思想方法)。

成果形式:做一个简报(列出查找到的勾股定理的各种证明方法,并附上自己对其所运用的思想方法的归纳总结;提出个人对勾股定理新的证法的启示或方法)。

建议3:勾股定理在数学中的运用

① 勾股定理是几何学中的明珠,除几何学外,数学中其他领域是否有与勾股定理有关的知识?

② 类比勾股定理证明中所运用的等面积法、割补法的原理,如何证明完全平方和(差)定理和平方差定理?

③ 直角三角形的勾股定理、相似三角形的性质定理、比例算法之间有什么联系? 勾股测望术是如何把这三者结合起来运用的?

④ 毕达哥拉斯定理的发现过程导致了数学史上所谓的第一次数学危机,请查

找此数学危机实际上是什么？又是如何解决的？

⑤ 任何实数都能在坐标轴上表示出来吗？请保留其作图过程。

⑥ 类比著名的希腊数学家欧几里得在巨著《几何原本》(第Ⅰ卷,命题47)中给出的对勾股定理的证明方法,以直角三角形的三边为直径作圆,得到的三个圆之间的面积有何关系？若以直角三角形的三边为对应棱作相似多面体或以直角三角形的三边为直径分别作球,又能得出什么新的结论？

所需要的数学知识或技能:勾股定理,代数学,割补术,等面积法,完全平方和(差)定理,平方差定理,相似三角形,比例,无理数,猜想、类比、归纳的能力。

活动形式:查找数学中其他领域的知识,探讨以直角三角形的三边为直径或棱作圆、多面体、球后存在的面积关系。

成果形式:展示无理数在坐标上的作图过程及结果,完全平方和(差)定理和平方差定理证明的结果,以直角三角形的三边为直径或棱作圆、多面体、球的图形和说明。

建议4:勾股数的探索

① 请介绍"勾股定理"中"勾""股""弦"定义的来源？

② "勾股定理"中最简单的关系是"勾三股四弦五",这种关系是在大禹治水时发现的,能找到它的依据吗？

③ 1945年,人们在对古巴比伦人遗留下的一块322数学泥板的研究中,惊讶地发现上面竟然刻有15组勾股数。你能用代数法寻找到所有勾股数组的通用公式吗？

所需要的数学知识或技能:勾股定理,代数的计算能力,猜想、类比、归纳的能力。

活动形式:计算古巴比伦的普林顿322泥板上的15组数据,探索每组数据间存在的关系,推导勾股数组的通用公式。

成果形式:展示计算的结果,并附上每组数据间的关系的说明;列出勾股数组的通用公式,并附上其推导、证明的过程。

建议5:勾股定理在古代的妙用

① 我们的先辈们曾发明了勾尺和股尺构成的测量工具矩,请根据勾股定理证明其合理性。你知道勾尺和股尺是互相垂直的吗？

②《九章算术》中有名的"引葭赴岸":今有池方一丈,葭生其中央。出水一尺,引葭赴岸,适与岸齐。问水深、葭长各几何?

③ 太阳距离我们有多远呢?《周髀算经》中陈子(公元前 6—7 世纪)对太阳的高和远进行了测量,这就是人们所乐于称道的"陈子测日"。请指出他是运用什么原理测量地球到太阳距离的?

所需的数学知识或技能:勾股定理,相似三角形,具体问题的解决能力。

活动形式:验证勾尺和股尺是否垂直;探究"引葭赴岸""陈子测日"的原理。

成果形式:撰写小报告(古代人如何利用勾股定理解决看似不可能的问题,阐明其原因和对个人的启示)。

建议 6:勾股定理及逆定理在生活中的应用

① 直角三角形的判断是勾股定理逆定理的一个应用,如何利用勾股定理构建一个直角三角形?

② 由勾股定理引出的三维勾股定理的知识,判断能否将一根 70 cm 长的杆子放进长 30 cm,宽 40 cm,高 50 cm 的长方体盒子中?

③ 一圆柱体的底面周长为 20 cm,高 AB 为 4 cm,BC 是上底面的直径,一只蚂蚁从点 A 出发,沿着圆柱的侧面爬行到点 C,试求出爬行的最短路程?

所需的数学知识或技能:勾股定理的逆定理,三维勾股定理,具体问题的解决能力。

活动形式:按要求制作直角三角形;演示杆子放进长方体盒子;设计蚂蚁爬行的最短路程。

成果形式:展示制作的直角三角形和杆子放进盒子的结果,蚂蚁爬行最短路线图。

建议 7:建筑工程中的勾股定理

① 在做木工活时,有大块的板材要定直角;在做焊工活时,有大的框架要定直角。在实际生活中没有那么大的直角板,如何才能确定直角?

② 在房屋建筑中,怎样才能测量两个墙角是否是标准的直角?

所需的数学知识或技能:勾股定理,实际问题的解决能力。

活动形式:设计检测直角的方法,测量长度,记录数据,分析数据。

结果形式:展示数据的测量和分析结果。

建议 8:勾股定理的初步了解

① 生活中运用勾股定理制定的图标充满魅力,请找出与此相关的图标,并指出其蕴涵的勾股定理?

② 测量直角三角形的各边长度,记录数据,探索三边之间的关系?

③ 通过计算机直观操作将 4 个等腰直角三角形拼成 1 个正方形,验证上题中对勾股定理的猜想!

所需的数学知识或能力:勾股定理,网络资源的查找能力,猜想能力。

活动形式:测量直角三角形的三边长度,记录数据,猜想数据间的关系,观察计算机的直观演示。

结果形式:展示蕴涵勾股定理的图标。

建议 9:余弦定理,平面直角坐标系两点间的距离

① 余弦定理可以看作是勾股定理的推广,适用于一般的三角形,请用 2 种以上的方法证明余弦定理?

② 如何判断一个三角形是锐角三角形或钝角三角形?

③ 如果将直角三角形的斜边看作二维平面上的向量,将两直角边看作在平面直角坐标系坐标轴上的投影,能否从另一个角度考察勾股定理的意义? 由此你能得出平面直角坐标系两点间的距离公式吗?

④ 费马大定理:除三元二次方程 $x^2 + y^2 = z^2$(其中 $x$、$y$、$z$ 都是未知数)外,三元 $n$ 次方程 $x^n + y^n = z^n$($n$ 为已知正整数,且 $n > 2$)都不可能有正整数解,其中蕴涵的原理是什么?

所需的数学知识或技能:勾股定理,余弦定理,向量,猜想、推理的能力。

活动形式:推导余弦定理;根据所给的三角形的边长数据,判断其形状;计算平面直角坐标系两点间的距离。

成果形式:做一个小报告(余弦定理的推导、证明方法,三角形形状判断的依据,两点间的距离公式,费马定理的阐述)。

**(三)实施建议**

初中生:分小组,从活动建议 1—7 中选择活动。各小组讨论选择活动方案,明确活动内容,制定计划确保活动顺利进行。

这个项目活动需要 5—6 个课时,这 5—6 个课时具体分为下面几个阶段:

第一个阶段(第 1 课时):师生共同探讨,明确活动的主题,分活动小组,每个小组制定计划。

第二个阶段(第 2—4 课时):各小组按计划开展活动,每个小组的成员明确自己的任务,合作完成活动。

第三个阶段(第 5—6 课时):各小组展示自己的成果作品——研究或记录的报告,准备回答其他组提出的问题。

小学生和高中生按照活动建议的要求选择相应的活动,制定相应的课时即可。①

---

① 李美玲,张维忠. 以勾股定理为主题的"项目学习"设计[J]. 中学数学教学参考(中旬),2012(5):26-28.

# 第七章
# 文化回应数学教学

多元文化教育经历了近50年的发展,其学科边界不断拓展,关注对象愈发多元,理论框架逐步丰富完善,与实践更加紧密结合,影响范围已扩展到全球。但在世界经济低迷、逆全球化思潮抬头、民粹主义回潮的时代,多元文化教育也面临着诸多理论和现实层面的挑战。在城市化、现代化、信息化和全球化快速发展的今天,学生的文化背景日趋多元,为更好回应不同文化背景学生的学习需求,实现公平而有质量的教育目标,多元文化教育备受关注。文化回应教学(Culturally Responsive Teaching)作为落实多元文化教育的重要路径,主张教学应适度反映学生的母文化,使学生的学习经验更具脉络意义,消除不同文化背景学生的学业差距,促进教育公平。文化回应数学教学一直被认为是对多元文化数学教育研究的进一步深化。本章首先采用引文图谱可视化分析方法,揭示文化回应教学研究的整体概况、重点成果与未来趋势;其次全面分析文化回应数学教学的研究图景,为深化我国少数民族地区数学教育改革提供启示与借鉴;最后结合具体数学课堂教学案例,及数学教师专业发展探讨走向文化回应数学教学的具体路径与方法。

# 第一节  文化回应教学研究的现状与展望

多元文化教育发展到今天,文化回应教学备受关注。我们采用文献计量研究方法,应用计量可视化软件 HistCite,分析了 Web of Science (WOS)检索平台 SSCI 数据库收录的文化回应教学研究文献,绘制了文献引证关系图谱,揭示文化回应教学国际研究的整体概况、重点成果与未来趋势,为文化回应数学教学研究提供借鉴与启示。

研究的所有文献数据均来源于 Web of Science (WOS)核心合集。首先,以主题＝"Culturally responsive teaching* "or 主题＝"Culturally responsive pedagogy* "or 主题＝"Culturally relevant teaching* "进行文献检索。为获取完整资料,限定时间为"所有年份",检索结果显示共有 501 篇文献符合检索条件(检索日期为 2019 年12 月 31 日),作者 1 277 人,期刊 274 种,引用文献 19 477 处,关键词 1 608 个,时间跨度为 1995 年至 2019 年。其次,对原始数据进行筛选与清查,运用 Notepad＋＋文本编辑软件打开原始数据的纯文本文件,借助查找功能对资料的遗漏信息进行修补,避免分析结果中 UNKNOWN 情况的出现,以获得更为准确的研究数据。

研究采用引文图谱可视化分析方法,使用的是加菲尔德开发的引文图谱分析可视化软件 Histcite(History of Cite),旨在从某一研究领域的大量文献中定位出重要文献,以图示方式展示文献间的引证关系,帮助研究者了解该研究领域的学术脉络与重要内容。①

## 一、文化回应教学国际研究时空分布

从论文发表的时间、载文期刊、国家或地区、重点研究机构等维度进行定量分

---

① 丁福军,张维忠. 文化回应性教学国际研究现状与趋势——基于 WOS 数据库的文献计量分析[J]. 比较教育研究,2021,43(1):27－34.

析,以呈现文化回应教学研究的时空分布。

### (一) 论文发表年代分布

为了解文化回应教学研究在时间上的发展态势,通过分析501篇文献发表年份的具体情况发现,1995年至2005年论文发表数量较少,趋势也较平稳。从2006年开始发文量持续增加,2011年增加到了35篇。2016年是论文发表的一个爆发期,数量高达53篇。2016年到2019年的发文量也呈增长趋势,但增速有所下降,年发文量在60篇左右(见图7-1)。

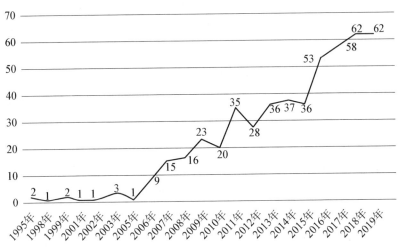

图7-1　论文发表年代分布

### (二) 期刊刊载分布

载文期刊的发文量在一定程度上反映了某一领域研究成果的集中程度。1995—2019年共178种期刊刊载了文化回应教学相关文献,根据发文量排名前九的期刊的数据统计,合计发表文章量占论文总量的22.3%。其中发文量与引用量最高的是《城市教育》,紧跟其后的是《教育与教师教育》《教师教育杂志》及《师范学院学报》,说明文化回应教学是课堂教学、教师教育与师范教育研究中的重要内容。

### (三) 主要发文国家或地区

对研究文化回应教学的国家或地区进行分析发现(见表7-1),检索到的501篇文献分布在56个国家或地区,其中发文量排名前六的国家分别是美国、澳大利亚、英国、加拿大、新西兰、西班牙。从发文量和本数据集的被引次数来看,美国都是排在第一位,之后是澳大利亚、英国、加拿大与新西兰。值得注意的是,新西兰与中国台湾发文量排在第五位与第七位,但从本数据集的总被引次数的值来看,新西兰与中国台湾却排到了第二位与第三位,说明尽管新西兰与中国台湾的发文量不是很高,但其被引用量却很高,研究贡献较大。中国大陆排名第八位,发文量与被引次数都较低。

表 7-1　主要发文国家或地区

| 序号 | 国家 | 发文量 | 本数据集的总被引次数 | Web of Science 中的总被引次数 |
|---|---|---|---|---|
| 1 | 美国 | 364 | 385 | 5 807 |
| 2 | 澳大利亚 | 36 | 4 | 157 |
| 3 | 英国 | 30 | 4 | 150 |
| 4 | 加拿大 | 24 | 4 | 197 |
| 5 | 新西兰 | 14 | 21 | 221 |
| 6 | 西班牙 | 9 | 1 | 87 |
| 7 | 中国台湾 | 9 | 8 | 39 |
| 8 | 中国大陆 | 7 | 0 | 21 |
| 9 | 印尼 | 6 | 0 | 8 |
| 10 | 荷兰 | 6 | 0 | 55 |

### (四) 发文重点研究机构

进一步对文化回应教学研究机构进行统计,发文量大于 7 的研究机构有 14 所,其中美国 12 所,英国 1 所,澳大利亚 1 所。发文量排在前五的研究机构分别是:德克萨斯大学(16 篇)、亚利桑那州立大学(12 篇)、哥伦比亚大学(12 篇)、密西根州立大学(10 篇)及华盛顿大学(9 篇)。数据集中的被引次数排在前五的研究机构分别是:密西根州立大学(46 次)、华盛顿大学(26 次)、亚利桑那州立大学(19 次)、明尼苏达大学(18 次)和佛罗里达大学(16 次)。可见,发文重点研究机构集中在美国。

## 二、文化回应教学国际研究主要内容

本研究利用 HistCite 筛选出数据集被引用次数最多的 30 篇文献,绘制了文化回应教学研究文献的引证关系图谱(见图 7 - 2),以勾勒该研究领域的整体图景与主要内容。根据文献间的引用关系,可将这 30 篇被引用次数最高的文献分为三个部分,其中,第一部分(13 篇)和第二部分(10 篇)相互关联,第三部分(7 篇)相对独立。下面就引证图谱中的文献及数据来源中与之相关的文献进行二次研读与分析,揭示该研究领域的主要内容。

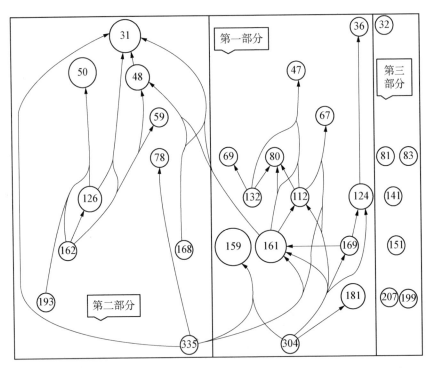

(注:检索到的文献有各自唯一的编号,图中圈内数字即表示文献编号;圈的直径大小表示文献在本数据集的被引次数,被引次数越多圈越大。)

图 7 - 2 论文引证关系图谱

### (一)文化回应教学内涵理解与课堂实践

第一部分包含的文献最多,引证关系错综复杂,影响较大的文献的编号为 161、

159、181、124 和 67,研究内容围绕文化回应教学内涵理解与课堂实践的话题展开，聚焦内涵理解、实施原则、策略及成效等方面。

### 1. 文化回应教学的内涵理解

文化回应教学又称文化相关的教学（Culturally Relevant Teaching），是多元文化教育的产物。对于文化回应教学的实践需建立在对内涵的理解之上。文化回应教学自 20 世纪 70 年代提出至今，其内涵不断丰富与发展，大致经历了如下演化过程。

第一阶段，强调将教学置于更为广阔的社会文化背景中，不仅关注学生学业成绩上的成就，也注重社会与文化方面的成就。雷德森－比林斯（Ladson-Billings G.）[①]率先揭示了文化回应教学的内涵，将其定义为"运用文化相关要素，培养学生的知识技能与态度，使其在知识上、社会上、情感上与政治上增能的一种教学方式"。此外，她进一步阐述了文化回应教学的三个特征：促进少数族裔学生学业成就，帮助巩固发展文化认同，培养学生挑战学校及制度不平等的批判意识。

第二阶段，聚焦学生的学与教师的教，注重把学生的文化特色、先备知识与已有经验内置于教与学的整个过程，实现与学生的深度关联。盖伊（G. Gay）[②]发展了文化回应教学的概念内涵，解释为"所谓文化回应教学是指教学中使用不同种族学生的文化知识、先前经验、知识架构和表现风格，从而使学习对学生而言更具有关联性、更为有效"。她进一步指出了文化回应教学的五个基本特征：一是承认不同民族文化遗产的合法性，它们既是影响学生性格、态度和学习方法的重要因素，也是学校课程中值得教授的内容；二是注重在家庭和学校经历之间、抽象概念和现实社会文化之间架起意义的桥梁；三是使用各种各样的教学策略，与不同的学习风格相联系；四是教学生了解和赞美自己及他人的文化；五是将多元文化的信息、资源和材料整合到学校常规教授的所有科目与技能中。

第三阶段，推广至文化多样性的延续和培育，促进文化的多样性和社会的多元化。帕里斯（D. Paris）在已有研究基础上提出了文化持续性教学（Culturally

---

① LADSON-BILLINGS G. Toward a theory of culturally relevant pedagogy [J]. American Educational Research Journal, 1995, 32(3):465 - 491.

② GAY G. Teaching to and through cultural diversity [J]. Curriculum Inquiry, 2013, 43(1): 48 - 70.

Sustaining Pedagogy)这一概念。雷德森-比林斯①将其称之为文化回应教学的"2.0版本",指出它将文化回应教学的内涵拓展到了文化维持、振兴教育学范畴。站在文化延续与继承的立场,文化回应教学旨在把学生的文化习俗扩展到主流语言、文字和其他文化习俗的过程中珍视和维护其习俗,使语言与文化的多元性得以延续和培育,维持和扩展我们多元社会的丰富性。② 可见,文化回应教学不仅是一种教学方法,更是一种对待学生的态度,是重新定义师生角色的动力、学校改革与改进的工具,同时也是传承与发展文化多样性的理念与方法。③

2. 文化回应教学的实施原则

文化回应教学作为教学变革的理念与方法,走进课堂需确立相应的实施原则。早在 1995 年,雷德森-比林斯④立足文化回应教学的内涵提出了三个实施原则:一是保持对所有学生的高学术标准,同时提供适当的"脚手架";二是以学生的背景知识和能力为基础,将文化知识的传授与家庭、学校相关联;三是培养学生关于权力关系的批判意识。盖伊⑤聚焦课堂教学实践,指出文化回应教学的实施原则:包括发展文化多样性知识库与文化相关的课程,注重文化关怀与建立学习共同体,关注有效的跨文化交流,教学中传递文化一致性。近期,雪莉-布朗(S. Brown-Jeffy)⑥在已有研究的基础上,系统提出了文化回应教学的五个实施原则,并进行了细化,具体包括:一是注重身份与成就(珍视文化遗产,重视学生的身份,肯定学生文化的多样性);二是追求平等与卓越(整合多元文化的课程内容,强调学习机会的平等,对

---

① LADSON-BILLINGS G. Culturally relevant pedagogy 2.0: a. k. a. the remix [J]. Harvard Educational Review, 2014,84(1):74-84.

② PARIS D. Culturally sustaining pedagogy: a needed change in stance, terminology, and practice [J]. Educational Researcher, 2012,41(3):93-97.

③ YANG S L, HSIAO Y J, HSIAO H C. Culturally responsive teaching with new Taiwanese children: interviews with class teachers in elementary schools [J]. Asia Pacific Journal of Education, 2014,34(3):288-304.

④ LADSON-BILLINGS G. But that's just good teaching! the case for culturally relevant pedagogy [J]. Theory Into Practice, 1995,34(3):159-165.

⑤ GAY G. Preparing for culturally responsive teaching [J]. Journal of Teacher Education, 2002, 53(2):106-116.

⑥ BROWN-JEFFY S, COOPER J E. Toward a conceptual framework of culturally relevant pedagogy: an overview of the conceptual and theoretical literature [J]. Teacher Education Quarterly, 2011,38(1):65-84.

学生抱有高的期望);三是强调发展的适切性(关注不同学生的学习风格,重视学生心理需求的文化差异);四是培养"完整的儿童"(在文化背景下发展学生的技能,联结家庭与社区文化);五是建立融洽的师生关系(营造关怀的氛围,建立彼此信任的关系,强调师生间的互动)。不难发现,文化回应教学的实施原则在不断细化与可操作化。

　　3. 文化回应教学的实施策略

　　文化回应教学将学生的少数族裔身份与文化背景视为促进教学的资源,注重将教学置于学生熟悉的文化形式、行为与认知过程中。① 对于文化回应教学的实施策略,盖伊②从宏观层面提出了必备的四项行动。一是态度和信念的重组。文化回应教学需要用更积极的观念取代对少数民族群体"病态""缺陷"的刻板印象,主张努力识别、尊重并利用这些差异,将其作为教学的资源。二是抵抗阻力。当前的标准运动强调对所有学生学业成绩采取相同的衡量标准,由此引发的要求和挑战对文化回应教学产生了阻力,教师需要克服阻力增强实施文化回应教学的能力和信心。三是以文化与差异为中心。教师需了解文化和差异为何是文化回应教学的基本意识形态。四是建立教学联系。文化回应教学在理念和实践上强调地方性和情境特异性,需根据其所处环境的社会文化特征和所针对的人群进行教学设计。具体到微观层面,杨(S. L. Yang)围绕教学基本要素提出了文化回应教学的实施策略。③ 在教学内容方面,利用学生的文化知识;在课堂管理方面,整合学生的文化取向,设计文化适切的课堂环境;在评价方面,使用各种评估技术,展示学生所学知识,并以公正的方式评估学生的学习风格、背景和种族;在文化赋权方面,为学生提供主流文化中发挥作用的知识与技能,同时帮助保持他们的文化身份。值得注意的是,无论宏观还是微观层面,实施文化回应教学都要避免四种"简单化"的处理方式:文化歌颂、文化弱化、文化凸显和文化替代。

---

① RUEDA R, STILLMAN J. The 21st century teacher: a cultural perspective [J]. Journal of Teacher Education, 2012,63(4):245 - 253.

② GAY G. Teaching to and through cultural diversity [J]. Curriculum Inquiry, 2013,43(1):48 - 70.

③ YANG S L, HSIAO Y J, HSIAO H C. Culturally responsive teaching with new Taiwanese children: interviews with class teachers in elementary schools [J]. Asia Pacific Journal of Education, 2014,34(3):288 - 304.

4. 文化回应教学的实施成效

文化回应教学作为新的教学理念与方法,实施成效是理论与实践界关注的重要问题。霍华德(T. Howard)[1]为提升非裔美国学生的学业成绩,将文化回应教学作为干预手段进行了为期三年的教学实验,发现学生的学业成绩、毕业率与大学升学率均得到提升。萨维奇(C. Savage)[2]对实施文化回应教学的23所土著(毛利人)中学进行调查也发现了类似的积极影响,土著学生热情地描述了对教师实施文化回应教学的喜爱以及学习参与性的提升,并表达喜欢老师们承认他们是毛利人学习者的身份。此外,迪伊(T. S. Dee)[3]对文化回应教学的实施效果进行纵向定量研究,同样得到了对少数民族和边缘学生群体的学业成绩产生积极影响的结果。近期,阿伦森(B. Aronson)[4]指出,文化回应教学对学生的情感领域也产生了积极影响,包括增加对学习内容的兴趣,提高参与讨论的积极性,提升自我效能感,增强参加标准化考试的自信心等,关注对学生情感等非认知因素的影响是未来研究的重点。

(二) 文化回应教学与教师教育

第二部分所包含的文献也相对较多,引证关系也较为复杂,影响较大的文献为31、50、48和126,研究内容围绕文化回应教学与教师教育的话题展开,聚焦教师文化回应教学能力培养与效能感的测评。

1. 教师文化回应教学能力培养的理论探讨

20世纪90年代,文化回应教学在教师教育中被关注。在文化及语言多样化的课堂,教师应具备哪些知识与技能才能实施文化回应教学,成为教师教育研究领域关注的重要内容。霍华德强调发展教师文化回应教学能力的第一步是培养教师的

---

① HOWARD T, TERRY C L. Culturally responsive pedagogy for African American students: promising programs and practices for enhanced academic performance [J]. Teaching Education, 2011,22(4):345 - 362.

② SAVAGE C, HINDLE R, MEYER L H, et al. Culturally responsive pedagogies in the classroom: indigenous student experiences across the curriculum [J]. Asia-Pacific Journal of Teacher Education, 2011,39(3):183 - 198.

③ DEE T S, PENNER E K. The causal effects of cultural relevance: evidence from an ethnic studies curriculum [J]. American Educational Research Journal, 2017,54(1):127 - 166.

④ ARONSON B, LAUGHTER J. The theory and practice of culturally relevant education a synthesis of research across content areas [J]. Review of Educational Research, 2016,86(1): 163 - 206.

批判反思意识。① 教师的反思不仅是从技术上反思怎样把一节课教得更完美,更重要的是文化反思,包括教师对自身文化偏见、学校中的"文化霸权"、课程内容和教材中的文化偏见进行批判和思考,对于已经习惯了的"银行存储式""文化盲点式"教育进行反思和批判。沃伦②指出培养教师的文化回应教学能力,应包括相应的知识、技能与态度。维莱加斯(A. Villegas)③系统地提出了教师文化回应教学能力培养需着重关注的六个方面:一是社会文化意识,认识到有多种感知现实的方式,这些方式受到个人在社会秩序中位置的影响。二是肯定来自不同背景学生的观点,看到学生已有的文化资源,而不是将差异视为需要克服的问题。三是认为自己既有责任也有能力带来教育变革,使学校对所有学生更加负责。四是了解学习者如何构建知识,并能够促进学习者的知识构建。五是了解学生的生活背景。六是利用学生关于生活的知识设计教学。文化回应教学对教师的跨文化教学能力、多元文化意识、学科教学知识与能力都提出了更高的要求,对于教师文化回应教学能力的培养是一个系统工程。

2. 教师文化回应教学效能感的现状测评

文化回应教学效能感是决定教师能否实施文化回应教学的关键因素。西瓦图(K. O. Siwatu)④是最早研究该领域的学者,他在自我效能感量表的基础上,建构了文化回应教学效能感量表。该量表由 40 个项目组成,包括课程和教学、课堂管理、学生评价、文化赋权等四个维度。西瓦图对中西部地区职前教师进行抽样调查,并对其中效能感得分较高的项目进行分析,发现教师关注让学生感受自己是教室中有价值的一员,注重和学生建立一种信任感并形成积极的师生关系。2011年,西瓦图推进了相关研究:一是在原有量表的基础上做了修订,由原来的 40 个测试项目调整为 31 个,对城市和郊区职前教师文化回应教学效能感进行调查,发

① HOWDARD T C. Culturally relevant pedagogy: ingredients for critical teacher reflection [J]. Theory into Practice, 2003,42(3):195 - 202.
② WARREN C A. Empathy, teacher dispositions, and preparation for culturally responsive pedagogy [J]. Journal of Teacher Education, 2018,69(4):169 - 183.
③ VILLEGAS A, LUCAS T. Preparing culturally responsive teachers: rethinking the curriculum [J]. Journal of Teacher Education, 2002,53(1):20 - 32.
④ SIWATU K O. Preservice teachers' culturally responsive teaching Self-Efficacy and outcome expectancy beliefs [J]. Teaching and Teacher Education, 2007,23(7):1086 - 1101.

现城市职前教师低于郊区;①二是在调查职前教师文化回应教学效能感的基础上,通过个案访谈确定职前教师在教师教育项目中获得的经验对于效能感发展与形成的影响,进而确定了文化回应教学效能感形成的经验类型。② 近期,克鲁兹(R. A. Cruz)在测量教师文化回应教学效能感的同时,进一步揭示了社会人口变量、教师背景特征以及所在学校类型对教师文化回应教学效能感的影响。③

3. 教师文化回应教学能力培养的干预实践

将文化回应教学的元素整合到教师教育中,有助于增强教师参与文化多元化课堂的信心,提升教师的文化回应教学能力。④ 探讨如何借助专业发展项目,借助怎样的专业发展项目提高教师的文化回应教学能力是研究的重要内容。菲利特(P. G. Fitchett)⑤设计了文化回应教学的"3R(Review-Reflect-React)回顾-反思-反应"课程模型,以提升教师候选人的文化回应教学效能感。其中,回顾阶段,审查现有课程,提出哪些人在课程中被代表、哪些人被边缘化以及以何种身份被边缘化等问题;反思阶段,调查教师所在班级教学现状,了解班级文化,就如何调动学生的积极性做实地记录;反应阶段,制定文化相关的课程计划,并进行具体教学实践。结果表明,"3R课程模型"使教师实施文化回应教学的能力明显提升,信心也显著增强。再者,有研究者为发展职前教师文化回应教学能力设计了具体的专业发展项目,包括三门理论课程与一门实践课程。⑥ 其中,三门理论课程为多元文化教育、课

① SIWATU K O. Preservice teachers' sense of preparedness and self-efficacy to teach in America's urban and suburban schools: does context matter? [J]. Teaching and Teacher Education, 2011, 27(2):345 – 365.

② SIWATU K O. Preservice teachers' culturally responsive teaching self-efficacy forming experiences: a mixed methods study [J]. The Journal of Educational Research, 2011, 104(5): 360 – 369.

③ CRUZ R A, Manchanda S, Firestone A R. An examination of teachers' culturally responsive teaching self-efficacy [J]. Teacher Education and Special Education, 2019, 12(1):1 – 18.

④ WIGGINS R A, Follo E J, Eberly M B. The impact of a field immersion program on preservice teachers' attitudes toward teaching in culturally diverse classrooms [J]. Teaching and Teacher Education, 2007, 23(5):653 – 663.

⑤ FITCHETT P G, Starker T V, Salyers B. Examining culturally responsive teaching self-efficacy in a preservice social studies education course [J]. Urban Education, 2012, 47(3):585 – 611.

⑥ PEI-I C, MENG-HUEY S, YA-TING W. Transforming teacher preparation for culturally responsive teaching in Taiwan [J]. Teaching and Teacher Education, 2018, 75(6):116 – 127.

程的开发与设计以及信息技术的使用；实践课程主要是帮助教师在真实环境中理解与应用理论课程中的原理及策略。研究发现，参与专业发展项目的职前教师增加了教授不同文化背景学生的内在动机，提升了文化回应教学能力。

（三）其他研究

第三部分的 7 篇文章彼此之间以及与其他部分都没有互相引用的关系，相对独立，影响较大的文献分别为 199、207 和 83，内容聚焦于文化回应教学的测评与挑战。

1. 文化回应教学实践测评及指导工具的开发

文化回应教学被证实是缩小文化及语言多样化地区学生学业差距的有效手段，为教师提供有效的测评及实践指导工具，促进教师更好地实施文化回应教学尤为重要。海伦（J. Helen）[1]通过对学生、教师、学校管理者及社区成员进行访谈，设计了一套文化回应教学的测评工具，包括关怀伦理、教学专业知识、识字教学、行为支持、明确性、自我管理支持与土著文化价值等 7 个维度。教师可通过该工具用于评估与改善课堂教学实践，以更好实现文化回应教学。格里纳（A. C. Griner）[2]在已有研究的基础上，开发了一套文化回应教学实践指导工具，为教师的课堂教学实践提供反思与指导。该指导工具的开发涵盖了学校各层次人员的观点与建议，聚焦教师在课堂中对文化回应教学的关注阶段与使用水平，以及教师在课堂中实施文化回应教学的感知有用性、易用性、态度和使用意图。需要注意的是，该指导工具不是一份关于文化回应教学怎么做的详细清单，而是帮助教师反思实践的指导工具，鼓励教师立足本土文化进行创造性实践。

2. 文化回应教学在实践中面临的挑战与困境

尽管文化回应教学理念被广泛地理解与接受，但实践过程中仍面临诸多挑战与困境。从教师个体内在因素上看，发展文化能力对教师的认知和情感都构成了挑战，[3]

---

[1] BOON H J, LEWTHWAITE B. Development of an instrument to measure a facet of quality teaching: culturally responsive pedagogy [J]. International Journal of Educational Research, 2015,72(72):38 - 58.

[2] GRINER A C, STEWART M L. Addressing the achievement gap and disproportionality through the use of culturally responsive teaching practices [J]. Urban Education, 2013,48(4):585 - 621.

[3] BUEHLER J, GERE A R, DALLAVIS C, et al. Normalizing the fraughtness: how emotion, race, and school context complicate cultural competence [J]. Journal of Teacher Education, 2009,60(4):408 - 418.

教师的文化偏见和种族意识的缺失也阻碍了文化回应教学的实施。<sup>①</sup> 从外部环境支持上看,教师难以在班级规模大、支持不足和强调标准化测试的情况下实施文化回应教学。<sup>②</sup> 正如内里(R. Neri)<sup>③</sup>所言,实施文化回应教学面临的挑战是一个多层次的系统问题,包括三个层面:一是个体层面,教师对文化回应教学有效性的理解和认识有限,缺乏实施文化回应教学的相关知识;二是组织层面,教师实施文化回应教学的意愿和能力通常因任务、职责的冲突,缺乏资源以及同事和领导的支持而被削弱;三是制度层面,大多数学校、地区和政府组织还不知为何及如何提供支持的环境。 对于如何更好地促进文化回应教学的实施,仍然还有很长的路要走。

## 三、文化回应教学国际研究趋势展望

文化回应教学国际研究取得了丰硕的成果,研究内容不断细化、深化与多元化,未来还需要在几个方面进一步推进。

### (一)加强文化回应教学的理论基础研究

文化回应教学研究的内容已扩展到内涵发展、实施原则、策略、成效及困境、教师文化回应教学能力培养及效能感测评等多个方面,研究主题与方法丰富、多元。但关于文化回应教学理论组成部分的深入讨论却被忽略,而这恰恰是进一步发展文化回应教学研究的基础与关键。<sup>④</sup> 理论基础是学术研究的根基,缺乏理论基础将成为无本之木、无源之水,不仅影响着教师对文化回应教学的深入理解,也从根本上制约着文化回应教学研究的长远发展。 目前,学术界试图从社会文化理论、批判

① YOUNG E. Challenges to conceptualizing and actualizing culturally relevant pedagogy: how viable is the theory in classroom practice? [J]. Journal of Teacher Education, 2010,61(3):248 - 260.

② MORRISON K A, ROBBINS H H, Rose D G. Operationalizing culturally relevant pedagogy: a synthesis of classroom-based research [J]. Equity and Excellence in Education, 2008,41(4): 433 - 452.

③ NERI R, LOZANO M, GOMEZ L M, et al. Framing resistance to culturally relevant education as a multilevel learning problem [J]. Review of Research in Education, 2019,43(1):197 - 226.

④ SHEVALIER R, MCKENZIE B A. Culturally responsive teaching as an ethics-and care-Based approach to urban education [J]. Urban Education, 2012,47(6):1086 - 1105.

教育学理论、脑神经科学理论以及关怀理论等多个方面阐释文化回应教学的理论基础,但尚未形成共识。可见,未来对文化回应教学的理论基础进行深入而系统的研究十分必要。

### (二)重视本土建构与国际视野的互动研究

文化回应教学源于美国。该领域的发文数量、本数据库总被引次数,美国都远远领先其他国家或地区,其他国家或地区的发文与被引次数都偏少。一方面,其他各国或地区需要加强对于文化回应教学的本土化研究。我国拥有 56 个民族,有着多元的民族文化,伴随着全球化、城镇化的发展,社会愈发多元,加强文化回应教学研究,满足不同家庭背景、民族、社会阶层、语言能力学生的学习需求十分必要。需要注意的是,进行文化回应教学研究须扎根于本土文化背景,因为简单的搬迁与移植容易造成水土不服。正如雷德森-比林斯所强调的,虽然大家希望提供文化回应教学的"最佳实践"范例,但文化回应教学的本质使这种要求几乎不可能,也不可取。另一方面,在本土建构的同时,需具备国际视野,重视国际交流。这既利于拓宽研究视野,又能促进各国的本土化建构,推进学术研究的共同繁荣。

### (三)增强基于证据的文化回应教学实施效果研究

基于证据的教育研究已经成为国际教育研究的重要范式。文化回应教学被视为提升文化及语言多样化地区学生学业成就的有效手段,已有研究越来越注重基于证据揭示文化回应教学对于学生学习的影响。但现有研究集中于揭示文化回应教学对学生学业成就的积极影响,基于证据的纵向研究仍然不足。此外,部分研究者开始探讨文化回应教学对于学生非认知因素的影响,如学生的学习兴趣、自信心及自我效能感等,但基于证据的实证研究十分缺乏。故此,未来应进一步加强基于证据的纵向研究,揭示文化回应教学对学生学业成就影响,同时重点关注文化回应教学对学生学习兴趣、自信心及自我效能感等非认知因素的影响。

### (四)推进教师文化回应教学能力培养的追踪研究

教师文化回应教学能力培养是国际教师教育研究关注的热点,已有研究由理论探讨转向了干预实践。其中,多数进行的是干预或准实验研究,但很多研究止步于测量教师在参与专业发展项目后文化回应教学观念、动机及自我效能感等方面的变化。很少有研究者追踪至实际课堂,针对历经专业发展项目的教师在课堂中是否实施了文化回应教学,哪些方面做得好,哪些方面容易出现问题等进行更为深入的研究。教师文化回应教学能力的培养是一个持续的、长期的过程,需要完善的支持系统。对参与专业发展项目的教师开展长期的追踪调查研究,避免"水过地皮干",让教师真正获得文化回应教学能力,并且能够在具体课堂实践中落实于行、内化于心仍值得进一步探索。

# 第二节　文化回应数学教学的内涵与进展

　　随着数学文化,尤其是民族数学、多元文化数学研究的逐渐深入,国际数学课程与教学改革中越来越多地体现了多元文化的理念。① 作为多元文化教育产物的文化回应教学在数学教育中也备受关注。文化回应数学教学被正式提出,并成为国外提升文化及语言多样化地区学生数学学习成就,促进教育公平的重要理念与方法。党的十九大报告指出:"努力让每个孩子都能享受公平而有质量的教育,着力解决好发展不平衡不充分问题。"其中,提高文化及语言多样化地区的教育质量,尤其是推进少数民族地区数学教育加速发展,是实现公平而有质量的教育目标的关键。当前,我国民族地区存在文化回应教学理念的缺失、文化回应教学内容的片面性、教师缺乏文化回应教学的综合能力、学生的学习效率偏低等问题。② 鉴于此,这里旨在全面分析国外文化回应数学教学的研究图景,以期为深化我国少数民族地区数学教育改革提供启示与借鉴。③

## 一、文化回应数学教学的内涵

　　文化回应教学对于传统教学理念与方式的变革,引起了学科教育研究者的关注。在 20 世纪 90 年代中期,有研究者就试图将文化回应教学的理念与方法运用于

---

① 唐恒钧,张维忠. 国外数学课程中的多元文化观点及其启示[J]. 课程·教材·教法,2014,34(4):122-125.

② 王明娣,翟倩. 我国民族地区文化回应教学的结构模型与实践路径[J]. 民族教育研究,2022,33(1):124-130.

③ 丁福军,张维忠. 国外文化回应数学教学研究评述及启示[J]. 民族教育研究,2021,32(1):38-45.

数学教育中。譬如,威廉·泰特(William Tate)①在1995年的一篇开创性文章中,就指出了教师在文化回应教学和数学学科教学之间架起桥梁的必要性。他揭示了植根于非裔美国人文化传统中对数学推理细致入微的应用以及算法的创建,并通过教师的实践对比了文化回应数学教学与传统数学教学的异同。埃里克·古斯坦(Eric Gutstein)等②在1997年正式提出文化回应数学教学,并在墨西哥裔美国人社区的中小学进行了具体的实践。此后,文化回应数学教学得到了越来越多研究者的青睐,成为国外数学教育界备受关注的热点话题之一。

文化回应数学教学作为文化回应教学理念在数学学科中的应用,是指在了解学生文化背景、已有经验和掌握学生的学习与认知风格的基础上,将数学知识所承载的文化背景、文化差异、文化思维方式乃至独特的文化价值观纳入数学教学过程,从而赋予数学教学以文化情境和文化意义,增强学生在数学学习过程中的文化适应性和文化理解力的教学理念。具体而言,文化回应的数学教学包括对数学的文化属性以及学生的文化特质进行回应,主张将数学知识的文化属性与学生自身既有文化经验、所处的文化背景进行联结,在利用文化资源的同时,顺应学生的文化心理,实现数学学习的文化参与,以此来促进学生的数学学习,具体如图7-3所示。

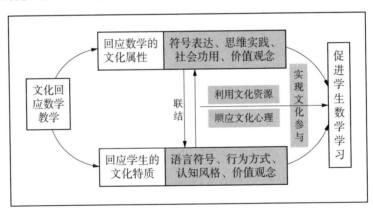

图7-3 文化回应数学教学的内涵

① WILLIAM F T. Returning to the root: a culturally relevant approach to mathematics pedagogy [J]. Theory into Practice, 1995, 34(3):166-173.
② GUTSTEIN E, LIPMAN P, HERNANDEZ P, et al. Culturally relevant mathematics teaching in a Mexican American context [J]. Journal for Research in Mathematics Education, 1997, 28(6):709-737.

文化回应数学教学不仅是一种方法，也是一种理念，可以从以下两个方面来理解文化回应数学教学的内涵。

### （一）强调对数学学习者文化多样性的回应

数学教育研究不仅要解决教与学的问题，同时也要理解广泛的社会文化背景是如何影响学生的数学学习机会的。文化回应数学教学是一种基于学生文化、语言和生活传统的教学理念与方法，视学生的文化背景与已有经验为教学的核心要素，强调对学习者文化多样性的回应。一方面，肯定文化在数学教学中的潜在作用。社会文化理论家倾向于从一开始就假设认知过程被社会和文化所"包裹"，学习既是一种自我组织的过程，也是一种文化适应的过程，这种适应是在参与文化实践和与他人互动时发生的。① 文化为数学学习者提供了一系列的工具，这些工具通过内化过程成为个体心理表征的一部分，思维的工具越复杂，使用特定工具的知识就越有可能被嵌入文化实践中，从而促进对数学的理解与掌握。② 另一方面，注重将学习者的社会文化背景转化为学习资源。人类的发展是一个文化过程，文化为学生提供了一种自然的方法来获得数学概念理解的框架，每个学生的文化背景、世界观都是独特经验，这些经验可以纳入课堂帮助学生学习数学。文化回应数学教学注重了解学生的文化、世界观、经历、信仰、传统和家庭关系，让学生与数学内容建立"个人联系"的同时，把学生的背景知识和先验知识，作为建立数学内容的基础。③

同时，教学绝不可能是文化无涉的知识传递行为，教学中的学生本身是不同文化样态的负载者，学生既有的文化样态特质会对其学习生活产生至关重要的影响。④ 在不同的文化体系中生活，个体也因此会获得不同的心理能力。不同文化背景学生的学习风格与特征是有差别的，具体表现在语言符号、行为方式、认知风格

---

① COBB P. Where Is the mind? Constructivist and sociocultural perspectives on mathematical development [J]. Educational Researcher, 1994,23(7):13-20.

② STIGLER J W, BARANES R. Culture and mathematics learning [J]. Review of Research in Education, 1988,15(4):253-306.

③ HARDING-DEKAM J L. Defining culturally responsive teaching: the case of mathematics [J]. Cogent Education, 2014,1(1):2-18.

④ 程良宏,刘利平. 课堂教学中学生的文化身份差异及其体认[J]. 南京师大学报(社会科学版), 2019(2):62-71.

与价值观念等方面。由此,回应学生的文化特质意味着以下四点。一是回应学生的语言符号,将不同文化背景学生所携带的语言符号资源更加有效地转化到数学教学中去,从而实现学生所携带的文化与知识所承载的文化相遇和互动。① 二是回应学生的学习行为方式,重视学生行为背后所呈现的文化意涵,以及母文化在学生数学学习过程中的作用,提倡教学须以学生的文化脉络为基础。三是回应学生的认知风格,深入了解与把握不同文化群体学生的数学学习与认知风格,理解影响学生的文化、社会、政治和经济背景,以及它们与数学教学的关系,并在此基础上选择与学生文化学习与认知风格相适应的教学方式。四是回应学生的价值观念,规避学生在数学学习过程中所存在的价值观念冲突,将课堂教学价值观念与学生的价值观念相结合,以促进学生的数学参与。

### (二)重视对数学本身文化多样性的回应

数学作为一种文化,有着十分丰富的样态与表征。正如毕晓普所言,数学作为一种泛人类现象,每个文化群体都有自己的语言、宗教信仰等,每个文化群体也都有能力产生自己的数学。不同的文化群体有着不同的数学文化实践,数学作为文化实践的产物,其包含了多种多样的实践样态。数学在每一种文化中都有不同的使用方式、不同的解释方式、不同的交流方式以及不同的发展方式,只要比较一下不同文化之间的数学形式(如货币体系、符号、算术等),就能清晰地看到其存在及表征方式的多样性,就像其他学科一样,数学有着丰富而激动人心的历史,涉及来自世界各地的不同群体。文化回应数学教学肯定不同文化群体的数学贡献,重视对数学本身文化多样性的回应。因此,回应数学的文化属性意味着以下四点。一是回应数学的符号表征,引导学生理解不同文化传统所孕育出的符号表达,将数学放到与其他文化的关系中思考其产生的过程,并找出不同符号表征下数学本质间的内在关联,为学生联结起多个理解数学知识与数学思想方法的通道。二是回应数学的思维实践,引导学生关注不同文化传统下数学知识蕴涵的丰富思维实践过程与多样化的样态,让学生能基于多个视角感知与理解数学的基本思想,实现对数学的深度体认。三是回应数学的社会功用,引导学生真正能用数学的眼光审视与

---

① 靳伟,裴淼,董秋瑾. 文化回应教学法:内涵、价值及应用[J]. 民族教育研究,2020,31(3):104 - 111.

分析现实生活中的问题,并尝试进行改变与行动,鼓励每一位学生成为现实情境问题解决的贡献者,而不再只是一个旁观者。四是回应数学的价值观念,理解不同文化背景对于数学价值观念中数学价值重视程度的差异,进行数学教育背后的价值教育。

可见,文化回应数学教学将数学视为一种"文化产品",是各种文化活动实践的结果,教学的核心任务需要识别不同文化实践活动中所嵌入的数学形态(如不同民族文化中的数学、校外活动中的数学及社会生活中的数学等),在彼此间寻找联结点,以帮助学生建立联系和寻找意义基础,加深学生对数学的理解与运用。正如有研究者所强调的,文化回应数学教学已被概念化为基于"民族数学"的教学,考虑和整合数学产生的文化背景或不同文化如何进行"分类、排序、计数、测量或数学化"的研究。①

## 二、文化回应数学教学的基本特征

文化回应数学教学肯定文化在学生数学学习中的重要价值,创造了一种能够更深层次地与所有学生的经验建立连接的学习环境,帮助学生在数学学习的过程中建构属于个体的真实意义空间,以获得对于数学知识的理解与建构。具体而言,文化回应的数学教学有如下三方面的基本特征。

### (一)主张让学生在文化关联的情境任务中实现数学学习参与

没有文化无涉的学习,所有学习者都是在文化决定的境脉中以文化决定的方式学习和成长,学生的数学学习亦是如此。文化为学生提供了一种自然的方法来获得数学概念理解的框架,每个学生的文化背景、世界观都是独特经验,这些经验可以纳入课堂帮助学生学习数学。将数学学习与学生的已有经验和文化实践相联系,避免学生对于数学的学习进入强人所难的先验逻辑形式,主张让学生在文化关联的情境中实现学习参与是文化回应的数学教学的第一个基本特征。通常意义上,文化回应数学教学注重为学生提供文化关联的情境任务,在挖掘数学知识负载

---

① UKPOKODU O N. How do I teach mathematics in a culturally responsive way?: identifying empowering teaching practices [J]. Multicultural Education, 2011, 19(3):47-56.

的文化特质及其育人功能的基础上，主张将学生的数学学习与学生自身既有的文化经验联系起来，以降低学生参与数学学习的门槛，提升学生参与数学学习的积极性。其一，注重从文化的视角去理解数学的发生与发展，挖掘其中的数学文化元素及思想。在教学实践中主张教师能够以"局内人"的视角，深入分析不同文化传统和日常活动中的数学元素与数学活动、使用数学知识的方式，以及文化实践活动中所蕴涵的数学基本思想，以提升数学课堂的文化吸引力，消除学生在数学学习过程中的疏离感。例如，在课堂教学实践中，可以从我国优秀传统数学文化、学生世界的日常文化活动，以及现实生活中的真实性问题等方面挖掘数学文化元素与数学基本思想。其二，把握学生数学学习的文化特性，将学生的数学学习置于他们自身的历史与文化传统之中，让学生的学习过程成为一种在文化脉络支持下的数学意义的建构与创生过程。① 教师需要清晰地认识到学生作为独特的个体背后又都有着家庭和同伴的"文化影子"，每位学生在成长过程中都发展了一组独特的数学知识和数学认知资源，这些知识和认知资源是由学生所处的文化、社会、认知和物理环境相互作用并塑造的。同时，在教学实践中主张教师能从民族、习俗、语言、生活背景甚至包括家长在内的重要他人等角度对学生学习的文化基础进行深入剖析，寻求与理解不同文化背景学生在数学学习中的文化传统，并探索这些传统对于学生数学学习的积极之处，实现对学生数学学习文化特性的把握，设计促进学生数学参与的任务情境。

**（二）重视让学生在文化适切的课堂组织中进行数学知识建构**

学生数学认知发展的过程是文化可塑的，日常文化实践组织和塑造学生数学思考、记忆及数学问题解决的方式。本质上，学生的社会和文化生活与他们理解数学能力的发展相互交织，学生数学认知能力的发展与形成是在个人参与日常文化实践的过程中自然形成的。在教学实践中考察与捕捉不同文化背景学生理解数学意义的多种方式，让学生在文化适切的课堂组织中进行数学知识建构是文化回应数学教学的第二个基本特征。一般意义上，文化回应数学强调让学生在文化适切的课堂组织中进行数学知识建构，旨在回应不同文化背景学生的学习参与偏

---

① 唐恒钧，李婉玥.指向核心素养的小学数学文化主题活动及设计要点[J].浙江师范大学学报（自然科学版），2021，44（4）：475－480.

好，以符合文化的方式进行课堂组织，让学生能够在他们的社会和文化世界中认识和重视数学，并获得有意义的数学。具体包括，一方面，注重为学生提供多样化的课堂参与结构，让学生获得数学知识建构的多元化通道。不同的课堂参与结构能够打开学生适应数学课堂、参与数学学习及进行数学知识建构的更多可能性。在具体教学实践中鼓励教师为学生提供独立思考、同桌交流、小组合作讨论、合作问题解决、全班集体讨论等多种参与结构，同时引导学生使用多种表达模式（口头和书面）和符号系统（表格、图形与实物等），进行解释、分享与论证自身的数学想法，以充分获得数学知识建构的机会。另一方面，强调提供充分表达与交流的话语空间，营造贴近学生文化背景的话语互动结构以及进行数学知识建构的话语互动氛围。社会文化理论视域下，数学学习被视为一种涉及共同体的话语实践活动，丰富的话语实践是学生进行数学知识建构，获得数学概念理解的基础。在具体教学实践中强调教师必须赋予所有学生权利，重视学生在学习中的数学贡献，包括那些不成熟的数学观点或数学迷思，让所有学生都能积极进入高水平的数学交流与实践。例如，在进行有理数的加法教学时，可以组织开展贴近学生日常生活的"摆棋子"游戏，其中白色棋子代表负数、黑色棋子代表正数，让学生在小组合作探究中通过动手操作、用语言描述、列出相应的数学算式、小组汇报等，充分经历由现实表征到符号表征，再到符号化的过程，实现有理数加法算法与算理的水乳交融。

### （三）关切让学生在文化体验的探究过程中获得数学深度理解

数学是在文化环境中诞生和培养出来的，没有文化背景所提供的视角，就不可能深入地理解与把握当今数学的内容和状态。正如怀尔德[①]所言，"只有承认数学的文化基础，才能真正理解数学的本质"。缺乏文化浸润的数学知识，似乎"与人类生活环境毫不相干，则可能使数学变得艰涩，难以接近"。[②] 将数学内容赋予文化的意义，让学生不满足于简单记忆与存储几个公式、几条定理，注重让学生在文化体验的探究过程中获得数学深度理解是文化回应数学教学的第三个基本特征。数学知识具有文化属性与文化依存性，它不仅是一种文化符号，而且是文化的重

---

① 刘鹏飞，徐乃楠，王涛. 怀尔德的数学文化研究[M]. 北京：清华大学出版社，2021.
② 洪万生. 从李约瑟出发：数学史、科学史文集[M]. 台北：九章算术，1990.

要载体,承载着特定的文化意义和文化精神。让学生在文化体验的探究过程中获得数学深度理解,即是让学生感受到数学学习是一场体验性的文化之旅,潜移默化地接受数学文化意义的熏陶,并在此过程中实现对数学的文化性理解。通常意义上而言,学生在学习过程中对于数学的理解是存在发展层级的,随着学习经验的不断更新与发展,对于数学知识的理解会更加精准与深入,会相继经历经验性理解、形式化理解、结构化理解以及文化性理解等四个发展阶段。① 文化回应数学教学主张教师尽量避免数学知识的教科书化,而是需要让学生在数学文化脉络上进行学习与探究,体会数学语言文字符号背后的深刻文化内涵,让学生在文化体验的探究过程中实现文化与思维的深度融合,以获得对于数学的文化性理解。如在进行二项式定理教学时,教师不能仅停留于让学生记住二项式的展开公式,应该通过让学生了解《九章算术》中的"开方问题""蒙特摩尔的筹码问题"和"牛顿广义二项式定理",引导学生在体验二项式定理发生与发展的文化脉络中获得对于二项式定理的深度理解。值得注意的是,在文化体验的研究过程中引导学生切身体会数学知识背后火热的思考、数学知识形成与发展的文化脉络,以及数学与社会发展的内在关联,实现学生对于数学的文化性理解,形成数学文化品格尤为关键。

## 三、文化回应数学教学的研究进展

从 20 世纪 90 年代至今,文化回应数学教学研究取得了丰硕的成果。总体而言,其研究的主要内容与方法聚焦于如下几个方面。

### (一)细化了文化回应数学教学的具体维度

围绕文化回应数学教学的内涵细化具体维度,是指导教师进行教学实践的重要前提。早在 1997 年,埃里克·古斯坦等②在墨西哥裔美国社区中小学进行了文化回应数学教学实践,他在文化回应教学基本维度的基础上,结合数学学科教学的

---

① 吕林海. 数学理解性学习与教学[M]. 北京:教育科学出版社. 2013.
② GUTSTEIN E, LIPMAN P, HERNANDEZ P, et al. Culturally relevant mathematics teaching in a Mexican American context [J]. Journal for Research in Mathematics Education, 1997, 28 (6):709-737.

特性确定了文化回应数学教学的三个具体维度：一是培养批判数学思维和批判意识，二是以学生的非正式数学知识和文化知识为基础，三是以学生的文化和经验为导向。无独有偶，劳里·鲁贝尔(Laurie Rubel)[①]为提升美国低收入城市有色社区学生的数学学习成就，也基于此确定了文化回应数学教学的三个具体维度：为数学理解而教，以学生经验为中心，利用数学发展学生的批判意识。塞西莉亚·赫尔南德斯(Cecilia Hernandez)[②]则根据多元文化教育的基本维度，再结合教师的教学实践确定了文化回应数学教学的五个具体维度：内容整合、促进知识的建构、消除偏见、社会公正及学术发展。此外，茱莉亚·阿吉雷(Julia Aguirre)[③]基于教师教学实践的视角，将文化回应教学与数学教师的学科教学知识进行整合，确定了文化回应数学教学的四个具体维度：数学思维、语言、文化与社会公正。近期，纳希德·阿卜杜拉希(Naheed Abdulrahim)等[④]在一项回顾性研究中调查了1993年至2018年间中小学进行文化回应数学教学实践的35项研究，发现文化回应数学教学主要聚焦文化认同、教学参与、高的学习期望、批判性思维、教学反思、社会公正、合作等七个具体维度。综合来看，国外围绕文化回应数学教学具体维度的研究呈现如下特点：其一，对于文化回应数学教学具体维度的细化，集中以文化回应教学的维度为"蓝本"，再结合数学学科教学的属性，凸显文化回应教学理念的同时也满足了数学教学的特征；其二，文化回应数学教学的具体维度逐渐丰富，指标也逐渐细化，并且更加注重在教学实践层面的可操作化；其三，不同国家研究者对文化回应数学教学维度的细化存有一定的差异。

## （二）提出了文化回应数学教学的实施策略

任何教学的理念与方法最终都需要落实到课堂实践层面。文化回应数学教学如何在课堂层面实施，有哪些具体的策略等问题是研究者关注的重点。对文化回

---

① RUBEL L H, CHU H. Reinscribing urban: teaching high school mathematics in low income, urban communities of color [J]. Journal of Mathematics Teacher Education, 2012, 15(1): 39 – 52.

② HERNANDEZ C M, SHROYER M G. The development of a model of culturally responsive science and mathematics teaching [J]. Cultural Studies of Science Education, 2013, 8(4): 803 – 820.

③ AGUIRRE J M, MARIA D R Z. Making culturally responsive mathematics teaching explicit: a lesson analysis tool [J]. Pedagogies An International Journal, 2013, 8(2): 163 – 190.

④ ABDULRAHIM N A, OROSCO M J. Culturally responsive mathematics teaching: a research synthesis [J]. Urban Review, 2020, 52(1): 1 – 25.

应数学教学实施策略的研究,大体可归纳为两个层面。就宏观层面而言,集中探讨了实施文化回应数学教学需重新认识与理解数学、学生、师生关系以及数学教育的目的等。如有研究者指出,教师实施文化回应数学教学的策略包括以下三个方面:一是了解和关心学生。每个学生在进入课堂之前就已具备丰富的文化知识和生活经验,因此教师应该了解、理解并且尊重学生的文化差异,将教学与学生的文化和生活经验相结合,使得学生领悟数学的价值和尊重那些异于自己的文化。二是相信学生的学习能力并且对学生保持较高的数学期望。三是将民族数学视为数学教学的脚手架,通过情境化帮助学生开展积极主动的探索,构建自己所领悟、理解的数学知识。① 罗宾·艾弗里尔等②也进一步强调,实施文化回应数学教学的有效策略涵盖:深刻的数学理解,有效、和谐的课堂关系,文化知识,灵活运用方法和实施变革,多个学习入口与不具威胁性的数学学习环境,社区的参与,跨文化教学。具体到微观层面,主要关注实施文化回应数学教学需创设怎样的学习环境,以及如何设置相应的数学任务。例如,马克·埃利斯(Mark Ellis)③基于数学学习环境创设的视角,提出了实施文化回应数学教学为学生所创设的学习环境需包括以下四个核心要素:一是支持深度学习,确保学生对数学具有连贯且一致的理解;二是关注参与和身份认同,重视学生的经历、交流实践和社区成员;三是权力共享,在课堂上建立包容、协作的规范与惯例;四是注重数学应用,鼓励学生用数学来理解和调查富有意义的现实情境问题。朱莉娅·格利斯曼北(Julia Glissmann North)④基于数学任务的视角指出,文化回应数学教学实施的关键在于为学生提供文化关联的高认知水平数学任务。基于此,提出了文化回应数学教学任务设置的标准,见表7-2。

① UKPOKODU O N. How do I teach mathematics in a culturally responsive way?: identifying empowering teaching practices [J]. Multicultural Education, 2011, 19(3):47 - 56.
② AVERILL R. Culturally responsive teaching: three models from linked studies [J]. Journal for Research in Mathematics Education, 2009, 40(2):157 - 186.
③ MARK W E. Knowing and valuing every learner: culturally responsive mathematics teaching [J]. Curriculum Associates, 2019, 1(1):1 - 21.
④ NORTH J G. Culturally relevant pedagogy: secondary mathematics in an urban classroom [J]. Honors Program Theses, 2014, 97(1):1 - 44.

表 7 - 2　文化回应数学教学任务设置的标准

| 维度 | 具 体 标 准 |
|------|-----------|
| 情境关联 | 置于与学生经历、社区或现实生活相关的情境中。 |
| 高认知水平 | 旨在发展有关数学的概念性知识,使学生了解内在的数学基本思想方法。 |
| 多个学习入口 | 具有开放性的特征,没有解决问题的特定方法。 |
| 鼓励合作 | 允许学生与他们的同伴一起讨论与思考。 |
| 阐释数学概念 | 不是放在人为的情境中,需要学生从现实世界真实存在的数学中提取出来的。 |
| 文化赋权 | 帮助学生发展他们的文化能力与批判意识。 |

### (三) 建构了文化回应数学教学的实践模式

随着文化回应数学教学逐渐步入课堂,走进教学,研究者开始尝试建构文化回应数学教学模式,以期为教师的教学实践提供更为系统的指引与样例。2009 年,罗宾·艾弗里尔[①]在新西兰土著(毛利族)进行文化回应数学教学实践探索中,建构了文化回应数学教学的三种模式(组件模式、整体模式及原则模式),试图为职前数学教师提供文化回应数学教学的经验。这三种教学模式具有一定的普遍性,既可单独使用,也可结合使用。其中,"组件模式"提供了检查和改进现有课程的细致框架,可以系统地审查课程结构及内容的各个要素;"整体模式"用于文化回应数学课程的开发,重在实现文化主题、活动、数学和教学内容间的融合;"原则模式"关注开发、证明和反思文化回应数学教学实践的三个基本原则(伙伴关系、保护及参与)。尼科尔等[②]收集了加拿大小型乡村学校进行文化回应数学教学项目的实践数据(包括教师对文化回应数学教学本质的理解,教师在实施文化回应数学教学过程中的反思),基于扎根理论建构了文化回应数学教学模式。该模式涉及场所(Place)、行动(Action)、探究(Inquiry)、关系(Relationships)、故事情境(Storywork)等五要素,具体包括:一是扎根本土文化,对学生和学校所处的文化环境进行回应;二是将文化故事和传说转化为连接学生和老师探索数学的情境;三是注重与学生、家长及社

---

① AVERILL R. Culturally responsive teaching: three models from linked studies [J]. Journal for Research in Mathematics Education, 2009, 40(2):157 - 186.

② NICOL C. Designing a model of culturally responsive mathematics education: place, relationships and storywork [J]. Mathematics Education Research Journal, 2013, 25(1):73 - 89.

区建立关系;四是基于探究学习;五是聚集社会以及个人或集体的力量。此外,埃米莉·邦纳(Emily Bonner)①关注教授美国弱势学生群体取得成功的数学教师,通过访谈及课堂观察收集研究资料,基于扎根理论建构了文化回应数学教学模式。该教学模式是由人际关系、信任、沟通、知识、反思、修订、学科、教学法组成的一个动态结构。人际关系和信任是文化回应数学教学的核心,也是调节交流与知识的中介,教师通过交流(注重文化相通,让学生接触数学,向学生传达关爱,以舒适的方式交流)与知识(关于学生、数学、文化相关的数学以及具体内容)建立关系和信任。整个过程中教学法和学科交织在一起,反思与修订是不断进行的。从已有研究不难发现,文化回应数学教学模式的建构需要扎根于本土文化背景进行长期的实践,不同文化背景下所建构的教学模式具有不同的特点。

**(四)探索了文化回应型数学教师培养的项目实践**

20 世纪 90 年代以来,文化回应教学在教师教育项目中被关注,培养文化回应型数学教师也逐渐成为国外数学教师教育研究关注的重要内容之一。有研究者明确强调,文化回应需要放在教师教育的中心位置,而不是作为一种"额外的选择",特别是在数学和科学等这些被西方传统认识论框架所主导的学科领域②。整体而言,已有研究集中于两个方面。

一是理论层面,探讨了文化回应型数学教师培养的具体策略。从本质上说,文化回应型数学教师总是善于在课堂上积极寻找与利用学生已有文化经验与语言资源的机会③。吉内瓦·盖伊④基于文化回应数学教学内涵指出,无论职前还是在职数学教师,发展文化回应型数学教学都需关注以下三个方面:一是增加对少数民族个体和群体对于数学领域知识贡献的认识;二是对抗和解构传统关于文化多样性

---

① BONNER E P. Investigating practices of highly successful mathematics teachers of traditionally underserved students [J]. Educational Studies in Mathematics, 2014,86(3):377 - 399.

② O'KEEFFE L, PAIGE K, OSBORNE S. Getting started: exploring pre-service teachers' confidence and knowledge of culturally responsive pedagogy in teaching mathematics and science [J]. Asia-Pacific Journal of Teacher Education, 2019,47(2):152 - 175.

③ NASIR N S, HAND V, TAYLOR E V. Culture and mathematics in school: boundaries between "cultural" and "domain" knowledge in the mathematics classroom and beyond [J]. Review of Research in Education, 2008,32(1):187 - 240.

④ GREER B, MUKHOPADHYAY S, POWELL A B, et al. Culturally responsive mathematics education [M]. New York, NY: Routledge. 2009.

和数学之间关系的信念;三是参与指导实践,将所学转化为具体的教学实践。此外,茱莉亚·阿吉雷[1]基于教师教学实践的视角强调,将文化回应教学(CRT)与学科教学知识(PCK)有机整合是培养文化回应型数学教师的关键,数学教师倘若没有相应的学科教学知识就难以进行文化回应数学教学。由此,培养文化回应型数学教师的核心工作是围绕文化回应数学教学的内涵丰富与拓宽教师的学科教学知识,使教师重新思考学生、数学、课程设置以及数学教学目标之间的关系,基本思路见图7-4所示。茱莉亚·阿吉雷等[2]进一步提出了培养文化回应型数学教师的三个必要方面:第一,必须培养"社会-文化-政治"意识;第二,必须理解和接受社会建构主义和社会文化的学习理论;第三,必须把重点放在了解和利用学生、他们的家庭以及社区的数学资源上。

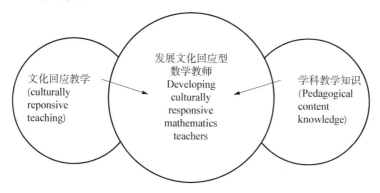

图7-4 发展文化回应型数学教师的基本思路

二是实践层面,实施了文化回应型数学教师培养的专业发展项目。研究者探讨了如何借助专业发展项目,借助怎样的专业发展项目或教师教育课程来提高数学教师文化回应教学的知识、技能及信念等。如弗里达·帕克(Frieda Parker)等[3]为了

① AGUIRRE J M, ZAVALA M D, KATANYOUTANANT T, et al. Developing robust forms of pre-service teachers' pedagogical content knowledge through culturally responsive mathematics teaching analysis [J]. Mathematics Teacher Education and Development, 2013,14(2):113 - 136.

② AGUIRRE J M, MARIA D R Z. Making culturally responsive mathematics teaching explicit: a lesson analysis tool [J]. Pedagogies An International Journal, 2013,8(2):163 - 190.

③ PARKER F, BARTELL T G, NOVAK J D. Developing culturally responsive mathematics teachers: secondary teachers' evolving conceptions of knowing students [J]. Journal of Mathematics Teacher Education, 2017,20(4):1 - 23.

帮助中学数学教师开展文化回应教学实践,设计了"数学课堂中的文化"的教师教育课程项目,旨在指导中学数学教师理解并提高他们在课堂上进行文化回应教学的能力。其中,有13位教师参与了该教师教育项目的学习,研究发现该项目提升了教师的文化意识和文化回应教学能力。伊戈尔·维尔纳(Igor Verner)等①为培养文化回应型数学教师,也进行了类似的教师专业发展项目实践,为职前与在职教师开设了"文化背景下的几何教学"课程。研究表明,此项课程不仅提高了教师文化回应教学的意识和技能,而且使得学生的个性和文化身份再次或重新受到肯定,增强了学生的自信心和自尊心,同时也让学生学会尊重不同的文化。此外,伊万诺维奇(Eugenia Vomvoridi-Ivanovic)②在对墨西哥裔美国数学教师实施文化回应型专业发展项目的过程中指出,仅仅让教师理解学生已有的社会文化背景,并不能确保教师在文化知识和数学之间建立有意义的联结,学习如何选择那些自然融合着学生经验的数学任务,如何与其他任务中涉及的数学建立有意义的文化联系,以及如何获得与学生一起使用这些任务的经验,是未来教师专业项目的发展方向。可见,国外对于培养文化回应型数学教师的专业发展项目实践尚处于探索阶段,对于形成系统的培养体系与机制仍需进行更为深入的研究。

## 四、对我国少数民族地区数学教育改革的启示

在实现公平而有质量教育目标的背景下,如何更好地回应不同文化背景学生的数学学习需求,提升学生的数学学业成就,是我国少数民族地区数学教育改革亟需解决的难题。国外围绕文化回应数学教学的丰富研究成果,为深化我国少数民族地区数学教育改革提供了如下有益启示与借鉴。

### (一)为深化我国少数民族地区数学教学改革提供了切实方向

数学教育从来都不存在于"真空"之中,其总受特定的政治、经济和文化背景的

① VERNER I, MASSARWE K, BSHOUTY D. Constructs of engagement emerging in an ethnomathematically-based teacher education course [J]. The Journal of Mathematical Behavior, 2013,3(32):494-507.

② VOMVORIDI-IVANOVIC E. Using culture as a resource in mathematics: the case of four Mexican — American prospective teachers in a bilingual after-school program [J]. Journal of Mathematics Teacher Education, 2012,15(1):53-66.

影响。对数学学习者及数学本身文化多样性的忽视,是影响我国少数民族地区学生数学学习的重要因素之一。因而,我国少数民族地区数学教学改革也越来越关注地域环境、民族文化传统等因素,注重对于少数民族文化实践活动中数学文化元素的挖掘,并开展了民族数学文化融入课堂教学改革的实践探索。文化回应数学教学契合了我国少数民族地区数学教学改革的理念,其丰富的内涵与研究的深度,为深化我国少数民族地区数学教学改革提供了切实方向。其一,文化回应数学教学的丰富内涵可以拓宽我国少数民族地区数学教学改革的研究视野。文化回应数学教学强调立足学生已有经验和文化背景,注重在不同形态的数学(柏拉图主义的数学、现实生活应用中的数学、民族本土文化中的数学等)中寻找联结点,将数学教学置于学生熟悉的文化情境中,以促进学生对数学的理解与掌握。① 此外,其还关注学生批判性数学思维的发展,引导学生利用数学分析现实生活中的不平等问题,鼓励学生提出不同的解决方案,在他所在的社区或更大的世界中,成为问题解决者并有所贡献。② 这启发我们,我国少数民族地区进行数学教学改革时,一方面,在挖掘少数民族本土文化中的数学元素的同时,也需要关注现实生活中的数学,以及学生校外实践活动中的数学等更为多样化的数学形态,并注重与学校数学的关联,为学生的数学学习与理解提供意义基础;另一方面,也可以将那些影响学生现实生活的不平等现象或问题引入数学课堂,引导学生学会用数学推理与建模等手段进行解决,让学生真切地感受数学的社会功用性,发展批判性数学思维。其二,国外围绕文化回应数学教学提出的教学策略,以及长期扎根于特定文化群体建构的教学实践模式,为深化我国少数民族地区数学教学改革提供了参考路径。尽管近年来我国少数民族地区也开展了民族数学文化融入课堂教学的实践探索,但鲜有研究者扎根于某个特定文化群体进行长期的田野实践,并建构相应实践模式。可见,未来我国少数民族地区数学教学改革需鼓励研究者真正地扎根于特定少数民族群体,进行长期的实证研究,进而建构相应的实践模式并形成理论成果。

---

① AIKENHEAD G S. Enhancing school mathematics culturally: a path of reconciliation [J]. Canadian Journal of Science, Mathematics and Technology Education, 2017,17(2):73 - 140.
② KING J E. 教育者应当在学科、社会和学生的文化中找到联结[J]. 闫予沨,王成龙,译. 教育学报,2014,10(6):3 - 8.

## （二）为促进我国少数民族地区数学教师专业发展提供了良好契机

在我国少数民族地区，不同民族的风土人情、文化氛围和教育传统有着很大的差异性，如何发展数学教师的多元文化能力，以更好地回应不同文化背景学生的数学学习需求，是教师专业发展所需关注的重要内容。我国在这一方面的相关研究，无论从理论还是实践层面而言，都较为缺乏。国外围绕文化回应数学教学与教师教育的相关研究，为促进我国少数民族地区数学教师专业发展提供了良好契机。首先，文化回应型数学教师强调对不同文化背景学生的先备知识、认知与表现风格进行回应，注重将数学教学置于学生的文化传统之中，把学生的已有经验和文化背景转化为相应的教学资源，以促进学生的数学学习与理解。可以看出，文化回应型数学教师的内涵与特征，能较好地满足我国少数民族地区数学教师专业发展的需求。故此，立足我国少数民族地区本土文化背景发展数学教师的文化回应教学能力，是促进数学教师专业发展的可能路径。其次，国外对于培养文化回应型数学教师的理论探讨与实践探索，为我国少数民族地区发展数学教师多元文化能力，抑或进行本土化的文化回应型数学教师培养提供了思路与经验。就理论探讨层面而言，国外研究者基于多个视角阐述了如何发展数学教师的文化回应教学能力，在一定程度上拓宽了我国少数民族地区数学教师专业发展的思路。如有研究者提出基于文化回应教学的理念丰富与扩展数学教师的学科教学知识，以发展教师的文化回应教学能力。具体到实践探索层面，国外围绕培养文化回应型数学教师进行的项目实践，为我国少数民族地区进行教师专业发展项目的设计与实施提供了经验借鉴。譬如，国外研究者在进行文化回应型数学教师培养的项目实践时，注重由高校研究者、一线教师及当地社区成员组成研究共同体，扎根于特定文化群体，强调教师在整个项目中的参与、设计与实践，让教师在真实的数学课堂情境中发展文化回应教学能力。这方面是今后我国少数民族地区进行教师专业发展项目设计与实践时尤其值得重视的。

最后，值得指出的是，文化回应数学教学作为提升文化及语言多样化地区学生数学学业成就的有效手段，为深化我国少数民族地区数学教学改革提供了切实方向，也为促进我国少数民族地区数学教师专业发展提供了良好契机。正如万明钢[①]在 2015

---

① 朱羿. 少数民族教育要坚持文化回应教学[N]. 中国社会科学报，2015 - 7 - 15（第 767 期）.

年"中国少数民族教育高层论坛"所指出的,"少数民族教育要积极探索文化回应教学,把视野扩大到少数民族地区的社会文化大背景中考察学校教育与社会文化、自然生态的关系,考察少数民族的生活方式、语言、习俗等传统文化与现代学校教育文化的适应问题"。诚然,基于我国少数民族文化背景进行本土化研究是一项系统工程,涉及课程内容、教学方法、班级管理及评价方式等多方面的变革,同时也对数学教师的专业素养提出了更高的要求。

需要注意的是,国外文化回应数学教学的相关研究成果,为开展文化回应数学教学的本土化研究,深化我国少数民族地区数学教育改革提供了有益启示与借鉴,但若只是简单照搬国外文化回应数学教学的理念和方法,可能会出现"水土不服"的现象。正如盖伊所强调的进行文化回应教学,要结合自己本国的文化将所学知识本土化,而不是原原本本地照搬过去,如若原原本本地照搬,会违反文化回应教学最根本的理念。[①] 由此,在借鉴国外优秀研究成果时,需要注重保有并弘扬我国少数民族数学教育的优秀文化传统,彰显当代社会发展的特征,坚定我国少数民族数学文化与数学教育的自觉和自信,逐步让我国少数民族数学教育走向世界。

---

① GAY G,王明娣. 文化回应教学理论:背景、思想与实践——华盛顿大学多元文化教育中心Geneva Gay 教授访谈[J]. 当代教育与文化,2017,9(1):104 - 108.

# 第三节 走向文化回应的数学教学

随着城镇化、现代化及全球化的快速发展,学校课堂中学生文化背景的差异日益加剧。为不同文化背景的学生提供文化适切的数学学习环境,需要实现学生、数学与文化的深度联结,走向文化回应的数学教学。

20世纪70年代,数学教育观念曾发生过一场"哥白尼式"的重大变革,长期被认为价值无涉和文化中立的数学与数学教育被视为文化的产物,学生的数学学习则被看作是文化的过程。文化对于学生数学学习的影响也"从幕后走向了台前"。事实上,不同文化背景、语言及生活传统的学生在数学的认知与学习方式上存在着较大的差异。文化影响着学生数学认知的目的、内容、过程与结果,在数学教育中引入文化的元素,在文化的生态背景中有利于促进学生的数学认知与数学学习。① 在我国,随着人口的大规模流动,出现了大量随迁子女和留守儿童的"离土"背景,课堂中学生的文化背景也因此变得愈发多样。如何给不同文化背景的学生提供文化适切的数学学习环境,弥合数学教学与学生学习在文化上的裂隙是当前数学教师所面临的新挑战。

文化回应教学源于对多元文化背景和多民族文化的尊重,主张不应是消除文化差异,而应是尊重不同文化,回应文化差异,注重以学生的原有文化和生活经验为基础,强调对不同学生文化背景差异的回应是促进学生学习,实现有效教学的前提。具体而言,文化回应教学是指教学中使用不同种族学生的文化知识、先前经验、知识架构和表现风格,从而使学习对学生而言更具有关联性和更为有效。② 为此,面对学生文化背景愈发多样的数学课堂,教师需要克服自身的"文化盲点",走

---

① 李琳,魏勇刚,庞丽娟. 论儿童数学认知的文化性[J]. 教育学报,2008,4(2):64-68.
② GAY G. Culturally responsive teaching: theory, research and practice [M]. New York: Teachers College Press, 2000:31.

向文化回应的数学教学。在具体数学教学实践中,了解、理解并且尊重学生的文化差异,把握文化差异对于学生数学学习的影响,将数学教学与学生的文化、生活传统及已有经验建立有意义的联系,创造一种能够更深层次地与所有学生的经验连接的学习环境,以满足不同家庭背景、民族、社会阶层、语言能力的学生的学习需求。① 具体地,数学教师需要着重把握以下四个关键点。②

## 一、文化回应数学教学的四个关键点

### (一) 提供文化关联性的教学内容

现今数学教育存在的最大问题就是割裂数学知识与其背后的思想、文化之间的有机联系,只有一个个孤立的知识点与题目,却没有鲜活的过程与体验。数学教学内容没有与学生的文化相关联,几乎没有使多数学生看到数学与他们本国文化的联系,使学生误认为数学与他们的生活或未来毫不相干;加之当下我国数学教育的现实,学生课业负担过重,把学生鲜活生动的数学学习置身于"题海"之中,"题海战术"的盛行严重影响了学生学习数学的兴趣和态度,学生"数学素养"的提高无从谈起。

寻找学生、数学与文化三者之间的联结,关注源自学习者文化的数学概念、实践与传统的、正式的学术数学概念、实践相结合,提供文化关联性的教学内容是走向文化回应的数学教学的第一个关键点。事实上,学校以及其他学习环境不能与学生所处的社会文化相区隔。学生来到学校时带着他们在成长过程中已形成的价值观念、规范和"朴素的数学知识",为学生提供文化关联性的教学内容,旨在找出不同文化背景学生的日常生活知识、实践与学校数学知识的真实联系,为学生提供植根于日常经验的特定知识领域的生成性模型,把学生对于数学的理解植根于学生的文化实践之中,并倡导利用多种实践行为来更好地支持学生经历数学化与再创造的过程。具体而言,为学生提供文化关联性的数学教学内容集中体现在如下几个方面。

一是注重与学生所处真实日常生活情境的关联。数学有着多种形态,学校中学术形态的数学只是其中的一种。真实的日常生活情境中也蕴涵着大量的"朴素

① 基思·索耶. 剑桥学习科学研究手册[M]. 徐晓东,杨刚,阮高峰,等译. 北京:教育科学出版社,2021:723.
② 张维忠,丁福军. 走向文化回应的数学教学[J]. 中学数学月刊,2022(4):1 - 3,7.

的数学",每天都充斥在学生的周边,是学生进行数学学习与探究的重要资源。当教师使用贴近学生日常生活的真实情境进行数学任务的设置时,可以让学生在数学学习和日常生活之间建立强有力的联系,激发学生的数学学习兴趣。例如,在引导学生学习"直线与圆位置关系的实际应用问题"时,可以设置圆形扫地机器人在客厅进行清扫的真实情境。

二是注重与学生的民族数学文化的关联。没有文化无涉的学习,所有学习者都是在文化决定的境脉中以文化决定的方式学习和成长,数学学习亦是如此。已有研究表明,学生数学学业失败的重要原因可能是学生在本民族文化中学到的知识与学校对他们的要求之间的脱节与不匹配。

三是注重与学生日常文化活动的关联。不同的文化传统形塑着学生不同的学习方式与认知风格。每一位学生来学校学习之时,与学生一起来到学校的是被称为"文化资本"的"看不见的行李"(如特殊背景、知识、祖传下来的技能以及日常文化活动等)。① 日常文化实践组织并塑造儿童思考、记忆及解决问题的方式。例如,"当六个人相遇时需要握多少次手"这一类问题与"六边形共有几条对角线"相关。因此,注重与学生日常文化活动的关联,能有效降低学生参与数学学习与交流的门槛,提升学生参与数学学习的积极性。

### (二)进行文化适切性的教学组织

在数学教学的过程中,倘若忽视学生的文化背景以及认知风格上的差异,用同样的要求对待不同文化背景的学生,反而会抹杀不同文化背景的独特性,在貌似公平的过程中造成了新的文化歧视与学习机会的不公。进行文化适切性的教学组织,以符合文化的方式进行教学,使得学生能够在他们的社会和文化世界中认识与理解数学,并获得有意义的数学,这是走向文化回应的数学教学的第二个关键点。

一般地,进行文化适切性的教学组织旨在回应不同文化背景学生的语言与学习参与偏好,建设性地处理学生的个人概念和思维方式,将重点从学生做什么转移到学生拥有或构建什么的意义上。具体包括这样几个方面。

其一,注重为不同文化背景的学生提供多样化的参与结构。学生数学学习机会的获得在很大程度上取决于教师为学生所提供的参与结构。不同的参与结构可

---

① 邓艳红.多元文化视野下的基础教育课程改革[J].教育研究,2004,15(5):13-18.

以提供学生适应数学课堂、参与学习及进行数学理解的更多可能性,可以让不同文化背景的学生都有机会使用多种表达模式(口头或书面)和符号系统(表格、图形与实物等)给出解释、理由和论据以获得深度参与的数学学习机会。一般而言,多样化的参与结构包括从非正式的同桌交流、小组合作讨论、合作解决问题、全班集体讨论到正式的演示与汇报等。

其二,注重给学生营造文化浸润的课堂交流氛围。学生的数学学习与交流具有较强的文化依附性,教师需要关注不同文化背景对于学生交流与互动方式所带来的影响。在这一过程中,不仅需要关注谁参与了数学课堂交流,也应关注不同文化背景的学生以什么样的方式参与。进而言之,注重营造文化浸润式的课堂交流氛围,意味着鼓励学生使用多样化的方式参与交流,为不同文化背景的学生建立数学语言课堂规范,同时围绕课堂文化和规范、互动的文化模式、不同文化背景的学生校外和校内的学习方式,提供贴近不同学生文化背景的话语互动结构,引导不同文化背景的学生都能接触重要的数学概念,分析数学结构。

其三,注重为不同文化背景的学生数学学术语言的发展提供支持。对于成功的数学学习而言,最重要的不是一般语言能力的掌握,而是与数学学科相关的学术语言能力的获得。[①] 不同文化背景的学生数学学业成就之间的差异,其核心体现在学生对数学学术语言的掌握。为学生数学学术语言的发展提供支持,意味着为不同文化背景的学生提供语域之间的过渡,在课堂互动中架起非正式语言和学术语言间的桥梁,尽量让所有数学学术语言的习得都能与学生熟悉的事物或情境进行关联。同时,教师需要鼓励学生利用他们的家庭语言和经验,通过日常语言、书面及口语、图像、肢体语言、动手操作以及教师或同学给予的解释来支持对于数学学术语言的理解与掌握。

### (三)生成文化理解性的教学目标

知识的意义的重要体现之一为一种文化阐释,数学知识亦是如此。正如怀尔德[②]所言,"只有承认数学的文化基础,才能真正理解数学的本质"。本质上,教数学就是教一种文化,把一种文化传给学生,让他们在这种文化中能得到健康发展。当我

---

① SCHÜTTE M. Language-related learning of mathematics: a comparison of kindergarten and primary school as places of learning [J]. ZDM-Mathematics Education, 2014,46(6):923-938.
② 刘鹏飞,徐乃楠,王涛. 怀尔德的数学文化研究[M].北京:清华大学出版社,2021:45.

们把数学视为文化时，就不能只满足于学到几个公式、几条定理，而是要把握好数学的精神。数学知识具有文化属性与文化依存性，它不仅仅是一种文化符号，而且是文化的重要载体，承载着特定的文化意义和文化精神。强调立足于数学知识负载的文化特质及其育人功能，关注生成文化理解性的教学目标，是走向文化回应的数学教学的第三个关键点。

通常而言，学生在学习过程中对于数学的理解是存在发展层级的，随着学习的深入与学习经验的不断更新与发展，学生对于数学知识的理解会更加精准与深入，会相继经历经验性理解、形式化理解、结构化理解以及文化性理解等4个发展阶段。文化回应的数学教学指向的是最深层次的理解阶段，即文化性理解阶段。

在具体数学教学实践中，数学教师需要引导学生对数学进行综合的、整体的理解，体察与感受数学内在的文化意蕴以及内隐其中的价值观念，让学生通过数学的学习与探究实践数学文化意义与学生自我发展的关联，以实现对于数学意义的深层次建构与认同。譬如，在引导学生理解"对称"概念时，在教学目标的生成上，就不仅仅是一个知识理解、建构的过程，而应该是一个依托"对称"，获得对数学、科学、艺术等各领域的文化认同与感受，并进而使学生建立对各领域之间的联系、交融的深刻感悟。[①]

概而言之，关注生成文化理解性的教学目标，要强调在教学实践中尽量避免数学知识的教科书化，使学生体会到数学学习不仅是知识获得的过程，而且是一种能够获得文化体认、文化理解甚至文化构建的活动。让学生的数学学习成为一场体验性的文化之旅，在潜移默化地接受数学文化意义熏陶的过程中，感受数学学科所独有的育人价值与魅力。

#### （四）倡导文化包容性的教学评价

单一文化取向的评价体系在评价目的、评价标准、评价内容上通常传递的是社会主流文化所要求的价值观念和行为规范，当来自其他文化的评价对象在评价过程中表现出带有自身文化印记的反应时，就有可能得到不合理的评价反馈，甚至被贴上不好的标签。[②] 数学课堂中不同文化背景学生所持有的行为规范、话语体系与

---

① 张维忠. 数学教育中的数学文化[M]. 上海. 上海教育出版社，2011：184.
② 伍远岳，程佳丽. 文化理解视角下的教育评价[J]. 中国考试，2022(2)：31-38.

价值观念存在一定的差异,在进行数学教学评价时需要正视、承认并且尊重学生之间的文化差异,将其作为教学评价时的重要考虑因素。因而,强调站在他者文化立场理解不同背景学生的价值观念和思维方式,倡导文化包容性的数学教学评价,是走向文化回应的数学教学的第四个关键点。

一般意义上,倡导文化包容性的教学评价,意味着教师在对学生的数学学习进行评价时需要考虑不同文化及语言背景对学生学习与表现的影响,避免评价过程中的文化偏见,要注意采用多种方法在真实的学习环境中评价学生的数学学习表现。

具体地,在进行教学评价的过程中,一是要强调评价的文化性和情境性,教师需要立足于不同文化背景的学生生活的文化环境与传统之中,考虑学生在文化背景及语言上的差异,允许学生以不同的方式解释与呈现所掌握的数学内容;二是要注重评价的表现性与过程性,根据学生在真实数学学习环境中的表现进行评价,同时强调使用轶事记录、学习日志、档案袋等过程性评价方法;三是要提倡评价的多主体与适应性,鼓励学生的同伴、社区及家庭成员参与对学生数学学习的评价,同时关注学生在文化、语言、认知风格与表现方式上的差异,在评价任务的设计上突出平行性与开放性,使不同文化背景的学生获得适合其发展的评价。

总而言之,倡导文化包容性的教学评价,强调将文化差异视为评价的资源,评价过程中积极主动包容这种差异,让不同文化背景学生都能在客观、公正且适应的评价氛围中实现对数学意义的理解与建构,发展积极的数学身份认同。

长期以来,大多数学教育研究者往往习惯于将非主流群体学生与非主流文化看成是"另类"或者"缺陷",并为非主流群体学生的发展假想了一条基于主流文化规范的单一数学学习路径。文化回应的数学教学提出了对文化多样性与数学学习之间关系更为深入的联系,关注从文化多样性上去理解与回应学生数学学习行为表现背后更为复杂的因素,强调将文化多样性视为"一座富矿",而不是简单地将其当作一个需要克服的问题。走向文化回应的数学教学,旨在弥合数学教学与学生学习在文化上的落差与脱节,让数学教学更深层次地与所有学生的文化经验建立连接,使得不同文化背景的学生都能获得公平而有质量的学习机会。因此,在实现公平而有质量的教育目标的背景下,加强文化回应的数学教学的理论探讨与课堂实践探索,对于深化数学课堂教学改革大有裨益。

## 二、文化回应数学教学的教学设计

由"知识教育"转向"核心素养",进一步凸显了数学学科的文化育人功能。文化塑造着学习环境和学生在该环境中的经验,文化回应数学教学是实现有效教学、引导学生感悟数学文化价值的关键。文化回应数学教学强调的是,数学教学要注重数学文化属性与学生文化特质的联结,增强学生在数学学习过程中的文化适应性和文化理解力;要主张让学生在文化关联的情境任务中实现数学学习参与,重视让学生在文化适切的课堂组织中进行数学知识建构,关切让学生在文化体验的探究过程中获得数学深度理解等。下面给出两位一线数学教师潘富格与程孝丽在具体课堂中进行文化回应的数学教学与反思。

**(一)基于文化回应的数学概念课教学设计——以"轴对称"为例①**

这里以"轴对称"教学设计为例讨论基于文化回应的数学概念课教学设计,将数学概念、学生与文化进行深度编织,让数学教学彰显数学概念产生的文化土壤,呈现数学概念的不同文化形态,以促进学生的参与和理解。主要环节具体包括三个方面:一是设置文化关联性的真实情景,初步感知数学概念的发生过程;二是开展文化适切性的合作探究,逐渐获得数学概念的形成过程;三是生成文化理解性的学习能力,深刻体会数学概念的发展过程。

**1. 教学思路**

"轴对称"内容,是人教版数学八年级上册第十三章第一节的内容。一方面,数学来源于生活,轴对称现象在生活中处处可见,特别是顺德本土建筑中凸显了轴对称的性质。另一方面,轴对称内容涉及"图形与几何"领域中的图形与变换,能培养学生的观察能力、合作交流能力,让学生经历数学现象的探究过程,从而激发学生数学学习的兴趣。因此,文化回应的数学概念课《轴对称》教学设计中,思路如下:情景导入、感知概念环节,以"广东顺德本土建筑文化"真实情景作为背景,让学生在熟悉的景点建筑中发现轴对称现象处处可见;合作探究、获得概念环节,以"这些

---

① 潘富格,张维忠.基于文化回应的数学概念教学——《轴对称》一课教学与思考[J].教育研究与评论(中学教育教学),2023(7):34-37.

建筑图案有哪些共同特征"这一问题作为主脉络,"什么是轴对称图形""对称轴在哪里"等子问题作为突破口,采用"小组合作-个人展示-全班交流"多样化的教学组织形式,促进学生多角度、全方面获得对轴对称概念的理解;灵活运用、深刻体会概念环节,以"动手操作、开放性题目"为主,不仅让学生学会判断轴对称图形,还要求学生动手画对称轴,以及进一步培养学生设计轴对称图形的能力,真正发挥学生从"所学"到"所用"的能力。

2. 教学设计与实施

下面重点对基于文化回应的"轴对称"教学设计的核心片段与实施过程进行说明。"轴对称"内容属于一节概念教学课,主要设计的核心教学环节是:设置文化关联的真实情景,初步感知概念的发生过程;提供多样化的学习参与结构,逐渐获得概念的形成过程;指向文化理解性的学习能力,在运用中深化对数学概念的本质理解。主要聚焦的核心问题是:什么是轴对称图形? 如何找到对称轴? 如何设计轴对称图形? 具体核心片段教学设计如下:

(1) 设置文化关联的真实情景,初步感知数学概念的发生过程

任务 1:请同学们观察广东顺德本土文化建筑的照片,以小组为单位给全班同学介绍和讲解广东顺德景点建筑的文化故事。其中,广东顺德本土文化建筑分别有:顺德顺峰山公园、顺德德胜新城的"金凤凰"、顺德清晖园。

具体实施:将全班同学分成 6 组,每两个小组负责介绍广东顺德本地的一个景点。教师分别给每组分发广东顺德本土文化建筑的照片(见图 7-5、图 7-6、图 7-7),以及提供历史文化材料供学生参考,要求学生根据本土文化建筑的照片进行小组展示。

设计意图:第(1)环节旨在让学生初步感知"轴对称"概念的发生过程,在任务 1 中设计与学生息息相关的真实生活情境,降低学生认知新知识的门槛。通过广东顺德本土的景点建筑文化,激发学生学习数学的热情,引起学生的好奇心与求知欲。一方面,学生会分析景点的历史背景和发展历程;另一方面,学生也会从历史建筑中感受到建筑文化的魅力,从而为任务 2 做好铺垫。

图7-5 顺德顺峰山公园

图7-6 顺德德胜新城的"金凤凰"

图7-7 顺德清晖园

（2）提供多样化的学习参与结构，逐渐获得数学概念的形成过程

任务2：请同学们观察：这些建筑图案有哪些共同特征？

图7-8

图7-9

主要思路：小组成员围绕主问题"这些建筑图案有哪些共同的特征"展开讨论，

小组代表用口头语言分别表述"什么是轴对称图形""对称轴在哪里",师生共同总结出"轴对称图形"的概念。

具体实施:全班6个小组介绍完所有的建筑图案后,教师组织每个小组围绕"这些建筑图案有哪些共同的特征"这一具体问题展开讨论。组内讨论结束后,每个小组分别派代表上台展示,小组代表描述建筑图案的特征有:图7-8沿着中间竖直的直线划分,左右两部分完全一样;图7-9沿着中间水平的直线划分,上下两部分完全一样;它们都沿着一条直线,使得两边图形相同。接着,教师鼓励学生用自己理解的语言回答"什么是轴对称图形""对称轴在哪里",学生会概括出一些关键特征:沿着一条直线,直线两旁完全一样,直线就是对称轴,具有这种特征的图形就是轴对称图形等。紧接着,教师引导全体学生用高度概括、严谨精确的数学语言表述出"轴对称图形"的概念。轴对称图形:如果一个平面图形沿着一条直线折叠后,直线两旁的部分能够互相重合,那么这个图形叫做轴对称图形,这条直线叫做对称轴。最后,小组代表汇报,将典型的轴对称图形展示在黑板上,并且画出其对称轴,供全班同学直观学习以及再次巩固对概念的理解。

设计意图:第(2)环节旨在让学生逐渐获得"轴对称图形"概念的形成过程。在任务2中为学生提供多样化的学习参与结构,引导学生在参与及互动中获得对轴对称概念的理解,一是:鼓励学生积极参与,学生是整个数学课堂的中心,参与课堂度较高;二是:教学组织形式多样化,有小组讨论、个人展示、全体总结等形式,老师鼓励学生在尝试用自己的话语来理解"什么是轴对称图形""对称轴怎么找到的",这些有助于学生对数学概念的自我建构,从而为任务3进一步找对称轴、任务4设计轴对称图形做好铺垫。

(3) 指向文化理解性的学习能力,在应用中深化对数学概念的本质理解

任务3:观察图7-10所示的图形,判断其是否为轴对称图形? 如果是轴对称图形,请你画出其对称轴。

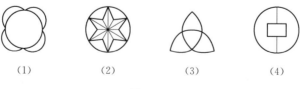

（1）　　　　　（2）　　　　　（3）　　　　　（4）

图7-10

任务4：如图7-11，将一块正方形纸片沿对角线折叠一次，在得到的三角形的三个角上各挖去一个圆洞，然后将正方形纸片展开，此时得到的图形是（　　）。

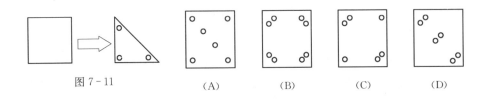

图7-11 　　　　　(A) 　　　　　(B) 　　　　　(C) 　　　　　(D)

任务5：广东顺德某公园准备在一块长方形的空地上建花坛，现征集花坛的设计方案。

　　要求：(1) 设计的图案是由若干个长方形和圆组成；

　　　　　(2) 整个长方形花坛的设计图案要形成轴对称图形。

请给出你的设计方案。

具体实施：任务3和任务4都是要求学生独立思考完成，再进行同桌交流。任务3要求学生先独立找出对称轴的位置，并动手把对称轴画出来，然后与同桌交流学习成果，讨论得到正确的答案。任务4化静为动，静态的平面图实际考查正方形的折叠问题，鼓励学生直观想象出展开后的形象，若遇到困难可以与同桌动手折一折，感受轴对称图形的美妙之处。任务5要求学生先独立设计花坛，然后小组交流自己的想法，最后让学生上台汇报设计理念和创意之处。

设计意图：在任务1和任务2的基础上，学生已经感受到概念的发生过程，也逐步获得了概念的形成过程。紧接着，设计任务3、任务4和任务5试图检测学生对"轴对称"内容的掌握程度，以及判断学生是否能将概念深度理解和内化运用。任务3先是简单地观察后动手画对称轴，任务4需要学生在知道对称轴的基础上判断轴对称图形，任务5则是在内化理解概念的基础上，通过自己的文化认知水平和理解水平，设计出符合自身文化认同的轴对称图形，同时任务5也是对情景导入环节的呼应。三个任务，逐层递进，对学生的要求也逐步上升，特别是在任务5的开放性题型中，能够充分体现文化背景不同的学生，其对知识理解的角度也有所不同，在

3. 教学反思

(1) 设计真实情境,感受文化的关联性

学生现实生活的真实情境,是数学教学与学生文化关联的重要途径。在概念课的教学设计中,需要关注概念的生成和理解过程,也不能忽略与学生自身文化的关联性。在"轴对称"的教学设计中,用学生非常熟悉的顺德景点建筑作为数学背景,能够有效降低学生学习数学的门槛,让学生能够初步感受"枯燥"的数学学习与"自身文化"的相关性,提高学习数学的热情。

(2) 给予展示平台,获得文化的认同感

课堂教学给予学生不同形式的课堂展示机会,促进不同文化背景的学生互动与交流,逐渐形成对不同文化的理解。在"轴对称"内容的教学设计中,从非正式的小组交流、小组讨论,到正式的小组展示和学生个人汇报,不断给不同文化背景的学生提供了多样性的展示平台,促进不同文化背景的学生进行交叉式、互助式的交流。一方面,能够使得学生逐渐感受不同文化背景对"轴对称"概念的理解,并且在交流过程中获得对不同文化的认同;另一方面,能够体现不同文化背景的学生对概念理解的口头表达甚至书面表达都是存在差异的,通过多形式的展示促进学生逐渐深化理解概念,重点抓住概念的本质、掌握概念内涵的同时,也要注重对概念外延的深刻理解。

(3) 提供创造机会,体验文化的构建过程

文化回应的数学教学,旨在促进数学学习与学生文化的关联。课堂上给学生提供创造性的机会,能够帮助学生"从所学到所用",这不仅是文化回应中数学教学的需要,更是新时代社会发展的需要。在"轴对称"内容的教学设计中,用开放性题目提供学生设计轴对称图形的机会,使得不同文化背景的学生得到不同的发展。因此,一线老师在教学的过程中,需要关注学生的文化体验、文化理解到文化构建的整个过程。

(二) **数学公式课教学设计——以"平方差公式"为例①**

长期以来,数学公式课的教学普遍以"解题训练"为主,让学生只记忆冰冷的公

---

① 程孝丽,张维忠.基于文化回应的数学公式教学——《平方差公式》一课教学与思考[J].教育研究与评论(中学教育教学),2023(7):38-42.

式、进行机械地模仿,忽视了知识背后的"来龙去脉"。这不仅难以激发学生的数学学习兴趣,也容易造成学生陷入食而不化的学习困境。文化回应的数学教学强调将客观数学知识转化为文化知识的身心参与过程,在掌握学生的学习方式与认知风格的基础上,将数学知识所承载的文化背景、文化思维方式乃至独特的文化价值观纳入教学过程,赋予数学教学以文化情境和文化意义,让学生实现对数学的文化性理解。由此,基于文化回应的理念进行数学公式课的教学设计,主张立足学生已有的文化背景和经验,通过文化适切的课堂活动组织,引导学生完整经历"猜想—归纳—证明"的过程,让学生在理解与掌握数学公式本身的同时,感受数学公式背景的文化意蕴,这对于改善当下数学公式课教学,促进学生的深度学习具有重要意义。下面以"平方差公式"为例,展开文化回应的数学公式课的教学与思考。

1. 教学设计思路

"平方差公式"是浙教版数学七年级下册第 3 章"整式的乘除"第 4 节"乘法公式"第一课时内容。整式的乘除是进一步学习因式分解、分式及其运算等代数知识的重要基础,并且较为广泛地运用于实际生活和生产中。"平方差公式"作为"乘法公式"的起始课,其"观察、猜想、证明、运用"等的学习方法与思路为"完全平方公式""勾股定理"的学习奠定了方法论基础。基于此,文化回应视域下的数学公式课"平方差公式"的教学设计思路如下:情境导入,引出课题,以作为亚运会招待客人的金华酥饼的包装计重问题为背景,让学生感受到生活中处处有数学,数学能够给生活创造便利;温故知新,获得公式,充分运用学生已有的知识背景与文化背景,从引入的"数"到一般化的"式",即以多项式乘多项式为基础创设问题,经历从特殊到一般的归纳过程,从而导出和启发学生理解平方差公式;通过引导学生用自己的语言抽象概括公式的结构特点,教师和其他同学进行补充修正,进而揭示平方差公式的本质;拼图验证,表征公式,几何方法的证明中自然而然地引出中国古代的"出入相补原理",采用小组合作,动手操作的形式进行实验论证,从几何角度说明平方差公式的推导与证明;学以致用,深化理解,结合平方差公式在数学中的简单运用和变式运用以及生活生产的实际运用设计教学任务,让学生进一步感受数学与生活的紧密联系。

2. 具体教学设计与实施

本文重点对"平方差公式"的核心教学内容进行教学设计并说明实施过程。

（1）设置文化关联的教学内容，初步感受数学公式与生活的紧密联系

任务1：浙江金华是杭州第19届亚运会的分会场，作为东道主你能给客人介绍一下我们金华的特产之一——金华酥饼（见图7-12）吗？

图7-12　金华酥饼

任务2：热情的金华人民打算用酥饼招待远道而来的客人，某酥饼店计划制作一批礼盒装酥饼：每盒有18个独立包装的小酥饼，每个小酥饼估计22克，请问：每个礼盒净重大概多少克？

　　教学说明：该环节的设置旨在通过生活中的数学巧算问题引出新课。金华作为杭州第19届亚运会分会场，金华人民选取家喻户晓的特产"金华酥饼"作为东道主的招待美食之一，通过设置贴近学生生活又紧跟时事的真实生活情景，拉近了学生与数学间的距离，让学生体会到数学带给生活便利的同时能增强学生对家乡的自豪感！教学中通过"速算王"的"绝招"，激发了学生的好奇心和求知欲，自然地引出新课。

（2）开展文化适切性的合作探究，体验数学公式的推导与证明

任务3：温故知新，发现公式

　　在教师的引导下，学生依次完成以下3个内容：①现有两个不知道大小的数，请你随意用两个字母表示这两个数；②请把这两个数的和与差分别用字母表示；③请将所得的和与差相乘并化简。教师请三名运用不同字母进行计算的学生上台板演

（见图 7 - 13）。

$$(x + y)(x - y) = x^2 - xy + xy - y^2 = x^2 - y^2$$
$$(m + n)(m - n) = m^2 - mn + mn - n^2 = m^2 - n^2$$
$$(p + q)(p - q) = p^2 - pq + pq - q^2 = p^2 - q^2$$

图 7 - 13

问题：观察三位同学的运算结果，这些运算有什么相同之处？

请学生概括出这三个式子的共同结构特征，从而抽象概括得出"两数和与这两数差的积等于这两数的平方差"。

任务 4：变式练习，揭示本质

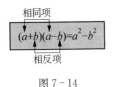

图 7 - 14

引导学生观察、思考平方差公式 $(a + b)(a - b) = a^2 - b^2$ 的结构特征（见图 7 - 14），鼓励学生用自己的语言描述。

师生合作共同归纳出公式的特点后，教师给出两个变形的平方差公式：①$(-a + b)(-a - b) = a^2 - b^2$；②$(a - b)(-a - b) = a^2 - b^2$，请学生判断是非并说明理由。在此基础上师生再次总结公式的结构特征和字母 $a$、$b$ 的代表性。

教学说明：该环节的设置旨在师生共同归纳出平方差公式，揭示该公式的本质特征。从课前引入的特殊的"数"到任务 3 中学生选取的不同的字母，符合初中生由数到式的认知特点，根据三位学生给出的式子，再次由特殊到一般，师生共同抽象概括出平方差公式。从文化回应的教学角度而言，任务 3 使用学生的先前经验与知识架构，使得数学教学与学生的文化、已有经验建立起有意义的联系，为下面的学习创造更深层次的学习环境。

在任务 4 中，学生的"土味"数学阐述表明不同文化背景下的学生对公式特征归纳存在一定的差异性，教师在认可学生正确的描述后进行修正，用规范的文字语言和几何语言进行高度概括，突破公式字母意义的局限性，建立起有效的条件反射，而不是机械地记忆。注重不同文化背景学生数学语言的发展也是文化回应教学的内在要求，教师应积极回应学生的对话，一方面给予肯定与鼓励，一方面及时修正与补充。

任务5：几何验证,表征公式

问题:将边长 $a$ 米的大正方形纸板的一角挖掉一个边长为 $b$ 米的小正方形(如图 7-15(1)),经裁剪后拼成了一个大长方形(如图 7-15(2)),问:①你能分别表示出裁剪前后的纸板面积吗? ②你能得到一个怎样的结论?

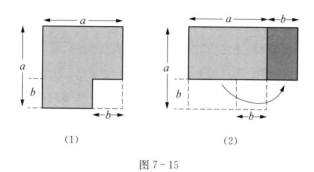

(1)                    (2)

图 7-15

通过图形的剪拼验证平方差公式后,教师介绍中国古代的"出入相补原理",让学生初步体验运用该原理处理面积问题的方法。

再问:若对图 7-15(1)的纸板只剪一刀,除了裁剪成图 7-15(2),你是否还可以裁剪成其他图形来计算面积呢? 你有什么发现? 请以小组为单位,动手操作完成任务5。

学生上台展示,能拼出的图形有矩形、梯形和平行四边形(见图 7-16),每个拼图都满足平方差公式 $(a+b)(a-b)=a^2-b^2$ 。

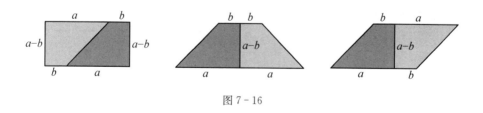

图 7-16

教学说明:该环节的设置旨在从几何角度验证平方差公式,让学生对公式有全面、深入的理解。学生初次运用拼图活动验证等式,缺乏相关的活动经验,故通过问题引导学生,让学生对割补法有直观感受,进而引入中国古代的"出入相补原理",让学生感知该方法的由来与原理,感受中国古代数学的魅力。以此为"脚手架",让学生进行小组合作探究,以期达到发展学生思维、开阔学生思路的教学效果,以及从几何背景的角度出发让学生深入了解平方差公式的意义。在教学中,学生探索的过程充分展示了学生自主创建新知识的过程,深刻体验了出入相补原理,其渗透的面积的割、补、拼等重要的数形结合和转化的数学思想方法也为接下来的学习奠定了基础。概而言之,以"鼓励学生用自己的语言表达平方差公式的特征""小组合作、上台展示几何方法验证平方差公式"等的形式,为不同文化背景的学生提供了充分的交流时间和课堂参与的机会,通过师生合作、组内合作让学生自然而然地掌握和突破本节课的重点和难点。

(3)生成文化理解性的学习能力,进行数学公式的灵活应用

任务6:作为赛事场馆之一的金华体育馆(见图7-17)为迎接亚运会的到来,将原边长为 $a(\mathrm{m})$ 的正方形花坛进行改建,使其纵向缩小 2 m,横向扩大 2 m,成为长方形花坛,其示意图见图7-18。问:改建后的花坛面积有没有变化? 如果有变化,变化了多少?

图 7-17

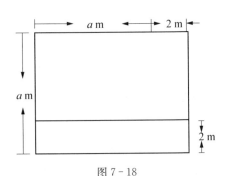

图 7-18

任务7:回顾课前导入的问题:"某酥饼店计划制作一批礼盒装酥饼:每盒有18个独立包装的小酥饼,每个小酥饼估计 22 克,请问:每个礼盒净重大概多少克?"

请学生分析能够快速运算的技巧与方法。

任务 8：已知两个正数的和为 20，积为 96，求这两个数。

能够回答出来的学生基本采用试根法凑答案，教师在认可"凑"的基础上介绍丢番图所采用的"和差术"，并继续追问：这样设元的依据是什么？

教学说明：该环节的设置旨在以"举一反三"的方式考验学生对平方差公式的灵活运用。三个任务环环相扣，任务 6 和任务 7 基于任务 1 的亚运会情境，考查平方差公式在生活中的实际运用，其中任务 7 是对课前导入任务 2 的呼应，在本节课的学习之后再解决课前的困惑，能加深学生对平方差公式的印象，也能让学生意识到运用好数学公式给生活带来的便利。任务 8 的设计基于任务 7，均是数字平方差公式的运用。特别地，在此引出丢番图的"和差术"："假设所求两数分别是 $(10+x)$ 和 $(10-x)$，则 $(10+x)(10-x)=96$，根据平方差公式得，$100-x^2=96$，解得 $x^2=4$，$x=2$，所以所求两数分别是 12 和 8。"让学生重温古人运用平方差公式解决问题的方法，体会数学文化的多元性，让学生的数学学习成为一场文化体验之旅，引导学生体会数学公式背后蕴涵的文化意蕴，实现对于数学公式的文化性理解。

3. 教学反思

（1）设计文化关联的教学内容，关注文化的多样性

文化回应的数学教学主张在文化、学生与数学之间寻找联结，让学生在自身文化传统下参与数学学习，感受数学的多元文化样态，使学生的数学学习真正发生。因此，在进行文化回应视域下数学公式课教学时需要设计文化关联的教学内容，关注文化的多样性，具体有以下两个方面：

一方面，重视与学生所处真实日常生活情境的关联。该设计中，任务 1、任务 2 和任务 6 的素材都是学生熟悉且引以为傲的金华标志性特产和建筑，从贴近现实生活的情境入手，能拉近数学与生活，数学与学生之间的距离，改善数学在学生心目中"冰冷""乏味""无用"的印象，有效地调动学生学习数学的积极性。像生活中的"朴素的数学""街头数学"比比皆是，如商场折扣问题、买卖水果蔬菜中的运算问题等都可以让学生在数学与生活间建立强有力的联系。若教育工作者把学生对数学的理解植根于学生的文化实践之中，或许才能真正让学生感受数学文化的魅力，成

为生活中问题解决的贡献者。

另一方面，重视数学史与教学实践的融合。数学史是数学文化的重要组成部分，若能有效地将数学史融入数学教学中，不仅能增加课堂教学的趣味性，激发学生学习的积极性，而且能帮助学生对数学有更广更深的认识与理解。设计中任务5引入的"出入相补原理"为学生从几何角度验证平方差公式提供了思考方向与思路。在动手操作的过程中，让学生重走古人之路，体验平方差公式的几何论证，其渗透的数形结合思想与转化的数学思想方法为接下来的学习起着引领作用，产生触类旁通的效果。任务8引入的丢番图的"和差术"让学生深刻体会到古人的智慧，理解西方文化熏陶下的数学家的思维方式，尽管古人没有用字母表达简洁的公式，但并不影响古人对平方差公式结构与算理上的认识，拓宽了学生的数学知识视野，丰富与完善学生对平方差公式的理解。

（2）创设权利共享的课堂模式，关注文化的再建构

文化回应的数学教学应更加关注学生的课堂参与和认知发展，主张为不同文化背景的学生提供公平而有质量的学习机会，通过在教师与学生、学生与学生、学生与教材的交流与回应中，帮助学生建构属于"自己文化"的意义空间，以实现对数学的深度理解。因此，在设计时笔者秉着以生为主体的理念设计各个教学环节，让学生有充分、公平的课堂参与机会。设计中的8个任务在两个班的教学实践中分别用了32分钟和34分钟，特别是任务4和5两个班差不多都用了10分钟左右，目的是让师与生、生与生之间有较为充分的时间进行数学交流，让每位学生有机会与教材对话，与同伴对话，与教师对话，从而将本节课的重难点"平方差公式的探索与产生过程""平方差公式的结构特征"等数学知识转化为与学生"自己文化"相关的个体知识。

在这个过程中，教师应积极回应学生的对话。一方面肯定学生正确的回答，让学生获得成就感，建立学习数学的自信心；另一方面及时反馈学生在回答问题时暴露出来的问题，如在任务4，学生用自己的语言归纳平方差公式特征时会存在仅自己能明白地表达，或者描述不完整等情况，关注学生在理解与掌握数学学术语言过程中面临的困难，从而给予引导与帮助，通过与自己表述的融合进行再建构，让学生对平方差公式的结构特征有更深入的理解。

# 参考文献

［1］ BANKS J A. Multicultural education: issues and perspectives ［M］. Boston: Allyn & Bacon, 1989.

［2］ BISHOPALAN J. Mathematics education and culture ［M］. Dordrecht, The Netherlands: Kluwer Academic Publishers, 1988.

［3］ ERNEST P. 数学教育哲学［M］. 齐建华,张松枝,译. 上海:上海外语教育出版社,1998.

［4］ GERDES P. Geometry from Africa: mathematical and educational explorations ［M］. Washington, DC: The Mathematical Association of America, 1999.

［5］ KING J E. 教育者应当在学科、社会和学生的文化中找到联结［J］. 闫予沨,王成龙,译. 教育学报,2014,10(6):3-8.

［6］ KRAUSE M C. 多元文化数学游戏集锦［M］. 安建华,译. 北京:北京师范大学出版社,2006.

［7］ NELSON D, JOSEPB G J, WILLIAMS J. Multicultural mathematics ［M］. Oxford: Oxford University Press, 1993.

［8］ TIMSS & PIRLS International Study Center. TIMSS 2003 international mathematics report ［M］. IEA, 2004.

［9］ ZASLAVSKY C. The multicultural math classroom: bring in the world ［M］. Portsmouth, NH: Heinemann, 1996.

［10］ ZHANG W Z, ZHANG Q Q. Ethnomathematics and its integration within the mathematics curriculum ［J］. Journal of Mathematics Education, 2010(1):151-157.

［11］ 本尼迪克特. 文化模式［M］. 王炜,等译. 北京:生活·读书·新知三联书店,1998.

［12］ 曹一鸣,代钦,王光明. 十三国数学课程标准评介(高中卷)［M］. 北京:北京师范大学出版社,2013.

［13］ 曹一鸣. 十三国数学课程标准评价(小学、初中卷)［M］. 北京:北京师范大学出版社,2012.

［14］ 常永才,秦楚虞. 兼顾教育质量与文化适切性的边远民族地区课程开发机制——基于美国阿拉斯加土著学区文化数学项目的案例分析［J］. 当代教育与文化,2011,3(1):7-12.

[15] 陈时见. 全球化视域下多元文化教育的时代使命[J]. 比较教育研究,2005,27(12): 37-41.

[16] 迪厄多内. 当代数学:为了人类心智的荣耀[M]. 沈永欢,译. 上海:上海教育出版 社,1999.

[17] 丁福军,张维忠. 国外文化回应数学教学研究评述及启示[J]. 民族教育研究,2021,32 (1):38-45.

[18] 丁福军,张维忠. 基于文化回应的菲律宾土著数学课程评介[J]. 教育参考,2020(4): 39-45.

[19] 丁福军,张维忠. 文化回应性教学国际研究现状与趋势——基于 WOS 数据库的文献计 量分析[J]. 比较教育研究,2021,43(1):27-34.

[20] 范良火,黄毅英,蔡金法,等. 华人如何学习数学[M]. 南京:江苏教育出版社,2005.

[21] 范良火,倪明,徐慧平. 从《上海数学·一课一练》引入英国小学透视中英数学教育的差 异[J]. 数学教育学报,2018,27(4):1-6.

[22] 格劳斯. 数学教与学研究手册[M]. 陈昌平,等译. 上海:上海教育出版社,1999.

[23] 豪森 G,凯特尔 C,基尔帕特里克 J. 数学课程发展[M]. 周克希,赵斌,译. 上海:上海教 育出版社,1992.

[24] 怀尔德. 数学概念的演变[M]. 谢明初,译. 上海:华东师范大学出版社,2019.

[25] 怀尔德. 作为文化体系的数学[M]. 谢明初,译. 上海:华东师范大学出版社,2019.

[26] 靳玉乐. 多元文化课程的理论与实践[M]. 重庆:重庆出版社,2006.

[27] 克莱因. 西方文化中的数学[M]. 张祖贵,译. 上海:复旦大学出版社,2004.

[28] 拉斯特. 人类学的邀请[M]. 王媛,徐默,译. 北京:北京大学出版社,2008.

[29] 刘鹏飞,徐乃楠,王涛. 怀尔德的数学文化研究[M]. 北京:清华大学出版社,2021.

[30] 罗永超,张和平,杨孝斌. 中国民族数学研究述评及展望[J]. 民族教育研究,2015,26 (1):132-139.

[31] 裴娣娜. 多元文化与基础教育课程文化建设的几点思考[J]. 教育发展研究,2002(4): 5-8.

[32] 彭寿清. 多元文化课程设计的理念与问题[J]. 课程·教材·教法,2005,25(1):9-11.

[33] 沈康身. 历史数学名题欣赏[M]. 上海:上海教育出版社,2002.

[34] 孙晓天. 数学课程发展的国际视野[M]. 北京:高等教育出版社,2003.

[35] 谭光鼎,刘美慧,游美惠. 多元文化教育[M]. 台北:高等教育出版社,2010.

[36] 唐恒钧,陈碧芬,张维忠. 数学教科书中的多元文化问题[J]. 现代中小学教育,2010(7): 28-31.

[37] 唐恒钧,陈碧芬. 基于民族数学的学生理性精神培养[J]. 浙江师范大学学报(自然科学 版),2019,42(3):356-360.

[38] 唐恒钧,佘伟忠,张维忠. 什么样的数学和数学教育是重要的——基于义务教育数学课 程标准的分析[J]. 课程·教材·教法,2016,36(10):58-62.

[39] 唐恒钧,佘伟忠,张维忠.小学生的数学学习价值观及其教学启示[J].课程·教材·教法,2018,38(10):82-85.

[40] 唐恒钧,张维忠,HAZEL T.大洋洲土著数学教育研究特点及启示[J].民族教育研究,2016,27(1):123-129.

[41] 唐恒钧,张维忠.多元文化数学及其文化意义[J].浙江师范大学学报(自然科学版),2014,37(2):177-181.

[42] 唐恒钧,张维忠.国外数学课程中的多元文化观点及其启示[J].课程·教材·教法,2014,34(4):120-123.

[43] 唐恒钧,张维忠.民俗数学及其教育学转化——基于非洲民俗数学的讨论[J].民族教育研究,2014,25(2):115-120.

[44] 唐恒钧,张维忠,佘伟忠等.中国、澳大利亚数学课程标准中的价值观念的比较研究[J].比较教育研究,2018,40(3):18-25.

[45] 唐恒钧,张维忠.数学问题链教学的理论与实践[M].上海:华东师范大学出版社,2021.

[46] 唐恒钧.多元文化数学与学生学习信心培养[J].宁波大学学报(教育科学版),2010,32(2):125-128.

[47] 滕星."多元文化整合教育"与基础教育课程改革[J].中国教育学刊,2010(1):51-52.

[48] 王鉴,江曼.普通高中英语教学中的文化回应问题研究[J].全球教育展望,2020,39(2):3-14.

[49] 王鉴,万明钢.多元文化教育比较研究[M].北京:民族出版社,2006.

[50] 王晶莹,张宇,王念.国际多元文化教育的研究进展与趋势:基于WOS数据库SSCI论文的可视化分析[J].全球教育展望,2017,46(3):83-94.

[51] 王牧华.多元文化与基础教育课程改革的价值取向[J].教育研究,2003,14(12):71-72.

[52] 肖绍菊,罗永超,张和平,等.民族数学文化走进校园——以苗族侗族数学文化为例[J].教育学报,2011,20(6):32-39.

[53] 张奠宙.中国数学双基教学[M].上海:上海教育出版社,2006.

[54] 张维忠,陈碧芬,唐恒钧.多元文化数学课程与教学研究述评[J].全球教育展望,2011,40(6):84-90.

[55] 张维忠,程孝丽.国外民族数学研究述评及启示[J].西北民族研究,2017(2):218-225.

[56] 张维忠,程孝丽.数学核心素养视角下民族建模的特点与构建过程[J].当代教育与文化,2016,8(4):37-40.

[57] 张维忠,程孝丽.一种链接数学文化与学校数学的教学方法:民族建模[J].民族教育研究,2017,28(3):119-124.

[58] 张维忠,丁福军.走向文化回应的数学教学[J].中学数学月刊,2022(4):1-3,7.

[59] 张维忠,方玫.多元文化观下的中学统计课程[J].外国中小学教育,2007(5):51-54,65.

[60] 张维忠,陆吉健.基于文化适切性的澳大利亚民族数学课程评介[J].课程・教材・教法,2016,36(2):119-124.

[61] 张维忠,马俊海.我国初中数学教科书中的数学史及其启示[J].当代教育与文化,2018,10(6):56-60.

[62] 张维忠,潘富格.澳大利亚数学教科书中的数学文化内涵与启示——以初中"统计"内容为例[J].当代教育与文化,2020,12(6):30-34.

[63] 张维忠,潘富格.中国与新加坡教材中的数学文化比较——以"一元二次方程为例"[J].现代基础教育研究,2018,32(4):147-154.

[64] 张维忠,孙庆括.多元文化视角下的初中数学教科书比较[J].数学教育学报,2012,21(2):44-48.

[65] 张维忠,孙庆括.多元文化视野下的数学教科书编制问题刍议[J].全球教育展望,2012,41(7):84-90.

[66] 张维忠,唐恒钧.民族数学与数学课程改革[J].数学传播(中国台湾),2008,32(4):80-87.

[67] 张维忠,汪晓勤.文化传统与数学教育现代化[M].北京:北京大学出版社,2006.

[68] 张维忠,岳增成.澳大利亚数学课程中的文化多样性及其启示[J].外国中小学教育,2013(11):61-65.

[69] 张维忠,章勤琼.论数学课程中的文化取向[J].数学教育学报,2009,18(2):15-17.

[70] 张维忠.少数民族生活中的数学文化[J].数学文化,2011,2(3):35-40.

[71] 张维忠.数学教育中的数学文化[M].上海:上海教育出版社,2011.

[72] 张维忠.文化视野中的数学与数学教育[M].北京:人民教育出版社,2005.

[73] 章勤琼,张维忠.非洲文化中的数学与数学课程发展的文化多样性[J].民族教育研究,2012,23(1):88-92.

[74] 郑金洲.多元文化教育[M].天津:天津教育出版社,2004.

[75] 郑新蓉.多元文化视野中的课程教材建设[J].教育研究与实验,2004(2):26-29.

[76] 郑毓信.民俗数学与数学教育[J].贵州师范大学学报(自然科学版),1999,17(4):90-95.

[77] 中华人民共和国教育部.普通高中数学课程标准(2017年版)[M].北京:人民教育出版社,2018.

[78] 中华人民共和国教育部.普通高中数学课程标准(2017年版2020年修订)[M].北京:人民教育出版社,2020.

[79] 中华人民共和国教育部.普通高中数学课程标准(实验)[M].北京:人民教育出版社,2003.

[80] 中华人民共和国教育部.全日制义务教育数学课程标准(实验稿)[M].北京:北京师范大学出版社,2001.

[81] 中华人民共和国教育部.义务教育数学课程标准(2011年版)[M].北京:北京师范大学

出版社,2011.

[82] 中华人民共和国教育部. 义务教育数学课程标准(2022 年版)[M]. 北京:北京师范大学出版社,2022.

[83] 朱哲,张维忠. 中日新数学教科书中的"勾股定理"[J]. 数学教育学报,2011,20(1):84 - 87.

[84] 庄孔韶. 人类学概论[M]. 北京:中国人民大学出版社,2006.

# 附录：人名索引

# 后 记

本书的选题、研究与写作跨越 13 年之久。在这里有必要提及对本书产生重要影响的关键人物、事件与时间节点。

2009 年 11 月在内蒙古师范大学代钦教授的支持下,笔者在日本大阪参加了为期三天的"第六届全球信息社会视野下的数学教育与数学文化史国际学术研讨会"。来自德国、加拿大、新加坡与中国以及日本的相关专家学者在大阪教育大学参加了此次研讨会。笔者作了 20 分钟的大会演讲,报告的题目是:"民族数学与数学课程的整合"。日本著名数学教育家 88 岁高龄的横地清先生,著名数学教育家、国际数学教育委员会秘书长霍奇森(Bernard R. Hodgson)先生,北京师范大学顾明远先生等在第一排就座,笔者的报告得到他们的称赞与鼓励。

在霍奇森先生倡议与具体支持下,2010 年 6 月在浙江师范大学召开了"数学教育的社会-文化研究"专题国际学术研讨会(International Conference on the Social-cultural Approach to Mathematics Education)。国际数学教育委员会(the International Commission on Mathematical Instruction,简称 ICMI)前秘书长霍奇森教授(1999—2009 年担任 ICMI 秘书长),香港大学梁贯成教授,以及来自美国、加拿大、德国、意大利、澳大利亚以及中国香港大学、北京师范大学、华东师范大学、西南大学、南京师范大学、南京大学、西北师范大学、天津师范大学等 20 多所高校的相关知名专家学者 60 余人参加了此次会议。大会以"数学教育研究:社会文化的视角"为主题,《数学教育学报》2010 年第 5 期,在首页专稿刊出霍奇森在会议闭幕式上所做的总结发言,盛赞"以张维忠教授为首的浙江师范大学数学教育团队长期从事数学文化与数学教育的研究,取得了显著的成绩,出版了一系列相关论著,在国内外数学教育界产生了较大影响"。

2010 年 11 月经教育部组织专家严格评审,笔者负责申报的"多元文化数学课程的理论与实践研究"被立项为 2010 年教育部人文社会科学研究规划基金项目。

2012 年 9 月，笔者参加了在中央民族大学召开的"全球化背景下的多元文化教育国际学术研讨会"，并在"乡土知识传承与多元文化课程研究"专题组作了"多元文化数学课程研究刍议"的 15 分钟讲演，得到中央民族大学滕星教授、西北师范大学万明钢教授以及与会人员的高度称赞，同时也得到同行研讨观点的启发。

2013 年 6 月，笔者应邀参加在中国台北由台湾"中研院"数学研究所举办的"2013 年数学文化与教育国际研讨会"。作为四位大会特邀报告专家，进行"中国大陆数学文化与数学教育研究：回顾与反思"的演讲（黄友初分别在《中学数学教学参考》2013 年第 9 期（上旬）"环球看教育"栏目、《数学教育学报》2013 年第 5 期发表研讨会纪要）。

2015 年 9 月经教育部组织专家严格评审，笔者负责申报的"民族数学与数学课程改革"被立项为 2015 年教育部人文社会科学研究规划基金项目。

2015 年 11 月在广西南宁召开的中国人类学民族学研究会教育人类学专业委员会第二届年会暨"文化多样性与教育"国际学术研讨会上，笔者与唐恒钧作了题为"大洋洲土著数学教育研究特点及启示"的大会报告，引起了与会者的热烈反响与讨论。

2017 年 11 月，笔者应国家大学生文化素质教育基地邀请，在北京做客清华大学新人文讲座，以"数学与文化"为题，通过社会文化事件的剖析、历史故事的叙说，揭示数学的社会文化内涵，纵论兼顾文化的数学教育改革方向，为到场的 500 余名清华师生带来一场精彩演讲。本场讲座系清华大学新人文讲座系列之"文化自觉与文化自信"的第十七讲，由清华大学数学系白峰杉教授主持并点评。

《中学数学教学参考》（上旬）2018 年第 1—2 期刊发安徽亳州中学史嘉老师撰写的访谈录："访张维忠教授：数学文化与数学课程教学改革"，由中国人民大学报刊复印资料《高中数学教与学》2018 年第 4 期头版头条"学科视点"全文转载，之后该文收入曹一鸣教授等主编的《上通数学，下达课堂——当代中国数学教育名家访谈》（华东师范大学出版社 2021 年出版）。

2018 年 5 月，笔者赴台北参加第八届东亚数学教育大会（ICME-EARCOME8）期间，应台湾"清华大学"林碧珍教授邀请，为该校师生作"基于数学文化的数学构建与教学实践"的学术报告。

2019 年 11 月中国人类学民族学研究会教育人类学专业委员会在广州召开第四届年会暨"跨文化视野中的教育研究"学术研讨会。笔者应邀主持了包括德国柏林自由大学克里斯托弗·武尔夫（Christoph Wulf）教授在内的国内外 5 位知名专家学者作的首场大会主题报告,并与博士生丁福军一起作"基于文化回应的菲律宾土著数学课程"主题报告。

2022年9月28日,应华东师范大学亚洲数学教育中心主任范良火教授邀请,笔者通过钉钉平台进行了该中心的第52期学术报告,题为"多元文化数学及其教育意义",共计300余人在线观看了直播。

2022年12月18日,在吉林师范大学举办的"数学史与数学文化青年学者论坛"暨国家自然科学基金数学天元基金"数学史与数学文化高级研讨班"上,笔者应邀通过钉钉平台进行了题为"多元文化数学及其社会文化意义"的学术报告。

上述关键事件与时间节点等的陈述不仅记录了本书写作的心路历程,更重要的是为本书的研究与撰写提供了坚实的基础。全书由笔者整体设计并撰写了大部分书稿,唐恒钧参与了笔者主持的多个相关课题研究并撰写了本书部分书稿;参与本项研究的笔者的学生主要有:朱哲、陈碧芬、傅赢芳、章勤琼、褚小婧、丁福军、马俊海、华釜煜、方玫、孙庆括、陈虹兵、孙錾、陈斌杰、裴士瑞、宋丽珍、李双娜、李美玲、余鹏、岳增成、陆吉健、程孝丽、刘艳平、潘富格等,他们的参与有力地推动了本研究的开展。本书稿完成后顺利通过《数学教育现代进展丛书》编委会组织的专家评审,列入由华东师范大学亚洲数学教育中心主任范良火教授主编,华东师范大学出版社出版的《数学教育现代进展丛书》中。衷心感谢华东师范大学亚洲数学教育中心的厚爱,尤其是范良火教授对作者的信任与大力支持!

中国科学院院士、《数学文化》主编汤涛教授审阅了本书大部分书稿并欣然作序,他的肯定与鼓励是作者致力于数学教育研究的不竭动力。在此表示衷心感谢!感谢澳大利亚墨尔本大学佘伟忠教授长期以来对本研究的支持与帮助,尤其是从文化价值观念的视角为本研究的开展提出了许多建设性建议并给予了具体支持;中国数学会数学教育分会常务副理事长、北京师范大学曹一鸣教授多年支持本研究并提供了具体帮助;本书的出版还得到浙江师范大学出版基金资助,尤其还要特别感谢华东师范大学出版社倪明编审的大力支持,本书责任编辑孔令志、万源琳,以及特约审稿汤琪老师对书稿提出了许多富有建设性的意见与建议,在此一并致谢。

张维忠

2023年10月30日